物理化学实验（第2版）

郑传明　吕桂琴　编

EXPERIMENTS IN PHYSICAL CHEMISTRY
(2ND EDITION)

北京理工大学出版社
BEIJING INSTITUTE OF TECHNOLOGY PRESS

版权专有　侵权必究

图书在版编目（CIP）数据

物理化学实验/郑传明，吕桂琴 编．—2 版．—北京：北京理工大学出版社，2015.1
（2022.8 重印）
ISBN 978-7-5640-9969-5

Ⅰ．①物… Ⅱ．①郑…②吕… Ⅲ．①物理化学-化学实验-高等学校-教材 Ⅳ．①O64-33
中国版本图书馆 CIP 数据核字（2014）第 276628 号

出版发行 / 北京理工大学出版社有限责任公司	
社　　址 / 北京市海淀区中关村南大街 5 号	
邮　　编 / 100081	
电　　话 / （010）68914775（总编室）	
82562903（教材售后服务热线）	
68944723（其他图书服务热线）	
网　　址 / http://www.bitpress.com.cn	
经　　销 / 全国各地新华书店	
印　　刷 / 北京虎彩文化传播有限公司	
开　　本 / 787 毫米×1092 毫米　1/16	
印　　张 / 17	责任编辑 / 陈莉华
字　　数 / 392 千字	文案编辑 / 陈莉华
版　　次 / 2015 年 1 月第 2 版　2022 年 8 月第 4 次印刷	责任校对 / 周瑞红
定　　价 / 46.00 元	责任印制 / 王美丽

图书出现印装质量问题，请拨打售后服务热线，本社负责调换

第 2 版前言

本书第 1 版于 2005 年出版，随着物理化学学科的迅速发展，教学改革的不断深入，物理化学实验教学内容和方法也在不断变化。为了融入前沿，反映现代，在第 1 版的基础上修订出版第 2 版。

物理化学实验是综合性基础化学实验，通常独立设课。在教材第 2 版中，仍然重视基本知识与基本实验技术，介绍经典的仪器设备，以加深对物理化学基本原理的理解。同时特别注意引入先进的实验方法和实验技术，介绍先进仪器设备。理论与实践相结合，深入浅出，培养学生科学思维勇于创新的素质，提高分析问题、解决问题及实践创新能力。

设计采用多方案激励式教学法，在一个实验项目中设计多种实验方案，难度不同，选择不同的方案会得到不同的成绩，以激励学生挑战自我，提高实践研究及创新能力，激发进一步学习探索的热情。

将学科前沿研究成果设计为教学实验项目，将实验教学与学科前沿相结合，使学生对学科前沿研究工作有所了解，激发学生研究兴趣，为培养学生研究与创新能力打下基础。

增加了计算化学实验项目，使学生了解量子化学和统计热力学在研究宏观化学问题中的作用，培养对理论化学的兴趣。

一些实验使用微机采集数据，使用通用软件（Origin、Excel、Word等）处理实验数据和表达实验结果。

本书可作为高等院校化学、化工、环境、材料及相关专业的教材，全书分为四部分。A 绪论：介绍实验室安全知识、误差理论与数据处理、量和单位；B 实验技术与仪器：介绍物理化学实验方法、传统经典与现代化仪器设备；C 实验：编写了 39 个实验项目，既有经典、基础性实验项目，也有综合性、设计性、研究性实验项目，便于在教学安排时，根据学生专业及课程学时进行取舍；D 附录：常用数据表。

北京理工大学李泽生教授，清华大学李景虹教授审阅了本书第 2 版，提出了许多建设性的意见和建议，编者对此表示深深的谢意。

参与本书第 2 版编写工作的有郑传明、吕桂琴、张韫宏、张绍文、庞树峰，其中 A5、C12、C13、C19、C34、C35、C38、C39 部分由吕桂琴编写，B9、B10、C30、C31、C32 部分由张韫宏、庞树峰编写，C36、C37

部分由张绍文编写,郑传明编写其余部分并负责最后统稿。由于编者水平有限,疏漏之处在所难免,恳请读者不吝指正。

编 者

2014.08

第 1 版前言

本书作为化学、应用化学、化学工程、环境工程、材料科学与工程和生物工程等专业学生的物理化学实验教材。全书分为：绪论，实验技术与仪器，实验和附录四部分。

近年来，在物理化学实验教学中，随着教学改革的不断深入进行，教学内容和教学方法发生了很大的变化，在实验中增加了许多电子化、智能化、数字化和无汞害的仪器设备，普遍使用微机处理实验数据和表达实验结果。编者在编写本书时，重视基本知识与基本实验技术，介绍了经典的仪器设备，同时特别注意引入先进的实验方法和实验技术以及介绍处理实验数据和表达实验结果的新方法，介绍部分高档先进仪器设备，力争融入前沿，反映现代。在编写实验教材时，注重理论与实践相结合，深入浅出，重视培养学生的动手能力和分析问题、解决问题的能力，培养学生科学思维、勇于创新的素质。

本书主要参考北京理工大学物理化学教研室历年编写使用的讲义和教材，也参考了其他院校编写出版的实验教材，在此表示感谢！

北京师范大学戚慧心教授审阅了本书初稿，提出了许多建设性的意见和建议，作者对此表示深深的谢意。

本书由郑传明、吕桂琴编写，其中A5、C11、C17、C27、C28部分由吕桂琴编写，郑传明编写其余部分并负责最后统稿。由于编者水平有限、时间仓促，疏漏之处在所难免，恳请读者不吝指正。

编 者
2005.03

目录 CONTENTS

A 绪论 ········· 001
- A1 物理化学实验的目的和要求 ········· 001
  - 1 物理化学实验的目的 ········· 001
  - 2 物理化学实验各环节的基本要求 ········· 001
- A2 实验室安全知识 ········· 002
  - 1 实验室安全用电 ········· 002
  - 2 高压和真空容器 ········· 002
  - 3 辐射 ········· 003
  - 4 化学试剂 ········· 003
  - 5 个人防护 ········· 003
- A3 实验中的误差与数据表达 ········· 004
  - 1 量的测量及测量中的误差 ········· 004
  - 2 误差的计算及应用 ········· 004
  - 3 测量结果的记录及有效数字 ········· 011
  - 4 间接测量中误差的计算 ········· 012
  - 5 实验数据的表达方法 ········· 015
- A4 用微机处理实验数据和表达实验结果 ········· 018
  - 1 用 Excel 列表处理数据 ········· 019
  - 2 用 Excel 作图 ········· 020
  - 3 用 Origin 作图 ········· 021
  - 4 用 Origin 作微分曲线 ········· 022
  - 5 用 Word 撰写实验报告 ········· 024
- A5 物理化学实验中的量和单位 ········· 024
  - 1 物理量（简称量） ········· 025
  - 2 量的量制与法定计量单位 ········· 025
  - 3 量与量纲 ········· 025

  4 量的数值和单位 ··· 026
  5 量纲一的量的 SI 单位 ··· 026
  6 量和方程式 ·· 026
  7 物理量名称中所用术语的规则 ·· 028

B 实验技术与仪器 ··· 030

B1 温度测量与控制 ·· 030
  1 温标与温度测量 ·· 030
  2 水银温度计 ·· 031
  3 数字式温度计 ··· 032
  4 贝克曼温度计 ··· 033
  5 精密电子温差仪 ·· 033
  6 温度控制 ··· 034
  7 控温仪 ·· 035
  8 恒温槽 ·· 036

B2 气体压力测量与控制 ·· 042
  1 福廷式气压计 ··· 042
  2 数字式气压计 ··· 043
  3 液柱差压计 ·· 044
  4 数字式差压计 ··· 044
  5 高压气瓶及减压阀 ··· 046
  6 真空泵 ·· 047

B3 电化学测量 ··· 048
  1 电池电动势测量 ·· 048
  2 UJ-21 型高阻直流电位差计 ·· 049
  3 数字电位差计 ··· 050
  4 pH 测量 ·· 050
  5 pH 计 ··· 051
  6 电导率测量 ·· 053
  7 DDS-12DW 电导率仪 ··· 054
  8 常用电极 ··· 056
  9 盐桥 ··· 059
  10 电化学综合分析仪 ··· 059

B4 折光率测量 ··· 065
  1 阿贝折光仪 ·· 065
  2 数字式折光仪 ··· 066

B5 旋光度测量 ··· 068
  1 WXG-4 型旋光仪 ·· 068
  2 WZZ-2 型旋光仪 ··· 070

		3 WZZ-2B 型旋光仪	071
B6	黏度测量		072
	1	乌式黏度计、奥式黏度计	073
	2	旋转黏度计	073
B7	密度测量		078
	1	密度管、密度瓶、密度计	078
	2	电子密度计	079
	3	固体密度的测量	082
B8	紫外可见光谱		083
	1	722 型分光光度计	084
	2	722S 分光光度计	087
	3	TU-1901 型紫外可见分光光度计	087
B9	傅里叶变换红外光谱仪（FTIR）和衰减全反射技术（ATR）		091
	1	红外光谱区的划分	092
	2	红外光谱仪简介	092
	3	红外光谱中的几种振动形式及其表示符号	093
	4	衰减全反射技术	095
	5	Nicolet Magna 560 傅里叶变换红外光谱仪	096
B10	拉曼光谱分析与拉曼光谱仪		097
	1	拉曼光谱的基本原理	097
	2	Renishaw 显微共焦激光拉曼光谱仪	099
B11	荧光光谱仪		101
B12	综合热分析仪		103
B13	电子天平		108
B14	磁天平		109
	1	FD-FM-A 型磁天平	109
	2	ZJ-2C 型磁天平	112
B15	稳流电源		113
	1	HY1791-10S 型稳定电源	113
	2	YP-2B 型精密稳流电源	114
B16	精密电容测量仪		115
B17	金相显微镜		116

C 实验 ··· 118

C1	恒温槽性能测试和温度计示值校正	118
C2	硫酸铜水合焓测量	120
C3	燃烧热测量	123
C4	溶解热测量	126
C5	综合热分析	131

C6	凝固点降低法测量摩尔质量	134
C7	双液系沸点-组成图测绘	138
C8	二组分固液相图的测绘	142
C9	液体饱和蒸气压测量	146
C10	偏摩尔体积测量	149
C11	配合物组成和稳定常数测量	153
C12	紫外光谱法测量盐对萘在水中溶解度的影响	155
C13	电导法测量难溶盐的溶度积	158
C14	电池电动势的测量及应用	161
C15	电动势法测量化学反应的 $\Delta_r G_m$, $\Delta_r H_m$, $\Delta_r S_m$	163
C16	电势-pH 曲线测量	165
C17	铁的极化和钝化曲线测量	169
C18	希托夫法测量离子的迁移数	171
C19	可逆体系的循环伏安研究	175
C20	蔗糖转化反应动力学	180
C21	乙酸乙酯皂化反应动力学	183
C22	催化剂对过氧化氢分解速率的影响	186
C23	BZ 振荡反应	188
C24	溶液表面吸附的测量	193
C25	溶液吸附法测量固体物质的比表面	197
C26	电泳	199
C27	黏度法测量高聚物摩尔质量	202
C28	表面活性剂临界胶束浓度的测量	206
C29	流体流变曲线的测绘	208
C30	显微成像法观察气溶胶液滴结晶过程	210
C31	气溶胶潮解点的测量	216
C32	胶态 $MgSO_4$ 液滴中水分子扩散系数的共焦拉曼测量	219
C33	荧光分析	224
C34	磁化率的测量	228
C35	偶极矩的测量	232
C36	休克尔分子轨道法计算平面共轭分子的电子结构	235
C37	理论预测双氧水的二面角	240
C38	银纳米溶胶的制备及光谱和电化学测量	241
C39	计时电量法测量 DAFO 的扩散系数和反应速率常数	245

D 附录 ... 252

| D1 | 常用数据表 | 252 |

主要参考文献 ... 259

A 绪 论

A1 物理化学实验的目的和要求

1 物理化学实验的目的

实验是化学研究的基本手段。通过观察实验现象、测量实验数据，进行综合和分析，掌握物质的组成、结构、性质及发生变化遵循的基本规律。通过化学实验课程，使学生受到化学实验及初步化学研究的训练，掌握化学实验基本的技能及研究方法，培养学生的科学素质和创新能力。

物理化学实验是一门独立设课的化学实验课程，其特点是利用物理方法研究化学系统的变化规律，通过实验加深对物理化学基本原理的理解，学习基本的物理化学实验方法和测量技术，学习使用先进的仪器进行科学实验，提高应用理论知识解决实际问题和进一步创新的能力。

通过实验课程，培养学生查阅文献、测定、观察、处理数据，表达实验结果的能力；培养互相协作的优良品德和实事求是的科学态度。

2 物理化学实验各环节的基本要求

1）预习

准备一个记录本。认真阅读教材及有关资料，明确实验目的，掌握实验所依据的基本原理、实验方法及所使用仪器的原理和功能，在实验记录本上写出预习报告。预习报告包括：实验名称、简要原理、操作要点、注意事项及数据记录格式，在实验前交指导教师检查。

2）实验操作

进入实验室必须遵守实验室各项规章制度。经教师检查提问，认为达到预习要求后才能进行实验操作。实验中仔细观察，客观记录数据，不能用铅笔或红笔记录，不能记在纸片上，原始数据不能涂覆，按规定修改记错写错的数据。实验结束，经教师检查后，拆卸实验装置。将原始数据登记在实验室指定的记录本上，记录实验时的室温、气压、天气等数据，及实验日期、时间、实验合作者、指导教师等资料，整理、清洁仪器及实验台，然后离开实验室。

3）撰写实验报告

完成实验后要独立写出实验报告，内容包括：目的、简要原理、仪器装置及试剂、操作步骤（操作要点）、数据处理和讨论。

目的、原理及操作要点要用自己的语言简要叙述，操作要点中要注意实验条件。

数据处理：列出原始数据、文献数据、计算公式，仔细进行运算、作图、列表等，得出实验结果，提倡使用微机进行数据处理和表达实验结果。注意有效数字及量和单位的国家标准。

讨论：对实验现象、结果进行分析和讨论，包括误差来源分析、数据及结果的可靠程度、对实验方法进行评价等方面。

A2　实验室安全知识

化学是一门实验科学，实验室的安全非常重要，进入化学实验室必须严格遵守实验室的各项规章制度。有关实验室安全知识在先行的化学实验课中已作介绍，在物理化学实验室中，要特别注意以下几个方面。

1　实验室安全用电

物理化学实验的特点之一是使用的仪器设备比较多，使用交流电源比较频繁。人体若通过 50 Hz、25 mA 以上的交流电时会发生呼吸困难，50 mA 以上则会致死。因此，安全用电非常重要，这里介绍交流电源的基本常识。

电源：在实验室中，经常使用 220 V、50 Hz 的单相交流电，有时也用到三相电（380 V）。每间实验室一般设有总电源控制开关，装有过载断电保护装置。实验台上配置有接线板，设有开关和过载断电保护装置。将仪器电源插头插入电源插座时，仪器上的电源开关应置于"关 OFF"的位置。插头与插座要匹配，接触可靠、不漏电。三脚单相插头不能用两脚单相插头代替，以保障仪器设备可靠接地，正常使用。不允许将电源线直接插入插座孔，不要用普通试电笔测试高压线路。对有特殊要求的仪器设备，应使用稳压电源。

保险丝：从外电路引入电能到仪器时，必须先经过能耐一定电流的适当型号的保险丝。仪器设备上一般都安装有保险丝，当发生意外情况，保险丝熔断后，应更换相同规格的保险丝。

在实验室用电过程中必须严格遵守以下操作规程：负荷大的电器应接较粗的电线；必须先接好线路再插上电源。实验结束时，必须先切断电源再拆线路；不能用潮湿的手接触电器；如遇人触电，应切断电源后再行处理；如遇电线着火，切勿用水或导电的酸碱泡沫灭火器灭火，应立即切断电源，用沙或二氧化碳灭火器灭火。

2　高压和真空容器

物理化学实验室有时需要使用高压气瓶，在使用高压气瓶时，要根据气瓶的颜色及标签确认所用的气体及压力。气瓶应被妥善放置，有些气瓶应放置在室外，有些气瓶不能同室放置。使用高压气瓶中的气体时要使用与之匹配的减压阀，各种减压阀不得混用。注意气瓶开关和减压阀上开关的开关顺序。在移动气瓶时应拆除减压阀，装上瓶帽。使用氧气瓶时，严禁气瓶接触油脂，实验者的手、衣服、工具上也不得沾有油脂，因为高压氧气遇油脂会燃烧。

在有条件的情况下，应尽量使用各种气体发生器，避免使用高压气瓶。

在高压和真空系统中，应避免使用玻璃制的容器、阀门等，如必须使用时，在严格遵守耐压限度的情况下，还应加上防护罩，避免玻璃容器破裂时玻璃飞出。

3　辐射

在一般的物理化学实验室中，有时要使用 X 射线、γ 射线、带电粒子束等电离辐射，可能存在高频电磁波辐射，这些辐射都对人体有害，会造成人体组织的损伤，引起一系列复杂的组织机能变化。在进行产生辐射的实验时，一定要做好防护工作，在使用可能产生辐射的仪器设备之前，一定要首先掌握仪器的操作规程，熟悉安全防护措施，使用防护用具。

对电离辐射的基本防护措施有：设置屏蔽，减弱辐射强度；尽量减少接触辐射源的时间；增大与辐射源的距离；减少辐射源的用量。X 射线、γ 射线有一定的出射方向，实验者不要正对出射方向站立，应站在侧边进行操作。对于辐射源，一定要有妥善的屏蔽措施，并将辐射源存放在安全的地方。

防止高频电磁波辐射的基本措施是减小辐射源的泄漏，使辐射局限在特定的范围内。可以使用屏蔽设施，实验者佩戴防护用具，如特制的防护眼镜。由于电磁辐射难以完全消除，实验室应根据辐射强度相应地减少实验者的工作时间。

实验室常使用的紫外线、红外线对人的眼睛有害，注意一定不要让它们直接照射眼睛。

4　化学试剂

绝大部分化学实验室离不开化学试剂，在取用化学试剂之前，应了解熟悉所用化学试剂的性质，特别是腐蚀性、毒性、爆炸性。领用某些特殊试剂时要按规定进行登记。在使用化学试剂时，不得随意加大试剂用量，必须在规定的位置（如通风橱、密封操作箱）进行相关实验操作。不得往普通下水道倾倒化学废液。

化学实验室在许多场合要使用汞（水银），例如测量压力的变化、使用水银温度计等。汞有毒，汞蒸气被人体吸入后不易排出，慢慢积累造成中毒，对人体造成不可逆转的伤害。在实验室条件许可时，尽量使用无汞的仪器，避免使用汞。在必须使用汞时，要特别小心，汞密度较大，要使用结实的容器装汞，要设置应急装置，例如在盛汞的容器下面放置托盘，在万一容器破裂汞撒出时用于接盛汞。不能让汞直接暴露于空气中，可以用少量水覆盖在汞面上。

万一水银温度计破裂，或其他汞容器破裂，汞撒出，要立即收集撒出的汞。细小的汞粒可以使用吸汞器（或洗耳球、注射器）收集，然后在汞撒落地方撒上硫黄粉。

5　个人防护

实验者在进入化学实验室时，应了解实验室及建筑的布局，熟悉电源总开关、灭火器的位置，熟悉紧急洗眼器、紧急淋浴器的位置及使用方法，熟悉逃生门、逃生楼梯的位置。在进行实验操作时应穿工作服，有特殊要求的应穿特制工作服，戴防护面罩。在进行化学实验操作时应佩戴防护眼镜。

A3 实验中的误差与数据表达

实践证明，在实验测量时，由于实验方法、所用仪器设备、条件控制、实验者观察局限等因素的影响，所测量的量都存在误差。在实验中，应该选择适当精度的仪器设备、实验方法和条件控制，对仪器精度的过低或过高要求都是不恰当的。对于被测的物理量，若不说明其测量的可靠性，该数据的价值是不大的。一个实验工作者，不仅要能精细地从事实验工作，而且还要能正确地判断和表达实验结果。

1 量的测量及测量中的误差

1) 直接测量与间接测量

实验中的测量方法很多，一般分为直接测量与间接测量两类。可以直接读出所需结果的测量称为直接测量，如用尺子测量长度、用秒表测量时间、用温度计测量温度、用天平称量物质的质量、用电位差计测量电池的电动势，等等。若所求的结果由数个测量值以公式计算而得，则称为间接测量，如凝固点降低法测定物质的摩尔质量、用电导法测量乙酸乙酯皂化反应的速率常数，等等。物理化学实验中的测量大都属于间接测量。

2) 系统误差

系统误差是由于测量方法中的某些原因所致，或是因仪器精度、设计方法、试剂纯度、标准量偏差、实验者的操作等因素造成的误差。它的特点是在同一条件下多次测量某一物理量，其误差的符号和绝对值大小基本恒定不变，属于系统误差。

系统误差不具抵偿性，不能用增多测量次数来消除，只能通过对仪器、方法的校准或通过不同人用不同方法、仪器进行测量，彼此核对，找出原因，取得合理结果。

3) 过失误差

过失误差主要是由于实验者粗心大意、操作不规范所致。此类误差无规律可循，只要细心、规范操作就可以避免，或者通过判断、剔除坏值来消除过失误差。

4) 偶然误差

在系统误差、过失误差消除的情况下测定某物理量时，以不可预知方式变化的测量误差称随机误差或偶然误差。该类误差不能消除，但它服从统计规律，误差值的大小及正、负的出现由概率决定。结果的可靠性与测量次数有关，随测量次数的无限增多，误差的算术平均值将趋于零，使测量结果的算术平均值接近真值。偶然误差是数据统计处理研究的主要对象。

2 误差的计算及应用

1) 真值、平均值、标准值

根据误差理论，在消除了系统误差和过失误差的情况下，由于偶然误差分布的对称性，进行无限次测量所得值的算术平均值即为真值，即：

$$x_{真} = \lim_{n \to \infty} \frac{\sum_{i=1}^{n} x_i}{n} \tag{A3.1}$$

然而在大多数情况下，我们只能做有限次的测量，故将有限次测量的算术平均值作为可靠值，即：

$$\overline{x_i} = \frac{\sum_{i=1}^{n} x_i}{n} \tag{A3.2}$$

标准值 $x_{标}$ 是指用更为可靠的方法测出的值，或载之文献上被大家公认的值。在难以获得真值的情况下，可以近似地用标准值代替真值进行误差计算。

2）误差与相对误差

在测量物理量时，偶然误差总是存在的，测量值 x 与真值 $x_{真}$ 之间总有着一定的偏差 Δx，这个偏差称为绝对误差，也可称为误差，即：

$$\Delta x = x - x_{真} \tag{A3.3}$$

由于在大多数情况下，只能做有限次的测量难以得到真值，只能得到算术平均值。因此将各次测量值与算术平均值的差作为各次测量的误差，即：

$$\Delta x_i = x_i - \overline{x_i} \tag{A3.4}$$

各次测量的误差可正可负，对于整个测量来说需引入平均误差：

$$\overline{\Delta x} = \frac{|\Delta x_1| + |\Delta x_2| + \cdots + |\Delta x_n|}{n}$$

$$= \frac{\sum_{i=1}^{n} |x_i - \overline{x_i}|}{n} \tag{A3.5}$$

还可以用标准误差和或然误差来表示误差。标准误差为：

$$\sigma = \sqrt{\frac{\sum_{i=1}^{n} (x_i - \overline{x_i})^2}{n-1}} \tag{A3.6}$$

标准误差对一组测量中较大或较小误差感觉比较灵敏，且意义明确，它是表示精确度的较好方法，在现代科学中广为采用。测量结果表示为 $x \pm \sigma$。或然误差为：

$$p = 0.6745\sigma \tag{A3.7}$$

或然误差 p 的意义是，在一组测量中若不计正负号，误差大于 p 的测量值与误差小于 p 的测量值，各占测量次数的一半。即误差落在 $+p$ 与 $-p$ 之间的测量次数，占总测量次数的一半。

绝对误差和真值之比，称为相对误差，即：

$$相对误差 = \frac{误差}{真值} = \frac{\Delta x}{x_{真}} \tag{A3.8}$$

相对平均误差为：

$$\frac{\overline{\Delta x}}{\overline{x_i}} = \frac{|\Delta x_1| + |\Delta x_2| + \cdots + |\Delta x_n|}{n \overline{x_i}} \tag{A3.9}$$

例如，一组测量数据为：55.5，55.9，55.3，55.1，54.8，56.0。那么这组测量数据的平均值、平均误差、标准误差、相对误差分别为：

平均值 $\overline{x_i} = \dfrac{55.5+55.9+55.3+55.1+54.8+56.0}{6} = 55.4$

平均误差 $\overline{\Delta x} = \dfrac{|0.1|+|0.5|+|-0.1|+|-0.3|+|-0.6|+|0.6|}{6} = 0.4$

标准误差 $\sigma = \sqrt{\dfrac{0.1^2 \times 2 + 0.3^2 + 0.5^2 + 0.6^2 \times 2}{5}} = 0.5$

相对平均误差 $= \dfrac{0.4}{55.4} \times 100\% = 0.7\%$ 　　相对标准误差 $= \dfrac{0.5}{55.4} \times 100\% = 0.9\%$

绝对误差的单位与被测量值的单位相同，绝对误差的大小与被测量值的大小无关。为了能合理地说明测量的准确度，常采用相对误差，相对误差量纲为1，其大小与绝对误差及被测量值的大小都有关。相对误差可用以比较各种测量的精度、评价测量结果的质量，也是实验中选择匹配仪器的依据，相匹配仪器的相对误差应相同。

3) 标准误差的估算

在实验测量中经常需要计算标准误差，但很多情况下测量次数较少甚至只有一次。有一种由最大误差估算标准误差的方法，虽其精度较差，但对测量次数很少的情况（如条件限定只能测量一次）是一种有价值的估算方法。依下式计算标准误差：

$$\sigma = c_n |(\Delta x)_{\max}| \tag{A3.10}$$

式中，$|(\Delta x)_{\max}|$ 为最大误差的绝对值，c_n 为与测量次数有关的系数，其值由表A3.1查得。

表 A3.1　测量次数与 c_n 值

n	1	2	3	4	5	6	7	8	9	10
c_n	1.25	0.88	0.75	0.68	0.64	0.61	0.58	0.56	0.55	0.53

例如，用分析天平称量1次，$m = 0.1472$ g，已知该天平 $\Delta m = \pm 0.0003$ g，则估算标准误差为 $\sigma = 1.25 \times 0.0003 = 0.0004$。

4) 准确度与精密度

准确度：表示测量值与真值的符合程度，即测量的正确性或可靠性。误差越小，准确度越高。测量的准确度定义为：

$$\dfrac{1}{n}\sum_{i=1}^{n}|x_i - x_{真}| \tag{A3.11}$$

但是在大多数物理化学实验中，真值 $x_{真}$ 是要测量的结果，且真值难以获得，因此用标准值 $x_{标}$ 代替真值 $x_{真}$ 近似地计算准确度：

$$\dfrac{1}{n}\sum_{i=1}^{n}|x_i - x_{标}| \tag{A3.12}$$

精密度：表示测量值与平均值的偏离程度，偶然误差越小，精密度越高。

精密度一般有三种表示方法：平均误差 $\overline{\Delta x}$、标准误差 σ、或然误差 p。这三种方法都可以用来表示测量的精密度，但在数值上略有不同，它们之间的关系式为：

$$p : \overline{\Delta x} : \sigma = 0.675 : 0.794 : 1.00$$

在物理化学实验中通常使用平均误差或标准误差来表示测量的精密度，平均误差的优点是计算方便，但容易掩盖一些质量不高的测量数据。因此现在多采用标准误差。

有时也采用相对精密度来表示精密度，即 $\frac{\sigma}{\bar{x}} \times 100\%$。

测量结果的精密度高，准确度并不一定高。因此考察一个实验方法的好坏，更重要的是要看准确度；而考察一个实验操作的好坏，主要看精密度。

5）可疑值的取舍

在一组测量数据中，常有某值偏差很大，一些同学常认为是坏数据，随意舍弃这些值，以获得结果的一致性，这是不科学的。只有充分证明这些数据是过失误差时（如意外错误操作或读错数据）才可以舍弃，否则只有对可疑值作出科学判断，才能决定取舍。根据概率和数理统计理论，评价可疑值的方法很多，下面介绍几种。

（1）3σ 规则：在测量次数很多的情况下，根据误差理论可知，误差在 $\pm 2\sigma$ 范围的概率为 95.5%，故一般以 $\pm 2\sigma$ 作为最大允许误差。误差在 $\pm 3\sigma$ 范围的概率为 99.7%，大于 $|3\sigma|$ 的误差出现的机会是极小的，如果出现这类误差，可认为是过失误差，可以作为可疑值而舍弃。

（2）极差检验法：在实际实验测量中，测量次数有限，在测量次数 $n<10$ 时，极差检验法是一种简便方法，步骤如下：

① 计算包括可疑值 x_e 在内的所有数据的平均值 $\bar{x}$；
② 计算极差 R（一组测量值中最大值与最小值之差）；
③ 计算可疑值 x_e 与平均值之差的绝对值与极差之比，$t_1 = \dfrac{|x_e - \bar{x}|}{R}$；
④ 根据测量次数 n 从表 A3.2 查得 t_1 的临界值，并将计算值与临界值进行比较，如 $t_{1(算)} > t_{1(表)}$，则可疑值应舍弃；反之，应保留。

表 A3.2　极差检验法舍弃无效测量值的 t_1 的临界值

测量次数	3	4	5	6	7	8	9	10
临界值	1.53	1.05	0.86	0.76	0.69	0.64	0.60	0.58
测量次数	11	12	13	14	15	20		
临界值	0.56	0.54	0.52	0.51	0.50	0.46		

说明：此表数据所取置信水平为 95%。

（3）Q 检验法：是一种简便且具直观性的方法，步骤如下：

① 将数据从小到大按序排列出来，如 $x_1 < x_2 < x_3 < \cdots < x_n$，其中 x_1、x_n 为可疑值；
② 分别计算可疑值与它的临近值之差和极差 R，并由下式求检验商 Q：

$$Q_{算} = \frac{x_2 - x_1}{x_n - x_1} = \frac{x_2 - x_1}{R} \quad 或 \quad Q_{算} = \frac{x_n - x_{n-1}}{x_n - x_1} = \frac{x_n - x_{n-1}}{R}$$

③ 从表 A3.3 查出 Q 的临界值，并比较 $Q_{算}$ 与 $Q_{表}$。若 $Q_{算} \geq Q_{表}$ 应舍弃可疑值；若 $Q_{算} < Q_{表}$ 应保留可疑值。

表 A3.3 90%置信水平的 Q 临界值表

测量次数	3	4	5	6	7	8	9	10
$Q(0.90)$	0.94	0.76	0.64	0.56	0.51	0.47	0.44	0.41

（4）格拉布斯（Grubbs）检验法：是一种合理又普遍适用的方法，它适用于一个、两个或两个以上可疑值的情况。下面介绍只有一个可疑值的情况，检验步骤如下：

① 将所测数据按大小排列：$x_1 < x_2 < x_3 < \cdots < x_n$，其中 x_1 或 x_n 为可疑值。

② 计算检验商 G：

$$G_{1,\text{算}} = \frac{\bar{x} - x_1}{\sigma} \quad \text{或} \quad G_{n,\text{算}} = \frac{x_n - \bar{x}}{\sigma}$$

式中，$\bar{x}$ 为平均值；σ 为标准误差。

③ 从表 A3.4 查出 G 的临界值，并比较 $G_\text{算}$ 和 $G_\text{表}$。如 $G_{1,\text{算}} \geqslant G_\text{表}$，$x_1$ 为坏值应舍弃，如 $G_{n,\text{算}} \geqslant G_\text{表}$，$x_n$ 为坏值应舍弃；反之，应保留。G 临界值是由测量次数 n 和置信水平两个因素决定的。

表 A3.4 格拉布斯（Grubbs）检验法 G 的临界值表

测量次数	G 的临界值		测量次数	G 的临界值	
	95%置信水平	99%置信水平		95%置信水平	99%置信水平
3	1.15	1.15	15	2.55	2.81
4	1.48	1.50	16	2.59	2.85
5	1.71	1.76	17	2.62	2.89
6	1.89	1.97	18	2.65	2.93
7	2.02	2.14	19	2.68	2.87
8	2.13	2.27	20	2.71	3.00
9	2.21	2.39	21	2.74	3.03
10	2.23	2.48	22	2.76	3.06
11	2.36	2.56	23	2.78	3.09
12	2.41	2.64	24	2.80	3.11
13	2.46	2.70	25	2.82	3.14
14	2.51	2.76			

（5）简单判定法：在次数不多的测量中，首先在不计入可疑值的情况下计算平均值和平均误差，然后再将可疑值与平均值进行比较，如果可疑值与平均值之差比平均误差大 4 倍以上，则将可疑值舍弃。但是，每五个数据最多只能舍弃一个，且不能舍弃那些有两个或两个以上相互一致的数据。

例如，重复六次测量，得到以下数据：93.30，93.30，93.40，93.40，93.30，93.55，最后一个数据 93.55 是否应舍弃？下面用几种方法进行判断：

① 极差检验法：
a. 求全部数据的平均值

$$\bar{x} = \frac{93.30+93.30+93.40+93.40+93.30+93.55}{6} = 93.38$$

b. 求极差 $R = 93.55 - 93.30 = 0.25$

c. 求 t_1（可疑值为 93.55），$t_1 = \dfrac{93.55-93.38}{0.25} = 0.68$

d. $n=6$，由表查得 $t_{1(表)}=0.76$，$t_{1(算)} < t_{1(表)}$，若置信水平为 95%，可疑值 93.55 应保留。

② Q 检验法：
a. 排列数据：93.30，93.30，93.30，93.40，93.40，93.55。

b. 93.55 为可疑值，计算 Q 值：$Q_{算} = \dfrac{93.55-93.40}{0.25} = 0.60$

c. 查表，$n=6$ 时，$Q_{表}=0.56$，$0.60>0.56$，即 $Q_{算}>Q_{表}$，故置信水平为 90% 时，可疑值 93.55 应舍弃。

③ 格拉布斯检验法：

a. $\bar{x} = \dfrac{93.30+93.30+93.40+93.40+93.30+93.55}{6} = 93.38$

b. $\sigma = \sqrt{\dfrac{(93.30-93.38)^2 \times 3 + (93.40-93.38)^2 \times 2 + (93.55-93.38)^2}{6-1}} = 0.0989$

c. $G_{n,算} = \dfrac{x_n - \bar{x}}{\sigma} = \dfrac{93.55-93.38}{0.0989} = 1.72$

d. 查表，置信水平为 95%，$n=6$，$G_{表}=1.89$，$1.72<1.89$，即 $G_{算}<G_{表}$，故 93.55 不是坏值应保留。

④ 简单判定法：

a. 93.55 为可疑值，计算平均值 $\bar{x} = \dfrac{93.30+93.30+93.40+93.40+93.30}{5} = 93.34$

b. 计算平均误差 $\overline{\Delta x} = \dfrac{|93.30-93.34| \times 3 + |93.40-93.34| \times 2}{5} = 0.05$

c. $93.55-93.34=0.21$，$0.21>0.05 \times 4$，可疑值 93.55 应舍弃。

从此例可知：要求置信水平越高，置信限（真值按一定概率落在的范围）也越宽。此例中①、③法其置信水平为 95%，②法为 90%，故①、③法决定保留 93.55，②法决定舍弃它；如果用同一种方法检验的结果是勉强保留（或舍弃），即计算值与表中临界值接近，最好再补作几次实验，多得几个数据再作处理，如此例中 Q 检验法。

6) 仪器精密度

在实验测量中，仪器的精密度不能低于实验要求的精密度；但也不必过分高于实验要求的精密度，否则造成资源的浪费。表 A3.5 列出物理化学实验中常用仪器的估计精密度：

电子仪表一般分为 0.1，0.2，0.5，1.0，1.5，2.5，5.0 七个等级，每个级数表示该仪表的最大百分相对误差。以 s 表示级数，$x_{满}$ 表示仪表的满度值，$x_{测}$ 表示测量值，有 $s\% \geq \dfrac{\Delta x}{x_{满}}$ 即 $\Delta x \leq s\% \cdot x_{满}$，则相对误差 $= \dfrac{\Delta x}{x_{测}} \leq \dfrac{s\% \cdot x_{满}}{x_{测}}$。在选用仪表的量程时，测量值越接近仪器

满刻度值，精密度越高。

注意：电表的精密度不可误认为等于其最小分度的 1/5 或 1/10。由于仪器新旧程度不同，其测量精密度也不同，最好在使用前先进行标定。

用同一台分析天平分别称量 A、B 两个物体，如表 A3.6 所示。

表 A3.5　常用仪器精密度

仪器	精密度	
	一等	二等
移液管 50 mL	±0.05 mL	±0.12 mL
移液管 25 mL	±0.04 mL	±0.10 mL
移液管 10 mL	±0.02 mL	±0.04 mL
移液管 5 mL	±0.01 mL	±0.03 mL
移液管 2 mL	±0.006 mL	±0.015 mL
容量瓶 1 000 mL	±0.30 mL	±0.60 mL
容量瓶 500 mL	±0.15 mL	±0.30 mL
容量瓶 250 mL	±0.10 mL	±0.20 mL
容量瓶 100 mL	±0.10 mL	±0.20 mL
容量瓶 50 mL	±0.05 mL	±0.10 mL
容量瓶 25 mL	±0.03 mL	±0.06 mL
分析天平	±0.000 1 g	
工业天平	±0.001 g	
台秤（称量 1 kg）	±0.1 g	
台秤（称量 100 g）	±0.01 g	
温度计（分度为 1 ℃）	±0.2 ℃	
温度计（分度为 0.1 ℃）	±0.02 ℃	

表 A3.6　称量误差

	A 物体	B 物体
实际量	1.000 2 g	0.100 1 g
称量结果	1.000 1 g	0.100 0 g
绝对误差相同	−0.000 1 g	−0.000 1 g
相对误差不同	−0.01%	−0.1%

可见，相对误差随被测物理量增大而减小。因此在可能时用增大被测物理量值可减少测量的相对误差。

3 测量结果的记录及有效数字

一个物理量的数值,不仅反映出量的大小,而且还反映了数据的可靠程度,反映了实验方法和所用仪器的精确程度。如(20.0±0.2)℃是普通温度计测量的,而(20.00±0.02)℃则是用1/10温度计测量的。可见物理量的每一位数都是有实际意义的。有效数字的位数表明了测量精度,它包括测量中的几位可靠数字和最后估计的一位可疑数字。又如(102.23±0.01)g是用台秤称量的,(1.2745±0.0001)g是用分析天平称量的,它们都是五位有效数字,前者末位数"3"是可疑的,后者末位数"5"是可疑的,但可疑范围不同。物理化学实验中一些常用仪器的估计精确度已在前面列出。若不了解测量精度,一般认为最后一位数字的不确定范围为±3。

有效数字的概念在记录、计算数据时很重要。下面对其表示法、运算规则作一简单介绍。

1) 有效数字的表示法

(1) 误差(平均误差和标准误差)一般只有一位有效数字,至多不超过两位。

(2) 任何一物理量的数据,其有效数字的最后一位数,在位数上应与误差的最后一位取齐。如记成 1.27±0.01 是正确的,若记成 1.271±0.01 或 1.3±0.01 都是错误的。又如某物理量的误差为±3,记成 138±3 是正确的,若记成 138.3±3 或 138.3±3.0 都是错误的。

(3) 为了明确地表明有效数字,常用指数表示法。如下列数据都是四位有效数字:

1 234, 0.123 4, 0.000 123 4, 1 234 000

对中间两个数据,因表示小数位置的"0"不是有效数字,不难判断为四位有效数字;但最后一个数据其后面三个"0"究竟是表示有效数字,还是表示小数点位置则无法判断,上面的数据若用指数表示为 1.234×10^3,1.234×10^{-1},1.234×10^{-4},1.234×10^6 则很清楚都是四位有效数字,写成 1.234×10^6 表示四位有效数字,若写成 1.2340×10^6 则表示五位有效数字。可见,有效数字位数越多,数值的精度也越高。

(4) 有效数字的位数与十进位制的变换无关。如(1.27±0.01) m 和(127±1) cm 完全反映同一情况,都是 0.8%的相对误差。

2) 有效数字的运算规则

(1) 在舍弃不必要的数字时,应用"四舍六入五成双"原则。即欲保留的末位有效数字的后面第一位数字为4或小于4时,则弃去;若为6或大于6时则在前一位(即有效数字的末位)加上1;若等于5时,如前一位数字为奇数则加上1(即成"双"),如前一位数字为偶数,则舍弃不计。

(2) 在加减运算时,各数值小数点后所取位数,以其中最少者为准。例如:
0.12+12.232+1.568 5 应写成 0.12+12.23+1.57。

(3) 乘除运算时,所得积或商的有效数字,应以各值中有效数字位数最少的值为准,如 $\dfrac{0.151 \times 24.63}{1.803\ 67}$ 应写成 $\dfrac{0.151 \times 24.6}{1.80} = 2.06$。

(4) 在做对数运算时,对数尾数的位数应与真数的有效数字相同或多一位。

(5) 如数值的首位大于8,则有效数字的总位数可多算一位。例如9.12虽只有三位有效数字,但在运算时可当作四位有效数字。

(6) 计算式中的常数（如 π，e）以及取自手册的常数，均按需要取有效数字的位数。

在做复杂运算时，中间步骤涉及数值的位数，按上述规则多取一位，这可避免多次四舍六入造成误差积累对结果的较大影响，但最后应保留其应有的有效数字位数。

4　间接测量中误差的计算

物理化学实验一般是在一定条件下，测量体系的一种或几种物理量后，用计算或作图的方法得到所需结果。前面所讨论的均为直接测量值的误差计算，在物理化学实验中，大多数的实验结果是由一些直接测量得到的物理量值根据一定函数关系计算而得的，这样的结果称为间接测量结果。显然，每个直接测量值的误差都会影响最后结果的误差，该影响称为间接测量中的误差传递，部分函数的平均误差和标准误差传递公式见表 A3.7。

表 A3.7　部分函数的平均误差和标准误差传递公式

函数关系	平均误差 (ΔN)	相对平均误差 $\left(\dfrac{\Delta N}{N}\right)$	标准误差 σ	相对标准误差 $\dfrac{\sigma}{N}$
$N=x+y$	$\pm(|\Delta x|+|\Delta y|)$	$\pm\left(\dfrac{|\Delta x|+|\Delta y|}{x+y}\right)$	$\pm\sqrt{\sigma_x^2+\sigma_y^2}$	$\pm\dfrac{1}{|x+y|}\sqrt{\sigma_x^2+\sigma_y^2}$
$N=x-y$	$\pm(|\Delta x|+|\Delta y|)$	$\pm\left(\dfrac{|\Delta x|+|\Delta y|}{x-y}\right)$	$\pm\sqrt{\sigma_x^2+\sigma_y^2}$	$\pm\dfrac{1}{|x+y|}\sqrt{\sigma_x^2+\sigma_y^2}$
$N=xy$	$\pm(x|\Delta y|+y|\Delta x|)$	$\pm\left(\dfrac{|\Delta x|}{x}+\dfrac{|\Delta y|}{y}\right)$	$\pm\sqrt{y^2\sigma_x^2+x^2\sigma_y^2}$	$\pm\sqrt{\dfrac{\sigma_x^2}{x^2}+\dfrac{\sigma_y^2}{y^2}}$
$N=\dfrac{x}{y}$	$\pm\left(\dfrac{x|\Delta y|+y|\Delta x|}{y^2}\right)$	$\pm\left(\dfrac{|\Delta x|}{x}+\dfrac{|\Delta y|}{y}\right)$	$\pm\dfrac{1}{y}\sqrt{\sigma_x^2+\dfrac{x^2}{y^2}\sigma_y^2}$	$\pm\sqrt{\dfrac{\sigma_x^2}{x^2}+\dfrac{\sigma_y^2}{y^2}}$
$N=x^n$	$\pm(nx^{b-1}|\Delta x|)$	$\pm\left(n\dfrac{|\Delta x|}{x}\right)$	$\pm nx^{b-1}\sigma_x$	$\pm\dfrac{n}{x}\sigma_x$
$N=\ln x$	$\pm\left(\dfrac{|\Delta x|}{x}\right)$	$\pm\left(\dfrac{|\Delta x|}{x\ln x}\right)$	$\pm\dfrac{\sigma_x}{x}$	$\pm\dfrac{\sigma_x}{x\ln x}$

1) 平均误差与相对平均误差的传递

设实验最后计算结果 N 是直接测量值 x，y，z 等的函数：

$$N=f(x,y,z) \tag{A3.13}$$

全微分：$\mathrm{d}N=\left(\dfrac{\partial N}{\partial x}\right)_{y,z}\mathrm{d}x+\left(\dfrac{\partial N}{\partial y}\right)_{x,z}\mathrm{d}y+\left(\dfrac{\partial N}{\partial z}\right)_{x,y}\mathrm{d}z \tag{A3.14}$

设各个自变量的绝对误差 Δx、Δy、Δz 是很小的，可代替它们的微分。用 ΔN 表示误差的综合结果，则上式可写成：

$$\Delta N=\left(\dfrac{\partial N}{\partial x}\right)_{y,z}\Delta x+\left(\dfrac{\partial N}{\partial y}\right)_{x,z}\Delta y+\left(\dfrac{\partial N}{\partial z}\right)_{x,y}\Delta z \tag{A3.15}$$

上式是计算最后结果的平均误差的普遍公式。在计算最后结果时，常用相对平均误差

$\Delta N/N$ 衡量其准确度。相对平均误差的普遍公式为：

$$\frac{\Delta N}{N} = \frac{1}{f(x,y,z)}\left[\left(\frac{\partial N}{\partial x}\right)_{y,z}\Delta x + \left(\frac{\partial N}{\partial y}\right)_{x,z}\Delta y + \left(\frac{\partial N}{\partial z}\right)_{x,y}\Delta z\right]$$

$$= \frac{1}{N}\left[\left(\frac{\partial N}{\partial x}\right)_{y,z}\Delta x + \left(\frac{\partial N}{\partial y}\right)_{x,z}\Delta y + \left(\frac{\partial N}{\partial z}\right)_{x,y}\Delta z\right] \quad (A3.16)$$

一些常用的平均误差和相对平均误差的传递公式列入表 A3.7 中。

2）标准误差的传递

设 $N=f(x, y, z)$，若 $\sigma_x, \sigma_y, \sigma_z$ 分别为各直接测量值 x, y, z 的标准误差，则函数 N 最后结果的标准误差为：

$$\sigma_N = \sqrt{\left(\frac{\partial N}{\partial x}\right)_{y,z}^2 \sigma_x^2 + \left(\frac{\partial N}{\partial y}\right)_{x,z}^2 \sigma_y^2 + \left(\frac{\partial N}{\partial z}\right)_{x,y}^2 \sigma_z^2} \quad (A3.17)$$

上式为计算间接测量结果标准误差的普遍公式（证明从略）。一些常用的标准误差的传递公式列入表 A3.7 中。

3）间接测量误差计算举例

例 1 函数形式为 $x = \dfrac{8LRP}{\pi(m-n)rd^2}$，其中 L, R, P, m, n, r, d 均为各直接测量值，其结果 x 的相对平均误差为：

$$\frac{\Delta x}{x} = \pm\left[\frac{\Delta L}{L} + \frac{\Delta R}{R} + \frac{\Delta P}{P} + \frac{\Delta m + \Delta n}{m-n} + \frac{\Delta r}{r} + 2\frac{\Delta d}{d}\right]$$

直接测量结果的误差与所用仪器的精密度有关。常用仪器精密度前面已介绍，下面举例说明具体的计算。

例 2 以苯为溶剂，用凝固点降低法测定萘的摩尔质量。计算公式为：

$$M = \frac{K_f m_B}{m_A(T_0 - T)} = \frac{K_f m_B}{m_A \Delta T}$$

式中，m_B 为溶质质量；m_A 为溶剂质量；T_0 为纯溶剂凝固点；T 为溶液凝固点；ΔT 为凝固点降低值。

m_B, m_A, T_0, T 均可直接测定。K_f 为苯的凝固点降低常数（取自手册），为公认值，可以认为无误差。某同学实验测量结果记录为：

分析天平：$m_B = 0.1472$ g　　　$\Delta m_B = \pm 0.0002$ g

工业天平：$m_A = 20.00$ g　　　$\Delta m_A = \pm 0.05$ g

贝克曼温度计：$T_{0,1} = 2.801$ K　　$T_{0,2} = 2.791$ K　　$T_{0,3} = 2.803$ K

　　　　　　　$T_1 = 2.500$ K　　　$T_2 = 2.504$ K　　　$T_3 = 2.495$ K

　　　　　　　$K_f = 5.12$ K·kg·mol^{-1}

（1）计算相对平均误差（为叙述简洁略去量的单位）：

$$\frac{\Delta M}{M} = \pm\left(\frac{\Delta m_B}{m_B} + \frac{\Delta m_A}{m_A} + \frac{\Delta T_0 + \Delta T}{T_0 - T}\right) = \pm\left(\frac{\Delta m_B}{m_B} + \frac{\Delta m_A}{m_A} + \frac{\Delta(\Delta T)}{\Delta T}\right)$$

$$\overline{T_0} = \frac{2.801 + 2.791 + 2.803}{3} = 2.798$$

$\Delta T_{0,1} = |2.801-2.798| = 0.003$
$\Delta T_{0,2} = |2.791-2.798| = 0.007$
$\Delta T_{0,3} = |2.803-2.798| = 0.005$

平均误差：$\overline{\Delta T_0} = \dfrac{0.003+0.007+0.005}{3} = 0.005$

同理：$\overline{T} = 2.500 \qquad \overline{\Delta T} = 0.003$

所以：$\Delta T = T_0 - T = (2.798 \pm 0.005) - (2.500 \pm 0.003) = 0.298 \pm 0.008$

$$\dfrac{\Delta(\Delta T)}{\Delta T} = \dfrac{0.008}{0.298} = 2.7 \times 10^{-2}$$

$$\dfrac{\Delta m_A}{m_A} = \dfrac{0.05}{20.00} = 2.5 \times 10^{-3} \qquad \dfrac{\Delta m_B}{m_B} = \dfrac{0.0002}{0.1472} = 1.36 \times 10^{-3}$$

相对平均误差：$\dfrac{\Delta M}{M} = \pm(1.36 \times 10^{-3} + 2.5 \times 10^{-3} + 2.7 \times 10^{-2}) = \pm 0.031$

萘的摩尔质量：$M = \dfrac{K_f m_B}{m_A \Delta T} = \dfrac{5.12 \times 0.147 \times 1\,000}{20.00 \times 0.298} = 126\,(\text{g} \cdot \text{mol}^{-1})$

$$\Delta M = 126 \times (\pm 0.031) = \pm 3.9\,(\text{g} \cdot \text{mol}^{-1})$$

测量结果应表示为：$M = (126 \pm 4)\,\text{g} \cdot \text{mol}^{-1}$

（2）计算相对标准误差：

$$\dfrac{\sigma}{M} = \dfrac{1}{M}\sqrt{\left(\dfrac{\partial M}{\partial m_A}\right)^2 \sigma_{m_A}^2 + \left(\dfrac{\partial M}{\partial m_B}\right)^2 \sigma_{m_B}^2 + \left(\dfrac{\partial M}{\partial \Delta T}\right)^2 \sigma_{\Delta T}^2}$$

计算时需先求出各直接测量值的标准偏差 σ_{m_A}，σ_{m_B}，$\sigma_{\Delta T}$ 及 $M = \dfrac{K m_B}{m_A \Delta T}$，并求 M 对各直接测量值的偏导 $\left(\dfrac{\partial M}{\partial m_A}\right)$，$\left(\dfrac{\partial M}{\partial m_B}\right)$，$\left(\dfrac{\partial M}{\partial \Delta T}\right)$。

$$\sigma_{T_0} = \pm\sqrt{\dfrac{0.003^2 + 0.007^2 + 0.005^2}{2}} = \pm 0.0064$$

$$\sigma_T = \pm\sqrt{\dfrac{0.000^2 + 0.004^2 + 0.005^2}{2}} = \pm 0.0045 \qquad \Delta T = 0.298$$

$$\sigma_{\Delta T} = \pm\sqrt{\sigma_{T_0}^2 + \sigma_T^2} = \pm\sqrt{0.0064^2 + 0.0045^2} = \pm 0.008$$

估算 m_A 的标准误差：$\sigma_{m_A} = c_n |(\Delta x)_{\max}| = 1.25 \times 0.05 = 0.06$

估算 m_B 的标准误差：$\sigma_{m_B} = c_n |(\Delta x)_{\max}| = 1.25 \times 0.0002 = 0.00025$

$$\left(\dfrac{\partial M}{\partial m_A}\right) = \dfrac{K_f m_B}{\Delta T}\left(-\dfrac{1}{m_A^2}\right) = -\dfrac{M}{m_A}$$

$$\left(\dfrac{\partial M}{\partial m_B}\right) = \dfrac{K_f m_B}{m_A \Delta T}\dfrac{1}{m_B} = \dfrac{M}{m_B}$$

$$\left(\dfrac{\partial M}{\partial \Delta T}\right) = \dfrac{K_f m_B}{m_A}\left(-\dfrac{1}{(\Delta T)^2}\right) = -\dfrac{M}{\Delta T}$$

$$\sigma_M = \sqrt{\left(\frac{\partial M}{\partial m_A}\right)^2 \sigma_{m_A}^2 + \left(\frac{\partial M}{\partial m_B}\right)^2 \sigma_{m_B}^2 + \left(\frac{\partial M}{\partial \Delta T}\right)^2 \sigma_{\Delta T}^2}$$

$$= M\sqrt{\left(\frac{\sigma_{m_A}}{m_A}\right)^2 + \left(\frac{\sigma_{m_B}}{m_B}\right)^2 + \left(\frac{\sigma_{\Delta T}}{\Delta T}\right)^2}$$

$$\frac{\sigma}{M} = \pm\sqrt{\left(\frac{0.06}{20.00}\right)^2 + \left(\frac{0.0002}{0.1472}\right)^2 + \left(\frac{0.008}{0.298}\right)^2}$$

$$= \pm\sqrt{0.003^2 + 0.001^2 + 0.027^2}$$

$$= \pm 0.03$$

从上面的计算可知，最终结果的最大误差来源是温差的测量。温差测量的相对误差决定于测量精度和温差大小，测量精度受温度计及操作技术的限制，如果增加溶质的量可使 ΔT 较大，温差的相对误差可减小，但计算公式是在稀溶液才适用的，即增加溶质量，偶然误差虽减小了，但系统误差增大了，达不到提高测量结果准确性的目的。另外，进行过分精确的称量是不必要的，如溶剂用量较大，使用工业天平称量，其相对误差仍不大，不必使用分析天平，而溶质因其用量少就需用分析天平称量。可见先了解所测各量的误差及对最终结果的影响，能指导我们选择正确、合理的实验方法，选用精度相当的仪器，找出测量关键所在并加以重点控制，以得到较好的实验结果。

应当指出，只有当测量操作控制精度与仪器精度相符合时，才能以仪器精度估计测量的最大误差，如贝克曼温度计的读数精度可达±0.002 ℃，但在上例中测定温差的最大误差可达±0.008 ℃，说明在操作时读数精度与仪器精度不符。

5　实验数据的表达方法

实验数据的表达，主要有三种方法：列表法、图解法和数学方程式法。

1）列表法

物理化学实验测定的物理量通常包括几个变量，独立变量（自变量）和从变量（因变量）。列表法是将一组实验数据中的自变量、因变量的各个数值依一定的形式和顺序一一对应列出来，能一目了然，便于处理和运算。

列表法的优点是：数据易参考比较，易检查；同一表内可同时表示几个变量间的变化关系。物理化学实验中通常使用三线表，在第一条线上注明表格名称及简要说明；在第二条线上注明物理量的名称和单位，例如时间以秒为单位，记为 t/s；在第三条线上注明物理量的数值，为使表中的数据简明直观，应将物理量的单位和倍数（乘方因子）放在第二条线上。

所记数据应注意有效数字，最好将小数点对齐。当原始数据与处理结果列于同一表上时，应把处理方法和运算公式在表下注明。

2）图解法

实验数据用图形表示，如用线段的长度、面积等将实验数据表示出来。其优点是能直观、简明地表达实验所测各数据间的相互关系，便于比较，且易显示出数据中的最高点、最低点、转折点、周期性以及其他奇异性。此外，如图形做得足够准确，则不必知道变量间的数学关系式，便可对变数求微分或积分（作切线、求面积）等，对数据直接进行处理。

图解法的作用：

① 表示变量间的定量依赖关系，如热电偶的工作曲线、校正曲线等。

② 求内插值。由实验数据作出函数间的相互关系曲线，然后从曲线中找出与某函数相应的物理量的值。

③ 求外推值。测量数据间的线性关系可外推到测量范围之外，求某一函数的极限值。但只有在充分确信外推所得结果可靠时，外推法才有实际价值。

④ 求函数的微商（图解微分法），在所得曲线上选定某点，做出切线，计算斜率，即得该点微商值。

⑤ 求某函数的积分值（图解积分法），曲线下的面积即为函数积分值。

⑥ 求函数的极值或转折点，如二元恒沸混合物的最高（或最低）恒沸点及其组成的测定、固态二元相图中相变点的确定等。

⑦ 求测量数据间函数关系的解析表示式。预测函数关系并作图，变换变量，使图形直线化，得线性关系 $y = mx + b$，得到直线的斜率 m 和截距 b 后，再推导出原来的函数解析式。

作图一般步骤及规则：

① 常用直角坐标，另外还有单对数和双对数坐标。选用什么形式的坐标，其原则是以能获得线性图形为佳。一般自变量为横轴，因变量为纵轴。坐标轴应能表示出全部有效数字，使图上读出的各物理量的精确度与测量的精确度一致。不一定将坐标的原点作为变量的零点，要充分利用图纸的全部面积，使全图布局匀称合理。如直线和近于直线的曲线，应安置在图纸的对角线附近。

② 要在轴旁注明该轴变量的名称及单位，因轴上表示的是纯数，因此量的名称（或符号）应被其单位除。如纵坐标变量名称是压强，符号为 p，其单位为 Pa，则标为 p/Pa。

③ 作代表点：将所测数据的各点绘于图上。如纵轴与横轴上测量值的精确度相近，可用 ⊙ 表示，圆心小点表示测得数据的正确值，圆的半径表示精确度值。若在同一图上表示多组不同测量值，注意用不同符号以区别之，并在图上注明。如纵轴与横轴精确度相差较大，则代表点需用矩形符号来表示。矩形的中心是数据正确值，矩形各边长度的一半表示二变量各自的精确度值。

④ 作曲线：图上画好代表点后，按代表点分布情况，用曲线板或曲线尺作一光滑、均匀、细而清晰的曲线。不一定要求曲线全部通过各点，要使点均匀地分布在曲线两侧附近，要求所有代表点离开曲线距离的平方和为最小，这就是最小二乘法原理。

⑤ 作切线：在曲线上作切线通常使用镜像法和平行线法。

镜像法：如图 A3.1 所示，作曲线上某一点的切线，使用一块平面镜，垂直放在图纸上，使镜子的边缘与曲线相交于该指定点。以此点为轴旋转平面镜，使图上曲线与镜中曲线的影像连成光滑的曲线，镜面边缘直线即为该点的法线，再作这法线的垂直线，即为该点的切线。

平行线法：如图 A3.2 所示，在选择的曲线段上作二平行线 AB，CD，作两线段中点的连线交曲线于 O 点，经 O 点作 AB 及 CD 的平行线，即为 O 点的切线。

⑥ 写图名与说明：曲线画好后，写上清楚、完整的图名，说明主要的测量条件（如温度、压力）及实验日期。

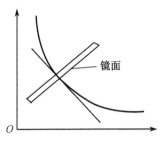

图 A3.1　镜像法作切线

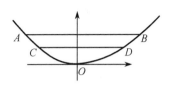

图 A3.2　平行线法作切线

3) 数学方程式法

数学方程式法是将所测变量间的依赖关系用数学方程式表达出来，表达简明清晰，便于微分、积分。如果数学方程式已知，由实验数据可求方程式中的系数，系数常对应一定的物理量。如饱和蒸气压与温度的关系式 $\ln p = m\dfrac{1}{T}+b$，其中 $m=-\dfrac{\Delta_{vap}H_m}{R}$，由 m 可求出摩尔气化焓 $\Delta_{vap}H_m$。

当所测各变量间的解析依赖关系未知时，可按下述方法建立数学方程式：

① 找出自变量、因变量后作图，绘出曲线。
② 将所得曲线形状与已知函数的曲线形状比较。
③ 比较结果，适当改换变量，重新作图，使原曲线线性化。
④ 计算线性方程的常数。
⑤ 如曲线无法线性化，可将原函数表示成自变量的多项式：
$y = a+bx+cx^2+dx^3+\cdots$，多项式项数的多少以结果在实验误差范围内为准。

确定直线方程的常数有图解法和计算法，计算法对"残差"的处理有平均法和最小二乘法。

① 平均法：设线性方程式为 $y=mx+b$，现要确定 m 和 b。设实验测得 n 组数据 (x_1,y_1)，(x_2,y_2)，(x_3,y_3)，…，(x_n,y_n)，代入线性方程得方程组：

$$y_1 = mx_1 + b$$
$$y_2 = mx_2 + b$$
$$\vdots$$
$$y_n = mx_n + b$$

因各测定值有偏差，残差定义为：$d_i = mx_i+b-y_i$。

平均法认为正确的 m 和 b 值应该使残差之和为零，即

$$\sum_{i=1}^{n} d_i = m\sum_{i=1}^{n} x_i + nb - \sum_{i=1}^{n} y_i = 0 \tag{A3.18}$$

计算时把数据分为数量相等的两套，每套为 k 组（k 为 $n/2$），分别应用平均法原理得：

$$\sum_{i=1}^{k} d_i = m\sum_{i=1}^{k} x_i + kb - \sum_{i=1}^{k} y_i = 0 \tag{A3.19}$$

$$\sum_{i=k+1}^{n} d_i = m\sum_{i=k+1}^{n} x_i + (n-k)b - \sum_{i=k+1}^{n} y_i = 0 \tag{A3.20}$$

将此二式联立求解可求得 m、b。

② 最小二乘法：其基本原理是假定残差 d_i 的平方和为极小值，求能使标准误差为最小的最佳结果。设残差平方和为 S，则有：

$$S = \sum_{i=1}^{n} (mx_i + b - y_i)^2$$

$$= m^2 \sum_{i=1}^{n} x_i^2 + 2bm \sum_{i=1}^{n} x_i - 2m \sum_{i=1}^{n} x_i y_i + b^2 - 2b \sum_{i=1}^{n} y_i + \sum_{i=1}^{n} y_i^2 \qquad (A3.21)$$

使 S 为极小值的必要条件为：

$$\frac{\partial S}{\partial m} = 2m \sum_{i=1}^{n} x_i^2 + 2b \sum_{i=1}^{n} x_i - 2 \sum_{i=1}^{n} x_i y_i = 0 \qquad (A3.22)$$

$$\frac{\partial S}{\partial b} = 2m \sum_{i=1}^{n} x_i + 2b - 2 \sum_{i=1}^{n} y_i = 0 \qquad (A3.23)$$

由此二式可解出 m、b 分别为：

$$m = \frac{n \sum_{i=1}^{n} x_i y_i - \sum_{i=1}^{n} x_i \sum_{i=1}^{n} y_i}{n \sum_{i=1}^{n} x_i^2 - \left(\sum_{i=1}^{n} x_i\right)^2} \qquad (A3.24)$$

$$b = \frac{\sum_{i=1}^{n} x_i^2 \sum_{i=1}^{n} y_i - \sum_{i=1}^{n} x_i \sum_{i=1}^{n} x_i y_i}{n \sum_{i=1}^{n} x_i^2 - \left(\sum_{i=1}^{n} x_i\right)^2} \qquad (A3.25)$$

$$r = \frac{\sum_{i=1}^{n} x_i y_i - \frac{1}{n}\left(\sum_{i=1}^{n} x_i\right)\left(\sum_{i=1}^{n} y_i\right)}{\sqrt{\left[\sum_{i=1}^{n} x_i^2 - \frac{1}{n}\left(\sum_{i=1}^{n} x_i\right)^2\right]\left[\sum_{i=1}^{n} y_i^2 - \frac{1}{n}\left(\sum_{i=1}^{n} y_i\right)^2\right]}} \qquad (A3.26)$$

相关系数 r 反映了变量 x 和 y 之间的线性关系的密切程度，显然 $|r| \leq 1$。当 $|r| = 1$ 时，称为完全线性相关；当 $|r| = 0$ 时，称为全无线性相关。

该计算方法很可靠，但计算过程较麻烦。如采用高档计算器或计算机便可进行统计计算，能十分方便地求得 m、b 及相关系数 r。

A4 用微机处理实验数据和表达实验结果

随着科学技术的进步，特别是近年来信息科学技术的发展，使得信息技术在物理化学实验中得到越来越广泛的应用。在物理化学实验中，使用的智能化、数字化仪器设备越来越多，获得数据的方式发生了很大的变化，处理实验数据与表达实验结果的方法也相应发生了变化。在处理实验数据和表达实验结果时，微机的使用越来越普遍。在物理化学实验课程中，特别是撰写实验报告时，经常需要用表格列出实验数据和实验结果，根据数据作出相应的图形、作直线求斜率和截距、绘制曲线求各点的斜率，等等。

学生在学习物理化学实验课程时，通过一些先修课程，已掌握了微机的基本操作、常用软件的使用、文稿的编辑处理技术等，部分学生可以编制程序来采集、处理、表达实验数据。笔者建议，在物理化学实验中处理实验数据和表达实验结果时，尽量使用现成的工具软件。

计算机软件种类多，并且不断升级，发展很快。在实验中和撰写实验报告时，可以利用的软件也比较多。下面通过例子介绍两种常用的工具软件（Excel 和 Origin）在基础物理化学实验数据处理与结果表达中的应用。

1 用 Excel 列表处理数据

在液体饱和蒸气压测定实验中，直接测量了 8 个温度及对应的真空度。数据处理时，要计算蒸气压、$1/T$、$\ln p$，作 $\ln p$-$1/T$ 图，拟合直线求斜率，计算平均摩尔气化焓。用 Excel 处理数据步骤如下：

（1）启动 Excel，将大气压、8 个温度及对应的真空度数据填入表格，在 D2~D9 格中输入公式计算蒸气压，在 E2~E9 格中输入公式计算 $1/T$，在 F2~F9 格中输入公式计算 $\ln p$，如图 A4.1 所示。

A	B	C	D	E	F
大气压/kPa	温度/℃	真空度/kPa	蒸气压/kPa	[1/(T/K)]×1000	ln(p/Pa)
101.12	32.80	83.08	18.04	3.27	9.80
	36.80	79.00	22.12	3.23	10.00
	40.10	76.08	25.04	3.19	10.13
	44.90	70.48	30.64	3.14	10.33
	49.70	63.82	37.30	3.10	10.53
	54.40	56.10	45.02	3.05	10.71
	60.30	44.80	56.32	3.00	10.94
	66.00	31.80	69.32	2.95	11.15

F2 单元格公式：=LN(D2*1000)

图 A4.1　在表格中输入计算公式

（2）在 F11 格中，通过菜单"插入"→"函数"→"SLOPE"，输入计算斜率的公式，得到经过指定数据点的拟合直线的斜率。在 F13 格中，通过菜单"插入"→"函数"→"CORREL"，输入计算相关系数的公式，得到指定数据的相关系数，如图 A4.2 所示。

A	B	C	D	E	F
大气压/kPa	温度/℃	真空度/kPa	蒸气压/kPa	[1/(T/K)]×1000	ln(p/Pa)
101.12	32.80	83.08	18.04	3.27	9.80
	36.80	79.00	22.12	3.23	10.00
	40.10	76.08	25.04	3.19	10.13
	44.90	70.48	30.64	3.14	10.33
	49.70	63.82	37.30	3.10	10.53
	54.40	56.10	45.02	3.05	10.71
	60.30	44.80	56.32	3.00	10.94
	66.00	31.80	69.32	2.95	11.15
				$\ln p$-$1/T$ 直线斜率	-4.1784
				相关系数	-0.9999

F11 单元格公式：=SLOPE(F2:F9,E2:E9)

图 A4.2　计算斜率与相关系数

（3）选定某一个单元格，输入计算平均摩尔气化焓的公式，得到平均摩尔气化焓。

注意通过菜单中"格式"的"单元格"设定数据的格式，例如只显示有效数字，将数据的指数部分放在项目栏内，使数据栏内的数据简洁直观等。可以将表格数据"复制""粘贴"到 Word 文档中，编辑成规范的三线表格，如表 A4.1 所示。

表 A4.1 饱和蒸气压测定实验数据

温度/℃	真空度/kPa	蒸气压/kPa	[1/(T/K)]×10³	ln(p/Pa)
32.80	83.08	18.04	3.27	9.80
36.80	79.00	22.12	3.23	10.00
40.10	76.08	25.04	3.19	10.13
44.90	70.48	30.64	3.14	10.33
49.70	63.82	37.30	3.10	10.53
54.40	56.10	45.02	3.05	10.71
60.30	44.80	56.32	3.00	10.94
66.00	31.80	69.32	2.95	11.15

2 用 Excel 作图

仍然以饱和蒸气压测定实验为例，作 ln$p$-1/T 图。步骤如下：

通过菜单"插入"→"图表"，选择"图表类型"，根据软件提示，选定数据，设置有关图表参数，作出点图；

用左键单击选择图中数据点，右键弹出快捷菜单，选"添加趋势线"，并选择在图上标出直线方程，作出拟合直线并显示直线方程。如图 A4.3 所示。

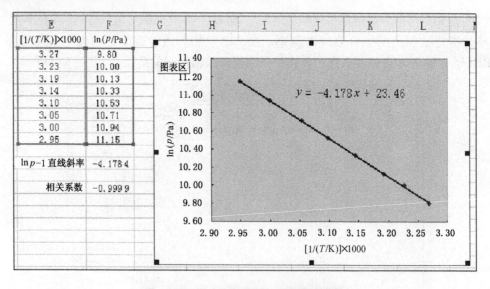

图 A4.3 用 Excel 作图及拟合直线方程

3 用 Origin 作图

Origin 是一个比较专业的作图软件,作出的专业图形也比较规范。还是以饱和蒸气压测定实验为例,作 $\ln p$-$1/T$ 图,如图 A4.4 所示,步骤如下:

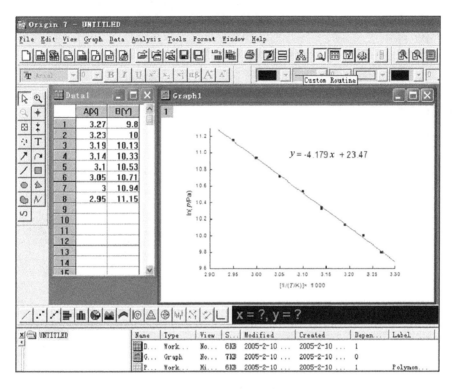

图 A4.4　用 Origin 作图及拟合直线

(1) 启动 Origin 程序,在 "Data" 窗口内输入数据或 "粘贴" 入数据,在作图工具栏内选择点图图形模式,选择对应的数据,作出点图。

(2) 右键单击各图形元素,例如坐标、刻度、图例、必要的文字等,从弹出的快捷菜单中选择 "Properties",设置相关图形元素的参数。

(3) 通过菜单 "Analysis" → "Fit Polynomial",设置有关参数,在图中显示直线方程,绘出拟合直线并显示直线方程。

Origin 作图功能比较强,可以编辑作出一些比较复杂的图形。例如在 BZ 振荡反应实验中,将计算机记录的数据(6 个温度下电位随时间的变化)粘贴入 "Data" 窗口中,利用 Origin 的多图层功能,将 6 个温度下电位随时间的变化图形绘制在一起,非常直观,便于比较分析。如图 A4.5 所示,作图步骤如下:

(1) 将 6 组数据 "粘贴" 到 "Data" 窗口中,最多的一组数据需要 1 000 多组,输入恐怕太慢了,只能用 "粘贴"。

(2) 绘出第一组图形。

(3) 激活 Graph 窗口,在该 Graph 窗口左上角区域,右键单击弹出快捷菜单,选择 "Add and Arrange Layers",设置 3 行(Rows)2 列(Columns)及页面尺寸,得到 6 组坐

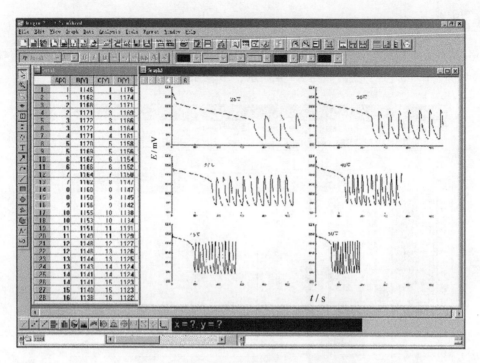

图 A4.5　多图合并

标图。

(4) 设置有关的图形参数，例如将 6 个图层的坐标刻度范围设置成相同，便于相互比较。

(5) 右键单击左上角各图层号，从弹出的快捷菜单中选择"Plot Associations"，设置与各图层对应的数据，得到一个 6 层的图形。

4　用 Origin 作微分曲线

在溶液表面吸附的测定实验中，要求先根据不同浓度溶液的表面张力作 σ-c 图，然后求图上一些点的斜率。在坐标纸上手工求曲线的斜率是一件比较麻烦的事，用 Origin 来完成就很方便了。步骤如下：

(1) 如图 A4.6 所示，在 Origin 中，先作出 σ-c 图。

(2) 激活 σ-c 图形窗口，通过菜单"Analysis"→"Calculus"→"Differentiate"绘出与 σ-c 图对应的微分曲线图，各点对应的斜率数据在另一 Data 窗口中给出。

(3) 激活微分曲线图窗口，通过菜单"Analysis"→"Interpolate/Extrapolate"，设置相关参数，在又一 Data 窗口中，得到微分曲线上指定点对应的数据。

σ-c 图与对应的微分曲线图有相同的横坐标，可以利用 Origin 的多图层功能，将 2 个图绘在一起，公用横坐标，σ-c 图对应左边的纵坐标，微分曲线对应右边的纵坐标，如图 A4.7 所示，步骤如下：

(1) 激活 σ-c 图窗口，选择菜单"Tools"→"Layer"，在弹出的窗口中选择添加一个右坐标。

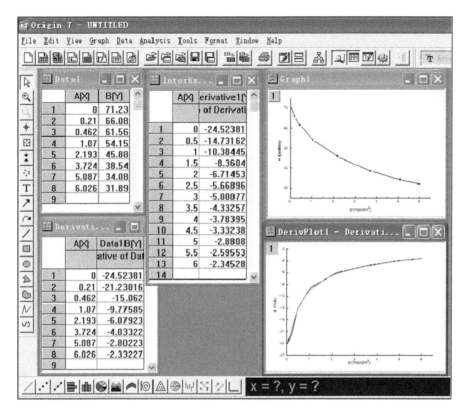

图 A4.6　作微分曲线

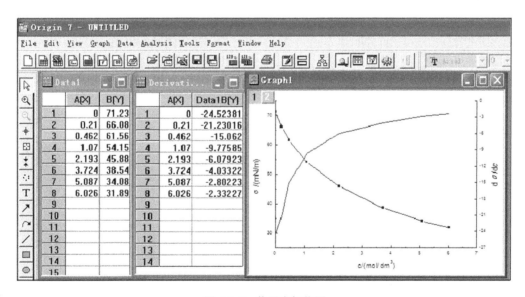

图 A4.7　共用坐标作图

（2）左键双击 Graph 窗口左上角图层表记"2"，在弹出的窗口中设置微分曲线的数据对应右边的纵坐标，得到一个 2 层图形。

5 用 Word 撰写实验报告

Word 应该是同学们已经很熟悉的软件，这里不再介绍。通过各种软件绘制图形后，可以将图形"复制""粘贴"入 Word 文档，与其他文字、表格等编辑在一起，如图 A4.8~图 A4.10 所示。

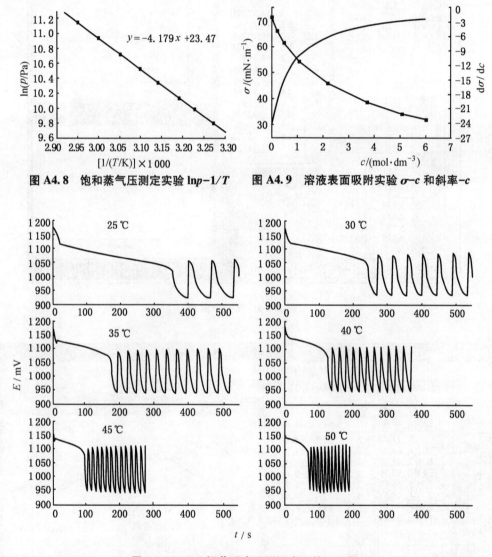

图 A4.8　饱和蒸气压测定实验 $\ln p$–$1/T$　　图 A4.9　溶液表面吸附实验 σ–c 和斜率–c

图 A4.10　BZ 振荡反应不同温度下的 E–t 图

A5　物理化学实验中的量和单位

在物理化学和物理化学实验课程中，涉及大量的物理量。物理化学课程从理论方面应用数学方法研究各物理量之间的联系或确定各物理量之间的定量关系；物理化学实验对物理量进行测量或通过物理量之间的定量关系式计算难以直接测量的物理量。因此，不但要准确掌握各种量的测量原理和方法，还需要正确理解量的定义、各种量的量纲和单位；正确应用表达量的方程式进行运算，并用图和表格正确记录或表示物理量及其各种物理量之间的相互联系。

1　物理量（简称量）

物理化学主要研究在化学变化及其伴随着的物理变化过程中，物质属性的改变及物理性质的变化。物理量就是能准确反映化学变化和物理变化的一个最重要的基本概念。国际标准化组织（ISO）、国际法制计量组织（OIML）等联合制定的《国际通用计量学基本名词》一书中，把量（Quantity）定义为："现象、物体或物质的可以定性区别、可以定量确定的一种属性。"这一定义包含了物理量的双重含义，即物理量不但体现了现象、物体和物质在性质上的区别，同时物理量也体现了属性的大小、轻重、长短或多少等概念。

为使用方便，物理量简称量，指物质可以定量描述的属性。物理化学实验对许多物理量进行直接测量或间接测量。

2　量的量制与法定计量单位

对量进行描述和定量测量及准确计算时，约定选取的基本量和相应导出量的特定组合叫量制。国际单位制（Le System International d'Unites，简称 SI）是在 1960 年第十一届国际计量大会（CGPM）上通过的一套计量单位制。1969 年国际标准化协会（ISA）将此单位制采用为国际标准。我国法定计量单位以国际单位制单位（SI 单位）为基础，1984 年，国务院颁布了《关于在我国统一实行法定计量单位的命令》，规定我国的计量单位一律采用《中华人民共和国法定计量单位》；国家技术监督局于 1986 年和 1993 年颁布《中华人民共和国国家标准》GB 3100~3102—1986 及 1993《量和单位》。国际单位制的 SI 单位是我国法定计量单位的主要组成部分。我国法定计量单位的内容包括：

（1）SI 基本单位（参阅本书附录表 D1.1）。国际单位制以 7 个基本量的单位作为 SI 基本单位，SI 的 7 个基本量是：长度、质量、时间、电流、热力学温度、物质的量、发光强度。

（2）SI 的辅助单位（参阅本书附录表 D1.2）。

（3）具有专门名称的 SI 导出单位（参阅本书附录表 D1.3）。对用基本单位和辅助单位以代数形式组合而成的导出单位，国际计量大会通过了专门的名称和符号。使用这些专门名称并以其表示其他导出单位，更为简洁、明确和方便。例如：压力、压强的单位，常用的是专门名称 Pa 代替导出单位 $N \cdot m^{-2}$，即 $1\ Pa = 1\ N \cdot m^{-2}$，比用 SI 基本单位 $m^{-1} \cdot kg \cdot s^{-2}$ 更简单。

（4）由于人类健康安全防护上的需要而确定的具有专门名称的 SI 导出单位。

（5）SI 词头。用于构成 SI 单位的倍数单位，不能单独使用，与紧接着的单位作为一个整体。例如：$1\ nm = 10^{-9}\ m$；$10^{-3}\ L$ 常用的表示是 mL。注意：不能使用重叠词头，如 $10^{-9}\ m$ 只能用 nm 表示，而不能表示成 mμm。

（6）可与国际单位制并用的其他计量单位（参阅本书附录表 D1.3）。

3　量与量纲

量纲是以量制中选取的基本量的幂的乘积，用以表示该量制中某量的表达式。量纲只能用于定性地描述物理量，指出量的属性，而不能确定量的大小。但量纲的一个重要功能是能够定性地给出导出量与基本量之间的关系。

量纲常用符号表示，规定符号用正体大写字母表示。在国际单位制 SI 中，7 个基本量：长度、质量、时间、电流、热力学温度、物质的量、发光度的量纲，分别用 L、M、T、I、Θ、N 和 J 表示。其他量的量纲就是基本量的量纲的幂的乘积。如量 Q 的量纲用符号表示为 dim Q：

$$\dim Q = L^{\alpha} M^{\beta} T^{\gamma} I^{\delta} \Theta^{\varepsilon} N^{\zeta} J^{\eta} \tag{A5.1}$$

例如：物理化学实验中常用的热容 C 的量纲，表示为：$\dim C = L^2 M T^{-2} \Theta^{-1}$。

4 量的数值和单位

根据量的定义可知，任何物理量都具有双重特征：可定性区别和可定量确定。可定性区别是指量在物理属性上的差别，因而可按物理属性把量分为不同种类，如力学量、电学量、热学量等；可定量确定是指确定各类具体物理量的大小，这就需要在同一类量中，选取某一特定的量作为参考量，称之为单位，则这一类量中的任何其他量，都可用一个数与所确定的单位的乘积表示，因此，这个数就称为该量的数值，则物理量的量值就等于数值乘以单位。

定量表示物理量时，可以使用数值与单位之积，也可以用符号（量的符号）表示为：

$$Q = \{Q\} \cdot [Q] \tag{A5.2}$$

式中，Q 为物理量的符号；$[Q]$ 为物理量 Q 的单位符号；$\{Q\}$ 是取单位 $[Q]$ 时物理量 Q 的数值。例如：体积 $V = 10 \text{ m}^3$，表示体积 V 以 $[V] = \text{m}^3$ 为单位时，数值 $\{V\} = 10$。如果同样的体积 V，采用不同的单位 $[V] = \text{dm}^3$ 时，数值也必然不同。因此，要完整准确的表示物理量，必须同时指明量的数值和单位，二者缺一不可，缺少单位的数值没有任何意义。

此外，还要把量的单位与量纲加以区别。量的单位是用来确定量的大小；而量纲只是表示量的属性，并不能指出量的大小。

还需注意：在定义物理量时不要指定或暗含单位。例如：物质的摩尔体积，不能定义为 1 mol 物质的体积，而应定义为单位物质的量的物质体积。

5 量纲一的量的 SI 单位

对应于量纲表示式（A5.1），对于导出量的量纲的幂指数为零的量，GB 3101—1986 称之为无量纲量，GB 3101—1993 改称为量纲一的量。例如：化学反应方程式中的化学反应计量数、标准平衡常数、活度系数（活度因子）等都是量纲一的量。量纲一的量的 SI 单位名称都是数字"一"，单位符号是阿拉伯数字"1"。

关于量纲一的量，都属于物理量，具有物理量的属性；其数值可测量或计算，只是量的单位为 1；同类量间可以进行加减运算。

在表示量纲一的量的量值时要注意：由于百分符号%是纯数字，所以称质量（重量）百分或体积百分是没有意义的；也不能对符号添加其他信息进行解释或说明。比如：以往常出现的%（m/m）和%（V/V）的写法是不规范的，这两个量的正确表示应是质量分数和体积分数。另外，不能用 ‰ 代替数字 0.001，因为目前国际上还没有对 ‰ 进行标准化。

6 量和方程式

在《量和单位》国家标准中，包括三种类型的方程式：量方程式、数值方程式和单位方程式。下面主要介绍物理化学实验中常用的量方程式和数值方程式。

1) 量方程式

量方程式用以表示物理量之间的关系。根据量的性质，量与所采用的单位无关，因此确定或联系量与量间的关系的量方程式也与单位无关，即无论选用何种单位来表达其中的量，都不会影响量之间的关系。如摩尔电导率 Λ_m 与电导率 κ、物质的量浓度 c_B 间的量方程为：

$$\Lambda_m = \kappa/c_B$$

当 κ 和 c_B 的单位都选用 SI 单位的基本单位和导出单位 $S \cdot m^{-1}$ 和 $mol \cdot m^{-3}$ 时，得到的 Λ_m 的单位也必然是 SI 单位的基本单位和导出单位：$S \cdot m^2 \cdot mol^{-1}$。若 κ 和 c_B 的单位选用 $S \cdot cm^{-1}$ 和 $mol \cdot cm^{-3}$ 时，则相应的 Λ_m 的单位为 $S \cdot cm^2 \cdot mol^{-1}$。单位的换算为：1 m = 100 cm，则 $1\ S \cdot m^2 \cdot mol^{-1} = 10^4\ S \cdot cm^2 \cdot mol^{-1}$。因此，并不需要指明量方程式中的各物理量的单位。同时，单位的换算系数也不能出现在量方程中，即量方程只是物理量符号的运算。

此外，前面提到的表示物理量的式（A5.2）：$Q = \{Q\} \cdot [Q]$ 也属于特殊形式的量方程式，此种方程式中包含有数值与单位的乘积。

2) 数值与数值方程式

由物理量的表示式（A5.2）可知，物理量的数值等于量与其单位之比：$\{Q\} = Q/[Q]$。量的数值常出现在物理化学实验的数据表格和坐标图中。列表时，在表头上必须要对这些数值进行说明，一方面要指明数值所表示的物理量，同时还必须指明所用的单位。作图时，从数学角度来看，纵、横坐标轴都是表示纯数的数轴。当用坐标轴表示物理量时，必须将物理量除以其单位，转化为纯数成为量的数值才可以表示在坐标轴上。在把量转化为数值进行表示时，一定要符合量及数值与单位间的关系式（A5.2）。

举例：物理化学实验中，测定纯液体在不同温度时的饱和蒸气压，求出所测温度范围液体的平均摩尔气化焓。测定数据和作图数据见表 A4.1。

作图时，如果表示饱和蒸气压 p 与温度 T 的关系，可以采用图 A5.1 所示中的任一种形式：

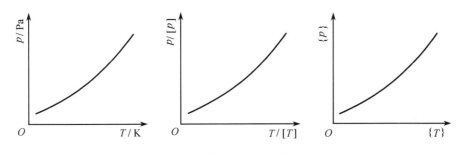

图 A5.1　蒸气压与温度的关系

当物理量作为变量或其组合出现在指数、对数和三角函数中时，都应是纯数形式或是由量组成的量纲一的组合。如表中 $\ln(p/Pa)$ 形式以及常见的 $\exp(-E_a/RT)$ 形式，前者属于以量除以单位转化为纯数，后者属于由量组成的量纲一的组合。因此，在量方程表示式中及量的数学运算过程中，对物理量进行指数、对数或三角函数运算时，对非量纲一的量均需除以其单位转化为纯数。

当以文字来表达或叙述物理量时,亦必须符合量方程式(A5.2),诸如"物质的量为 n mol","热力学温度为 T K"的说法都是错误的。因为物理量 n 中已包含单位 mol,T 中已包含单位 K。正确的表达应为"物质的量为 n"、"热力学温度为 T"。

对物理量进行数学运算时,也必须以量方程式(A5.2)为基础。例如:对理想气体按量方程式 $pV=nRT$ 进行运算时,已知系统的物质的量 $n=5$ mol,$T=298$ K,$p=101\ 325$ Pa,计算系统的体积 V。

由 $V=\dfrac{nRT}{p}$,代入数值与单位得:

$$V = \frac{5\ \text{mol} \times 8.314\ \text{J}\cdot\text{mol}^{-1}\cdot\text{K}^{-1} \times 298\ \text{K}}{101\ 325\ \text{Pa}} = 0.122\ \text{m}^3$$

即:物理量均以数值乘以单位代入量方程运算,总的结果也符合量方程式(A5.2)。

实际应用时,常常简化为数值方程式进行计算:

$$V = \frac{5 \times 8.314 \times 298}{101\ 325} = 0.122\ (\text{m}^3)$$

即:在量方程中的量取同一单位制的单位,用数值方程式运算更简单和方便。

可以看出,数值方程式只能给出数值间的关系,并不传达量之间的关系。因此,在数值方程式中,一定要明确所用的单位。物理化学实验中,研究各量的关系的公式都是量方程式的形式,数据的表达和数学计算则以数值和数值方程式为主。

3)单位方程式

单位方程式表示量的单位之间的相互关系。例如:有关表面张力概念的理解,根据表面功 $\delta W'_t = \sigma \mathrm{d}A_s$,这是量方程式,即在可逆过程中系统增加的表面积 $\mathrm{d}A_s$ 正比于环境对系统做的表面功,其中的 σ 为比例系数。按照量的单位进行运算,σ 的 SI 单位应为:

$$\text{J}\cdot\text{m}^{-2} = \text{N}\cdot\text{m}\cdot\text{m}^{-2} = \text{N}\cdot\text{m}^{-1}$$

此即单位方程。σ 表示作用在表面单位长度上的力,因而称其为表面张力。

7 物理量名称中所用术语的规则

按 GB 3101—1993 中的附录 A,当一物理量无专门名称时,通常参考以下术语命名:系数(coefficient)、因数或因子(factor)、参数或参量(parameter)、比或比率(ratio)、常量或常数(constant)。

1)系数、因数或因子

在一定条件下,如果量 A 正比于量 B,即:$A=kB$。

(1)如果量 A 与量 B 的量纲不同,则 k 称为系数。例如:物理化学实验中用到的凝固点降低系数、反应速率系数等。

(2)如果量 A 和量 B 的量纲相同,则 k 称为因子。

2)参数或参量、比或比率

量方程式中的某些物理量或物理量的组合可称为参数或参量。如物理化学中的临界参量、指(数)前参量等。

由两个量所得量纲一的商,常称为比(率),如物理化学中的热容比($C_p/C_V=\gamma$)。

3)常量或常数

如果物理量在任何情况下均具有相同量值,则称为常量或常数。如物理化学实验中常用

到的普适气体常数 R、法拉第常量 F 等。

仅在特定条件下保持量值不变或由数值计算得出量值的其他物理量，有时在名称中也含有"常量或常数"这一术语，但不推广使用。如物理化学中仅有"化学反应的标准平衡常数"这一术语。

4）常用术语

（1）形容词"质量（的）（massic）"或"比"加在广度量的名称之前，表示该量除以质量所得的商。如物理化学实验中测定的比（质量）表面 $a_m \xrightarrow{\text{def}} A_s/m$。

（2）形容词"体积（的）（volumic）"加在广度量的名称之前，表示该量除以体积所得的商。如物理化学实验中测定的体积质量（即密度）$\rho \xrightarrow{\text{def}} m/V$ 等。

（3）术语"摩尔（的）（molar）"加在广度量 X 的名称之前，"摩尔"的含义不同。摩尔定容热容 $C_{V,m}$ 或摩尔定压热容 $C_{p,m}$ 表示热容 C_V 或 C_p 被物质的量 n 所除之商。化学反应中涉及的摩尔量，如反应的摩尔焓变 $\Delta_r H_m$、摩尔熵变 $\Delta_r S_m$，表示的是被反应进度 ξ 的改变量 $\Delta\xi$ 所除的商，量方程式为 $\Delta_r H_m = \Delta_r H/\Delta\xi$ 或 $\Delta_r H_m = dH/d\xi$。而在电解质溶液中出现的摩尔电导率 Λ_m，则表示电导率 κ 与溶液的物质的量浓度之商，即 $\Lambda_m = \kappa/c_B$。

B
实验技术与仪器

B1 温度测量与控制

1 温标与温度测量

温度是表征物体冷热程度的一个物理量。温度是体系的强度性质之一,当体系达到热力学平衡态时,体系具有相同的温度。体系温度的升高或降低,标志体系内部大量分子、原子平均动能的增加或减少。温度是确定体系状态的一个基本参数,体系的许多性质都与温度密切相关。温度无法直接测量,一般只能通过测量体系的某些物理量间接获得温度值。

温度的数值标度方法是温标。确立一种温标包括三个方面:

(1) 选择特定温度计(测温仪器),选择一个标准物体,它的某种物理性质与温度有单值函数关系,如体积、电阻、温差电势、蒸气压等。

(2) 确定固定点,温度的绝对值需要标定,不同温标有不同的标定方法。通常选用某些高纯物质的相平衡温度作为温标的固定点。

(3) 划分温度值,将固定点之间划分为若干度。

摄氏温标:选用水银温度计,101 325 Pa下水的冰点为0 ℃,沸点为100 ℃。

华氏温标:选用水银温度计,101 325 Pa下水的冰点为32 ℉,沸点为212 ℉。

摄氏温度(t)与华氏温度(t')的关系为$t=\frac{5}{9}(t'-32)$。

这两个常用温标的优点是测温方便,缺点是感温物质(水银及玻璃毛细管)的某种特性与温度之间不是严格的线性关系。定义范围有限,玻璃水银温度计受汞凝固点所限,下限只能达-39 ℃;受汞沸点和玻璃软化温度所限,上限为600 ℃。

热力学温标:1848年由开尔文(Kelvin)提出,建立在卡诺循环基础上,与测温物质无关,是理想的、科学的温标。其温度符号是T,单位是开尔文,符号是K。

1954年第七届国际计量大会规定,纯水的三相点温度为273.16 K。热力学温度的1开尔文(1 K)为纯水三相点热力学温度的1/273.16。

国际实用温标:用气体计温法直接实现热力学温标量度比较困难,1927年第七届国际计量大会通过了国际温标(ITS-27),此种温标的设计使其尽可能等于热力学温度的对应值。该温标于1948年、1960年、1968年、1975年、1976年经过了多次修订和补充,详细内容参见有关资料。

测量温度要根据具体情况使用不同类型的温度计，按温度计的用途可分类为：
(1) 基准温度计：主要用于复现国际实用温标固定点温度。
(2) 标准温度计：把基准温度计的数值传递给实际使用的工作温度计。
(3) 工作温度计：实际测量经常普遍使用的温度计。

表 B1.1 中列出了一般实验室和工业上常用的温度计。

按测温方式可分为：接触式温度计，根据体积、热电势、电阻等与温度的函数关系制成，测量时必须使温度计触及被测体系，使之与被测体系达到热平衡，两者温度相等；非接触温度计，利用电磁辐射的波长分布或强度变化与温度间的函数关系制成的温度计，这类温度计不干扰被测体系，没有滞后现象，但测温精度较差，常用的温度计及使用范围见表 B1.1。

表 B1.1 常用的温度计及使用范围

温度计	使用范围/℃	优 点	缺 点
普通水银温度计	−30~300	使用简便，不需附件	量程小，精度低，易碎
硬质玻璃温度计	−30~600	使用简便，不需附件	高温时准确度低
酒精温度计	−110~50	使用简便，不需附件	准确度低
铂电阻温度计	−260~1 100	灵敏，准确度高，适用于精密温度测量和控制	价格高，体积大
碳电阻温度计	−271~−250		在 −250 ℃ 时灵敏度较差
锗电阻温度计	−271~−240	在 −250 ℃ 有较好灵敏度	
热敏电阻	0~100(>100)	灵敏，体积小，响应快，适宜测量小温差和温度控制	经常非线性标定
蒸气压温度计	室温下低温	灵敏，简便	量程小
磁温度计	−260 以下低温		
全辐射式光学高温计	800~(>2 000)	非接触式，坚固，直接读数，可自动记录	
光电温度计	150~1 600	非接触式，灵敏，快速，宜用于自动记录控制	要校正

2 水银温度计

温度计的种类很多，在实验室测温时广泛应用的是水银温度计。它的优点是结构简单，使用方便，价格便宜，测量范围较广。汞的熔点是 −38.7 ℃，沸点是 365.58 ℃，如使用硬质玻璃或石英做管壁，且在水银上面充入各种惰气，可使测量范围增加到 750 ℃。水银易提纯，热导率大，比热容小，膨胀系数比较均匀，不易附着在玻璃上，不透明，便于读数。

水银温度计的缺点是在测量中容易引入误差，例如：
(1) 水银球体积的改变，当温度计受热后冷却时，水银球体积收缩到原来体积需要较长时间。
(2) 露出测量体系的液柱示值误差。温度计有"全浸"和"非全浸"两种之分。"非全浸"温度计的刻度是按水银球全浸入待测物质，部分水银柱露在待测物质之外时刻制的，这种温度计一般都附有浸入量的刻度,在使用时若室温和浸入量与要求一致,则所示温度是正确的。"全浸"温度计在水银球及水银柱全部浸入被测物质时读数才是正确的。

(3) 延迟作用,将温度计插入被测物质中,准确的温度读数与测量时间有关,若被测介质热导性好,搅拌速度适当,浸入被测介质1~6 min后读数,延迟误差是不大的,但在连续记录温度改变的实验中,要注意这项误差。

(4) 其他因素,如刻度不均匀、水银附着在玻璃上、毛细管不均匀和毛细管现象等也都易引起误差。

在用普通水银温度计进行准确测量时应进行必要的校正。

1) 示值校正

用于校正由于毛细管不均匀、水银和玻璃膨胀系数的非线性关系造成的读数误差。选用标准温度计与待校温度计作比较,将标准温度计与待校温度计(全浸)悬入同一玻璃水浴恒温槽中,两水银球应在尽量接近的位置,设定恒温槽温度,待温度稳定10 min后,记录两温度计的读数,然后再调节恒温槽到另一温度。测出系列数据,作标准温度计读数-待校温度计读数图,即得待校温度计读数校正曲线。

2) 露茎校正

使用全浸温度计,而水银柱露出待测体系部分所处温度与欲测体系的温度不同时,必须进行校正。校正公式为:

$$\Delta t = Kn(t' - t_s) \tag{B1.1}$$
$$t = t' + \Delta t$$

式中,t 为校正后温度;t' 为测量温度计读数;t_s 为露出待测体系的水银柱所处的温度,由放置在露出一半位置处的另一辅助温度计读出,粗略地可看作室温;n 为露出待测体系部分水银柱的长度(读数,以℃表示);K 为水银对玻璃的相对膨胀系数,用摄氏温标时,$K = 1.57 \times 10^{-4}/℃$。

由于测量温度计露出部分所处平均温度不易准确确定,对于露出部分的误差校正,也可以用各种测量范围的标准温度计加以校正。

3 数字式温度计

目前,数字式温度计应用越来越普遍,数字显示温度值直观易读,便于自动记录数据与数据通信。下面介绍其中的一种。

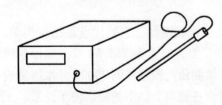

图 B1.1 NTY-2A 型数字式温度计

如图 B1.1 所示,NTY-2A 型数字式温度计体积小、重量轻,采用铂电阻传感器,四位半数字显示,内含8位单片机芯片,采用单片机软件进行非线形校正。该型号数字式温度计性能指标:电源为220 V、50 Hz;量程为-25 ℃~125 ℃;分辨率为0.1 ℃;精度为±0.1 ℃。

NTY-2A 型数字式温度计的使用方法:

(1) 接通电源,打开电源开关,预热 10 min。

(2) 将测温探头置于被测物质或环境中,待面板上数字显示稳定后即可读出被测温度值。

NTY-2A 型数字式温度计的标定：

当该型温度计使用一段时间后，或发现显示不准时，应进行校正，方法如下：

（1）打开温度计盖板，在线路板上找到"RS、++、--、TAB"四个按钮开关。

（2）温度计标定采用插值法，选择 3 个温度点，分别读取该 3 点的温度值和采样值。

（3）准确温度值用更高一级的温度计测量读取。

（4）读取采样值：当待标定温度计置于已知温度点时，按下"RS"按钮一次，2 s 内显示的稳定数字即为该点的采样值。用相同方法测得另外两点的温度值和采样值。

（5）按"++"按钮，进入设置状态，此时四位半数字显示的第一位（最高位）表示输入条目。

（6）按"TAB"按钮，最高位（条目）在 0~5 之间变化，0，1 表示第一点的采样值和温度值；2，3 表示第二点的采样值和温度值；4，5 表示第三点的采样值和温度值。

（7）按"++"或"--"调节各点值，单次按下，增 1 或减 1，按下不放，连续增加或减少。

（8）注意：第一位（最高位）的小数点表示输入值负号，即没有小数点时表示正值，有小数点时表示输入值为负值。

（9）输入完所有值后，按下"RS"按钮。

（10）三个温度点的选择，应尽量靠近实测值，并且均匀分布。

4　贝克曼温度计

在物理化学实验中，经常需要精密测量温度差值（温度变化值），而不需要测出温度值，贝克曼温度计就是专用于精密测量温差的温度计。

贝克曼温度计如图 B1.2 所示。与普通水银温度计比较，它的结构特点是在毛细管的上端还有一个储汞槽，下端水银球、中间毛细管、上端储汞槽连成互通的整体空间，其中除汞外是真空。温度计标尺通常只有 0~5 ℃的刻度，最小分度值是 0.01 ℃，通过估读可以读到 0.002 ℃。上端储汞槽用来调整下端水银球中的水银量，使同一支贝克曼温度计可用于较大范围的温区（-20 ℃ ~ +150 ℃）。

在使用贝克曼温度计时首先要根据需要调节下端水银球中的水银量，使得将其放入一定温度的待测体系中时，毛细管中的水银面在标尺的合适范围内。

调整贝克曼温度计时，要特别小心，使用时防止骤冷、骤热以避免水银球破裂。

由于贝克曼温度计使用不便，逐步被精密电子温差仪取代。

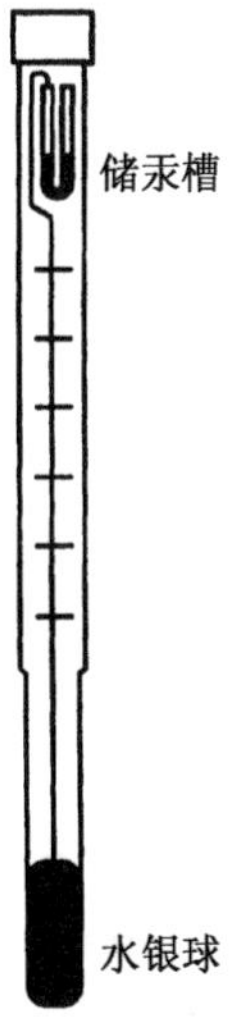

图 B1.2　贝克曼温度计

5　精密电子温差仪

精密温差测量仪功能和贝克曼温度计相同，可用于精密温差测量，但避免了汞污染，使用方便、安全。

JDW-3F 型精密温差测量仪采用经过多次液氮-室温-液氮热循环处理过的热电传感器

作探头,灵敏度高、重现性好、线性好。仪器线路采用全集成设计方案,重量轻、体积小、耗电省、稳定性好,仪器使用方便、操作简单。

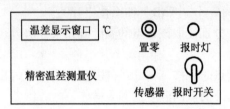

图 B1.3　精密温差测量仪前面板图

精密温差测量仪前面板如图 B1.3 所示,设有温差显示窗口、置零按钮、报时开关、报时指示灯和温度传感器探头。后面板上设有电源开关、电源插座和保险丝座。

精密温差测量仪的使用方法:

(1) 接通电源,打开电源开关。LED 显示即亮,预热 5 min,显示数字为任意值。

(2) 将探头插入待测液体中。

(3) 待显示数字稳定后,按下置零按钮并保持约 2 s,参考值 T_0 自动设定在 0.000 附近。随后跟踪显示体系温度的变化。

(4) 待测体系温度变化,读出温度值 T_1,则 $\Delta T = T_1 - T_0$,若 $T_0 = 0.000$ ℃,则 $\Delta T = T_1$。与贝克曼温度计相比,电子测温仪使用更加方便。

(5) 打开报时开关后,每隔 30 s,面板上指示灯闪烁一次,同时蜂鸣器鸣叫 1 s。便于使用者定时读数。

(6) 为保证仪器精度和跟踪范围,每次测量的初值 T_0 通常应在 0.000 左右,亦可在 $-10 \sim 10$ 之间,否则应作置零处理。

精密温差测量仪的使用注意事项:

(1) 仪器不要放置在有强电磁场干扰的区域内。

(2) 探头的最前端为感温点,测量时应将其尽量放在被测点。严禁将探头弯折和在高于 120 ℃ 的待测温度下使用。

6　温度控制

许多化学反应和物理化学数据的测定,必须在恒定温度下进行。如折光率、黏度、表面张力、化学反应速率常数等都与温度有关,因此相关的实验和测定都必须满足恒温条件,这就需要恒温装置。恒温控制通常采取两种办法:其一是利用物质的相变温度来实现,这就是相变点恒温介质浴。其二利用加热器、制冷器进行自动调节,使被控体系温度恒定。

相变点恒温介质浴:当物质处于两相平衡时,温度保持不变,用处于相平衡的物质构成介质浴,将被控体系置于其中,并不断搅拌,保持介质处于相平衡状态,就可获得一个高度稳定的恒温条件。介质可根据恒温条件来选择,如液氮(77.3 K)、冰水(0 ℃)、沸点丙酮(56.5 ℃)、沸点水(100 ℃)、沸点萘(218.0 ℃)等。相变点恒温介质浴是一种简单、操作方便、控温稳定的恒温方法,但恒温温度不能任意调节,限制了它的使用范围。且在恒温过程中须始终保持相平衡状态,当其中某一相消失,介质温度就不再恒定了,因此控温能力有限。

恒温槽控温是利用电子调节系统、自动控制加热器、制冷器使恒温介质的温度恒定在一个很小的范围内。恒温介质一般使用液体,热容量大、导热性好,根据需控温度不同,选用不同的恒温介质,例如:-60 ℃ ~ 30 ℃时,使用乙醇或乙醇水溶液;0 ℃ ~ 80 ℃时,使用水,>50 ℃时,常加一层石蜡油以防止水分蒸发;80 ℃ ~ 160 ℃时,使用甘油;70 ℃ ~ 200 ℃

时，使用液体石蜡、硅油等。

高温控制一般是指 250 ℃ 以上的温度控制，通常使用电阻炉加热，加热元件为镍铬丝，用可控硅控温仪调节控制温度。

低温控制是指控制体系的温度低于室温。对于比室温稍低的恒温控制，可以使用一般恒温装置（恒温槽），在制冷器（蛇形管）中通入冷水（冰水）。如需要更低的温度，则需使用有压缩制冷功能的恒温槽，例如 HS-4 型精密恒温浴槽，并选用适当的恒温介质。

7 控温仪

目前，有许多商品化的控温仪，例如 DTC-2A 型温度控制仪，选用工控单片机作为主控部件，采用智能化控制技术，控制精度高，上冲量小，使用方便。仪器内含 8 位单片机芯片，前置放大器采用低漂移、低噪声、高稳定度的放大芯片；有 WatchDog 功能防止单片机由于强干扰造成死机；采用单片机软件进行非线性校正；输入信号数字滤波；具有极强的抗干扰能力，能够在较为恶劣的环境下可靠工作。温度值显示为三位半数码管显示，清晰直观。仪器体积小、质量轻、操作方便、输出功率大，是一种适用面广的测控温仪器。

仪器的前后面板如图 B1.4 和图 B1.5 所示，4 位温度值采用高亮度的数码管显示，钮子开关用来切换"设定"和"测量"状态，"电源指示"用来指示仪器电源。"加热指示"为控制输出的加热指示，"设定调节"用来调节设定温度值。在仪器的后面板，有仪器供电电源插座及保险丝和负载供电电源插座及保险丝，中间除了加热丝接线柱外，还留有地线连接点，加热装置的外壳可接在此处，以防止触电。

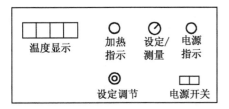

图 B1.4　DTC-2A 型温度控制仪前面板

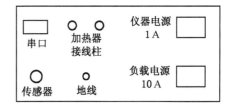

图 B1.5　DTC-2A 型温度控制仪后面板

DTC-2A 型温度控制仪主要技术指标：电压为 190~240 V、50 Hz；测控范围为 0 ℃~100 ℃；分辨率为 0.01 ℃；控温精度为 ±0.05 ℃；传感器为铂电阻；控制输出为直接触发可控硅；负载功率为 1 kW；相对湿度 RH<95%。

DTC-2A 型温度控制仪的使用方法：

（1）将负载（加热炉）的两端分别接至后面板的"零线"和"相线"红黑接线拄处。可控硅已在仪器机壳内，其主回路引至这两个接线柱。加热炉的加热功率应在加热可控硅功率的允许范围内，不超过 1 kW。

（2）插上两个电源插头（仪器供电电源和负载供电电源），注意可靠接地。打开前面板上的电源开关，电源指示灯和数码温度显示即亮，预热 5 min。

（3）将前面板上的钮子开关"设定/测量"拨至"设定"位置，调节"设定调节"旋钮，LED 显示设定值。此设定温度即为所需控制的目标温度值。

（4）将前面板上的钮子开关"设定/测量"拨至"测量"位置，将温度探头固定在相应的受控点，测温传感器应置于控温区域的中心位置。此时仪器即开始控温，观察所显示测温值的变化。

（5）若设定值远大于测温值，加热指示灯亮，说明加热回路加热，测温值处于上升阶段，反之，若设定值小于测温值，加热指示灯灭，说明加热回路没有工作。当测温值接近设定值时，加热指示灯闪烁。

（6）当测温值低于设定温度时，加热指示灯应为全亮或闪烁。如果不亮，请核实设定温度，检查加热回路是否有器件损坏。

（7）当加热指示灯全亮时，在面板温度显示表头上应能看到明显的温度上升，如没有升温应立即关断加热电源，检查测温传感器是否接对接好。可能的情况下，最好放上一支温度计作对比测量，可以判断控温情况的好坏。

8 恒温槽

恒温槽的结构及工作原理如图 B1.6 所示。

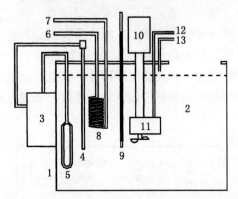

图 B1.6 恒温槽工作原理图
1—槽体；2—恒温介质；3—控制器；4—温度传感器；5—加热器；6—冷却水入口；7—冷却水出口；8—蛇形制冷器；9—温度计；10—电动机；11—搅拌器兼水泵；12—恒温水出口；13—恒温水返回口

槽体用于储存恒温介质。如果控制温度与室温相差不大，可用敞口大玻缸作为浴槽。对于较高或较低温度，应考虑保温问题。具有循环泵的恒温槽，有时仅作存储、供给恒温液体之用，而实验在另一工作槽内进行。这种利用液体循环恒温的工作槽可做得小一些，以减小温度控制的滞后性。

搅拌器用于搅拌恒温介质，使恒温槽温度均匀。搅拌器的功率、安装位置和桨叶的形状，对搅拌效果有很大影响，搅拌器应装在加热器上面或靠近加热器，使加热后的液体及时混合均匀再流至恒温区，可以用循环水流代替搅拌。

加热器用于向槽中供给热量以补偿散失的热量，通常采用电加热器间歇加热，要求热容量小、导热性好、功率适当。

制冷器用于从恒温槽取走热量，以抵偿槽中增加的热量，例如冷却水、制冷压缩机。

温度传感器用于探测恒温介质的温度，控制加热器和制冷器是否工作，如接触温度计（或称水银定温计）、热敏电阻感温元件等。

恒温控制器起一个继电器的作用。恒温介质的温度高于设定温度时，继电器切断加热电路，接通制冷电源；恒温介质的温度低于设定温度时，继电器接通加热电路，切断制冷电源。

1) 恒温槽的灵敏度

恒温槽的温度控制装置属于"通""断"类型，当加热器接通后，恒温介质温度上升，热量传递需要时间，所以会出现温度传递的滞后，加热器附近的温度超过指定温度。同理降温时也会出现滞后现象。恒温槽控制的温度有一个波动范围，波动范围越小，恒温槽的灵敏度越高。灵敏度与感温元件、继电器性能、搅拌器的效率、加热器的功率等因素有关。

恒温槽灵敏度的测定是在指定温度下用较灵敏的温度计（贝克曼温度计或精密温差仪）记录温度随时间的变化，以温度为纵坐标、时间为横坐标绘制成温度-时间曲线，如图 B1.7 所示。图（a）表示恒温槽灵敏度较高；图（b）表示灵敏度较差；图（c）表示加热器功率偏大；图（d）表示加热器功率偏小或散热较快。

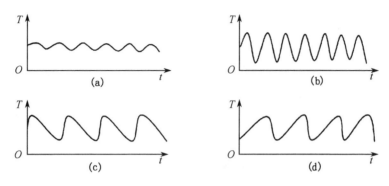

图 B1.7　灵敏度曲线

恒温槽灵敏度 t_E 与最高温度 t_1、最低温度 t_2 的关系式为：

$$t_E = \pm \frac{t_1 - t_2}{2} \tag{B1.2}$$

2）CS501 型恒温槽

CS501 型恒温槽是实验室最常用的恒温槽，用于精密恒温，如图 B1.8 所示。

恒温槽上装有发热元件两组，500 W 和 1 000 W，发热快，余热少。特别应注意在槽内未加入恒温介质前，切勿通电，以防因温度过高，将加热护管烧坏。

冷凝管 1 只，由此通入冷却水，有进水嘴、出水嘴各 1 只，固定于恒温槽盖板上。

电动水泵 1 个，在控制箱上有单独开关，2 800 r/min，电动机与水泵用螺旋型钢丝相连，抽水量每分钟为 4 L 左右，可以将恒温槽水输送至恒温槽外需要恒温的仪器设备。水泵转轴尾部有搅拌叶一只，作液体循环之用，使恒温槽内温度均匀。

接触温度计一支，是温度传感器。如图 B1.9 所示，其结构与普通水银温度计近似，在毛细管上部悬有一根可上下移动的金属丝，从水银槽也引出一根金属丝，两根金属丝再与温度控制系统连接。在其上部装有一根可随管外永久磁铁帽旋转的螺杆，螺杆上有一指示金属片（标铁），标铁与毛细管中金属丝（触针）相连，当螺杆转动时标铁上下移动即带动金属丝上升或下降。调节温度时，先转动调节磁帽，使螺杆转动，带着金属片移动至所需温度的刻度位置。当加热器加热时，水银柱上升与金属丝相接，两根导线连通，使继电器动作，加热器电源被切断，停止加热。当恒温槽温度下降时，水银柱下降与金属丝断开，两根导线不通，使继电器动作，加热器电源被接通，开始加热。由于接触温度计的温度刻度很粗糙，恒温槽的精确温度应该由另一精密温度计指示。当所需的控温温度稳定时，将磁帽上的固定螺丝旋紧，使之不发生转动。接触温度计允许通过的电流很小，约为几个毫安以下，不能同加热器直接相连，必须通过继电器。

继电器安装于控制器箱内，根据接触温度计的信号，控制加热元件是否工作。

CS501 型恒温槽的技术规格：电源为 220 V、50 Hz；使用温度范围<95 ℃；温度波动为 ±0.05 ℃；电动机功率为 40 W；水泵流量为 4 L/min。

CS501 型恒温槽的使用方法：

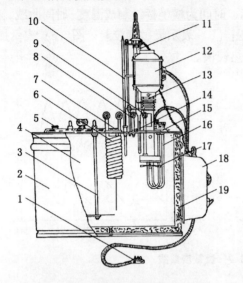

图 B1.8　CS501 型恒温槽示意图　　　　图 B1.9　接触温度计

1—电源插头；2—槽体外壳；3—活动支架；4—恒温桶；
5—恒温桶加水口；6—冷凝管及进出水口；7—盖子；8—水泵进水；
9—水泵出水；10—温度计；11—接触温度计；12—电动机；13—水泵；
14—加水口；15—加热元件接线柱；16—加热元件；17—搅拌叶；
18—控制器；19—保温层

（1）在恒温槽内灌注蒸馏水（或去离子水）。水面至盖板 3~5 cm，不能过高，防止溢出；不能过低，防止缺水烧坏电热管。特别注意恒温槽内不能使用自来水，否则会在筒壁和电热管上积聚水垢而影响恒温灵敏度。

（2）检查水泵出水口和进水口是否连接好。如果恒温槽外的仪器设备需要恒温，将恒温槽水泵出水口与待恒温仪器进水口连接，恒温槽水泵进水口与待恒温仪器出水口连接。如果不需将恒温水输送至恒温槽外，必须将恒温槽水泵出水口与进水口连接，否则恒温水会喷出恒温槽外。

（3）调节接触温度计。将接触温度计上端的马蹄形磁铁帽缓缓左右旋动，使温度计内调节螺杆旋转，先将标铁调到比所希望控制的温度低 1 ℃~2 ℃。

（4）使用恒温槽需接地线。打开电源开关，打开水泵开关，使槽内水循环对流；打开加热器开关，加热指示灯亮表示处于加热状态（恒温槽内温度低于设定温度）；加热指示灯灭表示处于停止加热状态（恒温槽内温度高于设定温度），加热器停止工作。

（5）当加热指示灯熄灭时（或一会儿亮一会儿灭），打开冷却水开关。

（6）观察恒温槽上的另一精密温度计，如果其指示的温度低于设定温度，调节接触温度计上的标铁上移；如果其指示的温度高于设定温度，调节接触温度计上的标铁下移。反复进行调节，直到精密温度计指示的温度达到所需设定的温度，同时加热指示灯处于一会儿亮一会儿灭的状态。此时将接触温度计调节帽上的锁紧螺丝拧紧。

（7）调好后在使用过程中不能关掉搅拌器开关及冷却水。

（8）使用完毕，关闭各开关，关冷却水。

3) CS501A 型恒温槽

CS501A 型恒温槽为 CS501 型的改进型，将水银接触温度计更换为电子传感器，设定、测量温度采用 XMT-6000 智能型数字显示温度控制器，使用方法如下：

（1）检查槽内水位，应在正常位置，全部淹没水泵。循环泵恒温水出水口与回水口连接完好。

（2）按下"搅拌"按钮，启动循环水泵。

（3）按下"电源"按钮，启动温度控制器，约 4 s 后，上显示窗显示实测温度值，下显示窗显示设定温度值。

（4）按一下设定"C"按钮，上显示窗显示"SP"，下显示窗显示设定温度值。通过增加键"∧"或减少键"∨"改变设定温度，按住键可快速改变。

（5）再按一下设定"C"按钮，上显示窗显示实测温度值，下显示窗显示设定温度值。温度控制器通过加热管控制温度到达并稳定在设定值，实测温度接近设定温度后，开启恒温槽冷却水，提高控温效果。

4) ZH-2B 玻璃恒温水浴

ZH-2B 玻璃恒温水浴由圆形玻璃缸、电动无级调速搅拌机、不锈钢加热器、智能化控温单元组成，如图 B1.10 所示。圆形玻璃缸尺寸为 300 mm×300 mm，输入电压为 220×(1±10%)V，加热可控功率为 0~1 kW，搅拌机转速为 0~400 r/min 可调。

使用方法如下：

（1）将搅拌调速旋钮逆时针调到底，接通仪器电源。目标温度显示为 0，当前温度显示为待测区域的温度。

（2）调节搅拌调速旋钮，搅拌系统工作，均匀待测区域的温度。

（3）按"设置"按键，液晶屏目标温度复零，光标闪烁。用"移位/加热"按键，将光标移动至所需位置。用"增加/停止"按键，设置目标温度。

（4）按"设置"按键，退出设置状态，目标温度显示所设定的温度。

（5）按"移位/加热"按键，加热器开始工作。将待测区域温度持续加热到目标温度。

（6）停止工作时，按"增加/停止"按键，加热器停止工作。

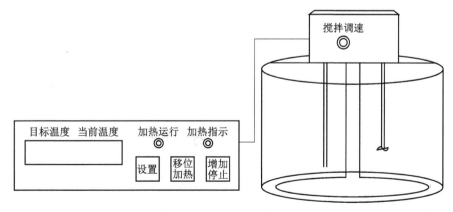

图 B1.10　ZH-2B 玻璃恒温水浴

5) HK-2A 超级恒温水浴

HK-2A 超级恒温水浴，如图 B1.11 所示，采用单片机智能控制，控温精度高，抗腐蚀性强，结构紧凑。控制箱直接安装在水箱上，控制箱后板有循环水管进出水嘴两只，水箱前侧板有一出水嘴，采用优质水泵对槽外循环，仪器的控温精度能达到较高的要求。

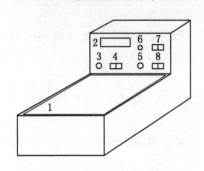

图 B1.11　HK-2A 超级恒温水浴
1—缸体水浴；2—显示框；3—循环量调节；4—设定-测量开关；5—设定调节；6—加热指示灯；7—循环开关；8—电源开关

HK-2A 超级恒温水浴技术参数如下：

电源：220 V、50 Hz；功率：1 200 W；温度范围：5 ℃~95 ℃；分辨率：0.01 ℃；控温精度：±0.05 ℃；水泵流速：>4 L/min。

HK-2A 超级恒温水浴的使用方法：

（1）关闭水箱前侧板出水嘴。在水浴槽内加入去离子水，不能使用自来水，水位线离上盖板不低于 8 cm。将控制箱后板上循环水管进出水嘴连接到需要恒温的装置，或将进出水嘴直接连接。循环水管进出水嘴不能不连接，否则搅拌时恒温水会喷出。

（2）接通电源，必须先加好水才能接通电源，仪器必须接地。

（3）接通"循环"开关，开启循环水泵，调节"循环量"旋钮至适当位置。

（4）将"设定-测量"开关打至"设定"位置，调节"设定调节"旋钮至需要的温度，再将"设定-测量"开关打至"测量"位置，仪器进入控温状态。如果水浴温度低于设定温度，仪器开始加热，此时"加热指示"灯亮。接近设定温度时，"加热指示"灯闪烁。

6) HS-4 型恒温槽

HS-4 型精密恒温浴槽，是一种高低温循环式高精度恒温器。主要技术性能指标为：

控温范围：-15 ℃~95 ℃　　控温精度：±0.02 ℃
加热功率：1 kW　　　　　　浴槽容积：5 L
水泵流量：6 L/min　　　　　要求环境温度：5 ℃~35 ℃
电源：220 V、50 Hz

仪器如图 B1.12 所示。图中，1 为电源开关；2 为制冷机开关；3 为显示器，平时显示浴槽内实际水温，当按下设定按钮开关时则显示设定温度；4 为设定按钮开关，当你要设定所需的温度时，应将其按住并调节调温电位器旋钮直至显示器显示出你所需要的恒温温度；5 为调温电位器，设定恒温温度时与设定按钮开关一起使用；6、7 为恒温水出水管、回水管；8 为加热指示灯，当该灯开始闪烁时，说明温度已经基本平衡，闪烁 15 min 后水槽内控温精度优于±0.1 ℃，1 h 后可达到±0.02 ℃的控温精度；9 为浴槽盖。仪器背面板上有放水阀，当仪器较长时间不用时，浴槽内液体可由此放出。

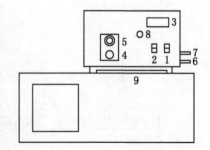

图 B1.12　HS-4 型精密恒温浴槽

HS-4 型精密恒温浴槽的使用方法：

（1）往浴槽中灌入恒温介质，当使用的工作温度在5 ℃~95 ℃时可用水，为避免水垢必须用去离子水或纯净水。当使用的工作温度低于+5 ℃时可用乙二醇与水的混合液，比例为1∶1。液面离浴槽盖平面的距离应在2~3 cm之间，若液面过高则容易溢出，过低则可能烧毁加热管。

（2）将浴槽的出水及回水管用两根橡皮管与需恒温的设备相连接，通常出水管应与恒温设备的下部水嘴连接，回水管应与所需恒温设备的上部水嘴连接。如果恒温仅需在浴槽内部进行，则应该用一根短橡皮管将浴槽的出水管与回水管相连接。

（3）将浴槽电缆插到具有接地线的三芯插座上，电源波动不得超过额定电压的±10%。按下电源开关，仪器即开始工作，显示器显示出浴槽内的实际液温。

（4）设定温度，一手按住温度设定按钮开关的按钮（不要放开），另一手调节温度调节旋钮，直至显示器显示出你所需要的温度，设定即完成。

（5）使用制冷机，当设定的温度比环境温度不高于15 ℃，且设定的温度低于40 ℃时，应打开制冷机开关，制冷机即开始正常工作。注意：制冷机仅允许在恒温温度低于40 ℃时使用。当浴槽内水温高于40 ℃时，决不允许开启制冷机，否则制冷机容易烧毁。当需恒温的温度比环境温度高15 ℃时，不开制冷机，仪器可以保证精度，故在高的设定温度时不要开制冷机。

（6）如果槽内水温要由高于40 ℃变到低于40 ℃的温度时，应先将槽内水换成低于40 ℃的水，再开制冷机。

（7）制冷机不允许频繁开关，一旦停机后，应间隔5 min再开制冷机，以免损坏压缩机。

（8）应经常检查槽内液面是否符合要求。浴槽内没有水时，绝对不准开机，以免烧坏加热管。

7）HX-205型恒温槽

HX-205型恒温循环水槽带有制冷机组，不用外接冷却水，可控温度低于室温。恒温槽由制冷机组、循环泵、电子控制等部分组成。通过传感器将液槽实际温度反馈给PID控制器，PID控制器通过比较实际温度和目标温度，计算出加热元件的工作时间和频率，加上内有循环水泵的混合搅拌，使槽内液体温度保持在一个较稳定的水平。

可控温度范围为-20 ℃~95 ℃，控温精度为0.1 ℃，水槽容积为5 L，水槽深度为150 mm，使用方法如下：

（1）检查恒温槽恒温水出水口与回水口连接完好。

（2）加水约5 L，水位深度必须淹没加热盘管和温度传感器。

（3）接通电源，电源必须有安全接地。

（4）电源开关为"POWER"，按下该键同时启动控制仪表、循环水泵。控制仪表开始工作，温度显示窗口中"PV"显示的是水箱液体的实际温度，"SV"显示设定温度。循环泵启动，恒温冷却水通过循环泵送出。

（5）制冷开关为"COOLING"，按下该键启动制冷机组，制冷机开始工作。

（6）控制面板的操作：按一下功能键"C"，"SV"数值闪烁，通过位移键、增加键、减少键调整其数值，再按一下该键进行确认，数值停止闪烁，即完成目标温度设定。按一下位移键"〈"，光标移动一次，选择需要更改的数字位。增加键为"∧"，减少键为"∨"。

(7) 当设定目标温度低于室温时,启动制冷机组。

B2 气体压力测量与控制

压力是描述体系状态的重要参数之一。工程上把垂直均匀作用在物体单位面积上的力称为压力,而物理学中则把垂直作用在物体单位面积上的力称为压强。在国际单位制中其单位为"牛顿/米^2",即"帕斯卡",符号为"Pa"。物理概念就是 1 牛顿的力作用于 1 平方米的面积上所形成的压强(压力)。

由于地球上总是存在大气压力,当系统的压力低于大气压力时,通常称为真空系统,用真空度来表示该系统的压力。

在实践中不同的场合,通常使用不同的压力表示方法:

绝对压力:实际存在的压力。

相对压力:和大气压力相比较得出的压力,又称表压力,一般压力表测出的是绝对压力和大气压力的差值。

正压力:绝对压力高于大气压力时的相对压力。

负压力:绝对压力低于大气压力时的相对压力。简称"负压",又名"真空"。差值的绝对值称为"真空度"。

差压力:任意两个压力相比较,其差值称为差压力,简称"压差"。

压力单位名称列于表 B2.1 中。

表 B2.1 压力单位名称符号

压力单位名称	符 号	换算关系
帕斯卡	Pa	
大气压	atm	1 atm = 101 325 Pa
毫米汞柱	mmHg	1 mmHg = 133.322 Pa
乇	Torr	1 Torr = 1 mmHg = 133.322 Pa
巴	bar	1 bar = 10^5 Pa
毫米水柱	mmH$_2$O	1 mmH$_2$O = 9.806 38 Pa

对于不同的压力范围和不同的精度要求,要选用不同的压力测量仪器。测量大气压有福廷式气压计、数字式气压计。测量压差有液柱差压计、数字式压差计。测量真空度有真空表、数字式真空表。

1 福廷式气压计

实验室中常用的福廷式水银气压计构造如图 B2.1 所示。气压计的外部是一黄铜管,内部是装有水银的玻璃管,玻璃管上部是绝对真空,下端插在水银槽内,水银槽底由一羚羊皮袋封住。羚羊皮可使空气从皮孔进入,而水银不会溢出。皮袋下有螺旋支撑,调整螺旋可调节槽内水银面的高低。水银槽周围是玻璃壁,顶盖上有一倒置的象牙针,针尖是标尺的零点。调节水银面刚好与象牙针尖接触,则此面即是测定水银柱高的基准面。

黄铜外管上方开有长方形小窗，以观察水银柱的高低。在小窗边有标尺及游标尺，并有调节游标之螺丝，便于读数。气压计必须垂直安装。

福廷式气压计的使用方法：读取气压计读数时，可按下述步骤进行：

（1）首先读取附于气压计上的温度计的示值。

（2）调整气压计底部螺丝，使水银面刚好与象牙针尖接触。

（3）转动游标调整螺丝，使游标高出管内水银面少许，轻弹一下黄铜外管的上部，使凸面正常。然后缓慢下降游标，至游标底边（游标前、后边缘）与水银柱凸面相切，注意眼睛的位置应与水银面在同一水平上。

（4）读数。读数后，调节液面调整螺丝使水银面下降，使水银面与象牙针完全脱离。

图 B2.1　福廷式气压计

（5）读数后根据测量要求确定是否进行校正。精确测量时应对读数进行校正，如仪器误差、温度、海拔高度、纬度等。为了方便，对一个已在固定地点安装好的气压计，可把仪器校正、纬度和海拔高度校正合并成一个修正值。在精度要求不高的情况下，可以只作温度校正。

2　数字式气压计

数字式气压计读数方便，无汞污染的隐患，便于自动记录与通信。例如 APM-2D 型数字式气压计，如图 B2.2 所示，采用数字显示，用于对大气压力的测量，无汞污染，安全可靠，可代替汞柱式气压计。仪器采用集成电路芯片，使用精密差压传感器，将压力信号转换为电信号，此微弱电信号经过低漂移高精度的集成运算放大器放大后，再转换为数字信号。数字显示采用高亮度 LED。采用软件标定，消除可调电阻的误差影响。仪器质量轻，体积小，稳定性好，数据直观，使用方便。

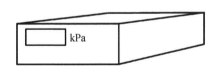

图 B2.2　APM-2D 型气压计

APM-2D 型数字式气压计的技术指标：电源电压为 200~240 V、50 Hz；4 位半显示；量程为 101.30 kPa±20.00 kPa；分辨率为 0.01 kPa；环境温度为 -20 ℃~40 ℃。

APM-2D 型数字式气压计的使用方法：

（1）将仪器放置在空气流动较小、不易受到干扰的地方，压力传感器输入口不能进水和其他杂物。

（2）打开电源开关，预热 15 min。

（3）从面板上读取大气压值（kPa）。测量时避免系统气压有急剧变化。

APM-2D 型数字式气压计的校正：

（1）当仪器使用一段时间后，或发现仪器读数不准时，应进行校正。需要使用另外的标准气压计对待校气压计进行校正。

（2）在同一环境下，用标准气压计测量当前大气压；用待校气压计测量当前大气压。

（3）打开待校气压计仪器上的盖板，找到线路板上的"++"和"--"按钮。

(4) 将待校气压计的压力传感器输入口接入一个真空容器，并用真空泵抽真空，将气压抽到零气压，按下校零按钮，使待校气压计输出显示为零。

(5) 打开真空系统，使输入气压至大气压力。通过"++"和"--"按钮，调节待校气压计的读数与标准气压计的读数相同。

(6) 仪器校正每年至少一次。

3 液柱差压计

液柱式差压计，结构简单，使用方便，能测量微小的压力差。但测量范围不大，通常稍低于或高于大气压力，且结构不牢固，耐压程度较差。

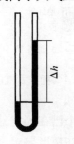

图 B2.3　U 形差压计

U 形液柱差压计如图 B2.3 所示。U 形管的一端与待测系统相连，另一端与已知压力的基准系统（常以大气压为基准）相连，管内下部装有适量工作液。U 形管后面是垂直紧靠的刻度标尺。根据液柱的高度差计算待测系统的压力。

选择的工作液要求不与被测系统的物质发生化学作用，也不互溶，饱和蒸气压较低，膨胀系数较小，表面张力变化不大。使用汞做工作液最为普遍，但毒性较大，为了提高测量灵敏度，可以采用密度较小的工作液，如无水乙醇。

常用液柱式差压计除 U 形的外还有单管式和斜管式的，如图 B2.4、图 B2.5 所示。单管式液柱差压计一侧支管为大直径的杯形容器，工作原理与 U 形差压计同，但杯中液面高度变化远小于液柱液面高度变化。斜管式差压计将单管式差压计的单管斜放，可提高测量精度。

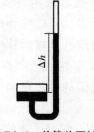

图 B2.4　单管差压计

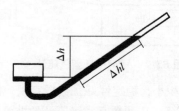

图 B2.5　斜管差压计

4 数字式差压计

1) DPCY-2C 型差压计

DPCY-2C 型差压计，又称为 DPCY-2C 型饱和蒸气压教学实验仪，如图 B2.6 所示，用于测量待测系统与大气压的压力差值。它的特点是：采用全集成设计方案，使用集成电路芯片，选用精密差压传感器，将压力信号转换为电信号，微弱电信号经过低漂移高精度的集成运算放大器放大后，再转换成数字信号；采用高亮度 LED 数字显示，数据直观，使用方便；仪器具有质量轻、体积小、稳定性好、无汞污染、安全

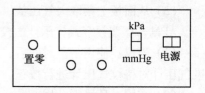

图 B2.6　DPCY-2C 型差压计面板

可靠等特点。

DPCY-2C 型差压计的主要技术指标：电源电压为 200~240 V、50 Hz；量程为 -101~0 kPa；分辨率为 0.01 kPa；环境温度为 -20 ℃~40 ℃。

DPCY-2C 型差压计的使用方法：

(1) 先使待测系统通大气，打开电源开关。

(2) 10 min 后按"置零"按钮，使压力显示框显示 0.00。通过面板上的钮子开关"kPa/mmHg"选择数据单位。测量过程中不可轻易按"置零"按钮。

(3) 对系统抽真空，仪器数字显示框随时显示系统与大气压的压力差值。

(4) 注意保持仪器附近气流稳定，避免压力系统中的压力急剧变化。

DPCY-2C 型差压计的校正：

(1) 当仪表使用一段时间后，或发现仪器不准时，用标准差压计对仪器进行校正。

(2) 将标准差压计与待校差压计接入同一压力系统，使压力系统连通大气，压力差应该为零，按下"置零"按钮，使待校差压计输出显示为零。

(3) 改变压力系统的压力至量程的百分之八十附近，或较常使用的压力点。

(4) 按下"--"或"++"按钮，减小或增大显示值至标准差压计的显示值。

(5) 仪表的校正每年至少一次。

2) DMPY-2C 型微压差计

DMPY-2C 型微压差计，又称为 DMPY-2C 型最大气泡法测定表面张力教学实验仪，如图 B2.7 所示。用于测量待测系统与大气压的微小压差。仪器采用单片机测量系统，使用精密差压传感器，精度高，使用方便。

DMPY-2C 型微压差计的主要技术指标：电源电压为 200~240 V、50 Hz；量程为 -10~10 kPa；分辨率为 1 Pa；要求环境温度为 -20 ℃~40 ℃。

DMPY-2C 型微压差计的使用方法：

(1) 将待测系统通大气，打开仪器电源开关，2 s 后正常显示。

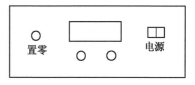

图 B2.7　DMPY-2C 型差压计面板

(2) 预热 5 min 后按"置零"按钮，表示此时待测系统与大气压差为 0。

(3) 随着系统压力的变化，仪器跟踪显示待测系统的压力，如果待测系统的压力呈下降趋势，出现的极大值保留显示 1 s。压力差极小值与极大值出现的时间间隔不能太小，否则显示值将恒为极大值。

DMPY-2C 型微压差计的校正：

(1) 当仪表使用一段时间后，或发现仪器不准时，用标准微压差计对仪器进行校正。

(2) 将标准微压差计与待校微压差计接入同一压力系统，使压力系统连通大气，压力差应该为零，按下"置零"按钮，使待校微压差计输出显示为零。

(3) 改变压力系统的压力至量程的 80% 附近，或较常使用的压力点。

(4) 按下"--"或"++"按钮，减小或增大显示值至标准微压差计的显示值。

(5) 仪表的校正每年至少一次。

5 高压气瓶及减压阀

在物理化学实验中经常需要使用高压气体钢瓶。钢瓶应放在阴凉处及远离电源、热源的地方，并固定。可燃性气体钢瓶必须与氧气钢瓶分开存放，如氢气瓶与氧气瓶严禁存放在同一实验室内。搬运钢瓶时要戴上瓶帽、橡皮腰圈，要轻拿轻放，不要在地上滚动，避免撞击和突然摔倒。高压气瓶必须要安装好减压阀后方可使用，一般可燃性气体钢瓶上阀门的螺纹为反扣的（如氢、乙炔），其他则为正扣的，各种减压阀绝不能混用。开、闭气阀时，操作人员应避开气口方向，站在侧面，并缓慢操作。氧气瓶的瓶嘴、减压阀都严禁沾上油脂，在开启氧气瓶时还应特别注意手上、工具上不能有油脂，扳手上的油应用酒精洗去，待干后再使用，以防燃烧和爆炸。钢瓶内气体不能完全用尽，应保持在表压 0.05 MPa 以上的残留压力，以防重新灌气时发生危险。钢瓶须定期送交有关部门检验，钢瓶合格才能充气使用。高压气瓶规格及识别如表 B2.2、表 B2.3 所示。

表 B2.2 高压气瓶型号、规格（按工作压力分类）

气瓶型号	用 途	工作压力/Pa	试验压力/Pa	
			水压试验	气压试验
150	装 O_2、H_2、N_2、CH_4、压缩空气及惰性气体	1.47×10^7	2.21×10^7	1.47×10^7
125	装 CO_2 等	1.18×10^7	1.86×10^7	1.18×10^7
30	装 NH_3、Cl_2、光气、异丁烷等	2.94×10^6	5.88×10^6	2.94×10^6
6	装 SO_2 等	5.88×10^5	1.18×10^6	5.88×10^5

表 B2.3 高压气瓶颜色标志

气体类别	瓶身颜色	标字颜色	气体类别	瓶身颜色	标字颜色
氧	天蓝	黑	氦	棕	白
氮	黑	黄	氖	黄	黑
氢	深绿	红	氯	草绿	白
二氧化碳	黑	黄	乙炔	白	红
压缩空气	黑	白	氩（纯）	灰	绿

气体钢瓶充气后，压力可达 15 MPa，使用时必须用气体减压阀，其结构原理如图 B2.8 所示。当顺时针方向旋转手柄时，压缩主弹簧，作用力通过弹簧垫块、薄膜和顶杆使活门打开，这时进口的高压气体（其压力由高压表指示）由高压室经活门调节减压后进入低压室（其压力由低压表指示）。随着低压室压力增大，薄膜位置下降，当低压室达到一定压力时，通过顶杆使阀门关闭。随着气体输送到受气系统，低压室压力降低，薄膜位置上升，通过顶杆使阀门开启，高压室气体进入低压室。通过调节手柄的位置，使低压室保持在一定的压力。停止用气时，逆时针旋松手柄，使主弹簧恢复原状，活门由压缩弹簧的作用而密闭。当

调节压力超过一定允许值或减压阀出故障时,安全阀会自动开启排气。

安装减压阀时,应先确定钢瓶和工作系统的接头是否相符,用手拧满螺纹后,再用扳手上紧,防止漏气,若有漏气应再旋紧螺纹或更换皮垫。例如在安装氧气表(见图 B2.9)时,在打开钢瓶总阀之前,首先必须仔细检查调压阀门是否已关好(手柄松开是关)。切不能在调压阀处在开放状态(手柄顶紧是开)时,突然打开钢瓶总阀,否则会出事故。只有当手柄松开(处于关闭状态)时,才能开启钢瓶总阀,然后再慢慢打开调压阀门。停止使用时,应先关钢瓶总阀,并将余气排空,到高、低压力表下降到零时,再关调压阀门(即松开手柄)。

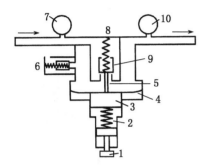

图 B2.8　气体减压阀工作原理

1—调压手柄;2—主弹簧;3—弹簧垫块;
4—薄膜;5—顶杆;6—安全阀;7—高压表;
8—弹簧;9—阀门;10—低压表

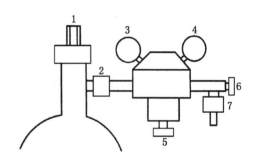

图 B2.9　氧气表示意图

1—钢瓶总阀门;2—氧气表与钢瓶连接螺旋;
3—总压力表;4—低压力表;5—调压手柄;
6—供气阀门;7—连接用气系统螺旋

6　真空泵

通过抽气获得真空的设备称为真空泵。用真空泵从系统抽出气体,使系统达到一定真空度。实验室常用的有水喷射泵、水循环真空泵、机械旋片真空泵等。

1) 水喷射泵

水喷射泵如图 B2.10 所示。使用时,将其接在自来水龙头下,急速自来水水流从缩口喷嘴喷出,从导管流走,在喷口处形成低压区,产生抽吸作用。喷射泵侧管与被抽系统相连,系统中的气体进入水喷射泵,气体分子被高速水流带走。这种方法可获得粗真空,在减压蒸馏、过滤操作时经常被使用。

为了节约水资源,实验室通常使用水循环真空泵,产生真空的原理和水喷射泵相同。采用机械水泵喷射,可获得较高的真空度,并且水可以被循环使用。

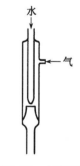

图 B2.10　水喷射泵

2) 机械旋片真空泵

旋片式真空泵工作原理如图 B2.11 所示,外部是圆筒形定子,有一个进气口和一个出气口。定子里面有一个圆柱,圆柱的圆心与定子的圆心不重合,圆柱与圆形定子在上部相切,圆柱内嵌有两个旋片,旋片之间有弹簧,圆柱在旋转时,旋片始终与定子壁相接触。随着圆柱的旋转,系统中的气体从泵的入口进入定子与圆柱之间的空间,从出气口排出。泵以油作封闭液和滑润剂。旋片式机械泵可以获得 0.1 Pa 的真空。机械真空泵外形如图 B2.12 所示。

机械旋片真空泵的使用方法：

（1）机械真空泵不能抽腐蚀性、与泵油起化学反应或含有颗粒尘埃的气体，也不能直接抽可凝性蒸气，如果必须抽这些气体，须在泵的进口前接上吸收这些气体的吸收瓶或冷阱。冷阱是在气体通道中设置的一种冷却式陷阱，使气体中的某些可凝蒸气冷凝成液体，如图 B2.13 所示。冷阱放在杜瓦瓶中，杜瓦瓶中放入冷剂。被抽气体温度高于 40 ℃ 时，应将气体预先冷至室温。

（2）检查油面须达到油标中线以上，开始抽气时，要断续启动，观察运转方向是否正确。

 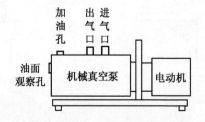 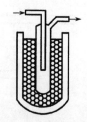

图 B2.11　旋片式真空泵工作原理　　图 B2.12　机械真空泵外形示意图　　图 B2.13　冷阱示意图

（3）停止真空泵运转时，应先关闭通真空系统的阀门，使真空泵通大气，以免在通真空系统的情况下，关闭真空泵，使真空油从真空泵被倒吸入真空管道和真空系统。在连接系统装置时，应在真空泵进口处连接一个连通大气的阀门。如泵突然停止工作或突然停电，应立即将真空系统封闭，并使真空泵连通大气。

B3　电化学测量

1　电池电动势测量

原电池电动势 E 是指当外电流为零时两电极间的电势差。而外电流不为零时，两极间的电势差称为电池电压 U。

$$U = E - IR \tag{B3.1}$$

为了测量电池电动势，在测量装置中设计了一个方向相反而数值与待测电动势几乎相等的外加电势差来对消待测电动势，这种测量电动势的方法称为对消法。其测量原理如图 B3.1 所示。

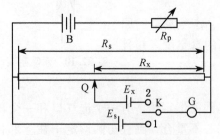

图 B3.1　对消法测电动势示意图

B—工作电源；R_p—工作电流调节电阻；R_s—标准电池电势补偿电阻；R_x—待测电池电势补偿电阻；E_s—标准电池；E_x—待测电池；Q—滑线电阻触头；K—转换开关；G—检流计

测量电动势时，先将转换开关 K 放在 1 位置，然后调节电阻 R_p 使检流计指示为 0，标准电池电动势被工作电池 B 在 R_s 上的电压降完全对消。然后将转换开关 K 放在 2 位置，移动触头 Q 再使检流计指示为 0，此时读出 R_x 的值，根据 $E_x/E_s = R_x/R_s$ 计算得出待测电动势 E_x。在使用专门仪器测量时，不必计算，可直接读出待测电动势。

实验室通常使用两种类型的电位差计来测量电池电动势。一种是 UJ 型直流电位差计，与工作电源、标准电池和检流计组合成一个测量系统，接线较多，但对消法测量原理比较直观。另一种是数字式电子电位差计，仪器集成紧凑，使用方便。

2　UJ-21 型高阻直流电位差计

UJ-21 型高阻直流电位差计的最小分度值为 1 μV，读数范围为 0~2.111 110 V，可以使用分压箱来扩大测量范围。

该电位差计如图 B3.2 所示，有两个电阻盘用于标准电池温度补偿，有 5 个电阻盘用于工作电流调节，有 6 个电阻盘用于测量待测电动势。"粗、细、短"三个按钮，是用来接通检流计或短路之用，按下"粗"按钮，则检流计回路中接入 100 kΩ 的电阻，以限制流过检流计线圈的电流，起保护作用。测量电池电动势的操作方法如下：

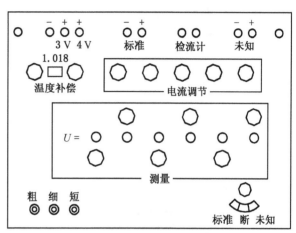

图 B3.2　UJ-21 型高阻直流电位差计

（1）将电位差计的"标准/断/未知"选择开关置于"断"位置，将电位差计上"粗、细、短"三个按钮松开，然后开始接线，包括工作电池、标准电池、检流计及待测电动势的电池，工作电池、标准电池、待测电池接线时注意正负极。检测检流计指示是否为 0。

（2）根据标准电池（通常使用韦斯登标准电池）上温度计的读数，计算该温度下标准电池的电动势，计算公式为：

$$E_s/V = 1.018\,65 - 4.06 \times 10^{-5}(t/℃ - 20) - 9.5 \times 10^{-7}(t/℃ - 20)^2 \quad (B3.2)$$

在电位差计上用温度补偿电阻盘，调节示值为该计算值。

（3）调节工作电流：将"标准/断/未知"选择开关置于"标准"位置上。点按"粗"按钮，使用电流调节电阻盘（先大后小）调节工作电流，使检流计指示为 0，松开按钮。然后再点按"细"按钮，进行精细调节，使检流计指示为 0，松开按钮。

（4）测量：将"标准/断/未知"选择开关置于"未知"位置上。点按"粗"按钮，调节测量电阻（先大后小），使检流计指示为 0，松开按钮。然后再点按"细"按钮，进行精细调节，使检流计指示为 0，松开按钮。

（5）从面板上读取待测电池的电动势值。

（6）注意事项：电位差计上的"粗、细、短"按钮相当于线路中的控制开关，为避免电流过大，使检流计指针激烈偏转，操作时必须先按"粗"按钮，使检流计指示为 0，后按"细"按钮细调，且随按随放。若检流计指针偏转厉害，或振荡不已，应立即将"短"按钮按下，以减少检流计线圈的振荡，使指针很快停下来。

3 数字电位差计

EM-3C 型数字式电子电位差计，采用数字显示，利用对消法测量原理，内置了可代替标准电池的精度极高的参考电压集成块，作为比较电压，仪器线路设计采用全集成器件，待测电动势与参考电压经过高精度的仪表放大器比较输出，达到平衡时即可知待测电动势。

仪器要求电源电压为 190～240 V、50 Hz；环境温度为 -20 ℃～40 ℃；量程为 0～1.999 99 V；分辨率为 0.01 mV。

仪器面板如图 B3.3 所示。"电动势指示"窗口，显示的是通过拨位开关设定的内部标准电动势值。"平衡指示"窗口，显示的为设定的内部标准电动势值和被测定电动势的差值。中间有 6 个拨位旋钮，用于设定内部标准电动势值，并显示在"电动势指示"窗口。面板下部有外标、测量接线孔，功能选择开关，校准按钮，基准电动势接线柱。

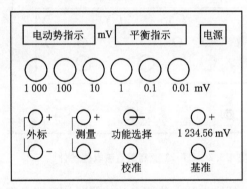

图 B3.3　仪器面板

校准方法：

打开电源开关，两组 LED 显示即亮。预热 5 min。

校正零点：将面板上功能选择开关置于"外标"挡，正负极（红黑）线接在"外标"接口上。将正负极线短接，拨位开关全部拨至零，按下"校准"按钮，使平衡指示显示为零。

校正非零点：将面板上功能选择开关置于"外标"挡，正负极（红黑）线接在"外标"接口上。将正负极线连接到仪器上的基准接线柱上，拨动拨位开关，使电动势指示数值和仪器上的基准数值相同。例如，仪器上的基准数值为 1 234.56 mV，则将 1 000 mV 挡拨到 1，将 100 mV 挡拨到 2，将 10 mV 挡拨到 3，将 1 mV 挡拨到 4，将 0.1 mV 挡拨到 5，将 0.01 mV 挡拨到 6，使电动势指示为 1 234.56 mV。按下"校准"按钮，使平衡指示显示为零。

测量方法：

仪器预热 5 min，将面板上功能选择开关置于"测量"挡。正负极（红黑）线接在"测量"接口与被测电动势正负极上。"电动势指示"窗口若显示 OUL，则表示设定的标准电动势值比被测电动势值大很多，此时需要调节拨位开关，使设定的内部标准电动势值减小。若显示 -OUL，则表示设定的标准电动势值比被测电动势值小很多，此时需要调节拨位开关，使设定的内部标准电动势值增大。直到平衡指示在"0"附近，电动势指示窗口显示的即为被测电动势值。电动势指示和平衡指示显示的值在小范围内变动属正常。

注意测量完毕，应将仪器与待测电池的连线断开。仪器不要放在有强电磁场干扰的区域内。仪器精度高，测量时应单独放置，不可将仪器叠放，也不要用手触摸仪器外壳。

4 pH 测量

溶液的 pH，开始定义为：$pH = -\lg c_{[H^+]}$，后又改为：$pH = -\lg \alpha_{H^+}$。因为单独离子的活度 α_{H^+} 是不可能用实验确定的。根据国家标准 GB 3102.8—1993，pH 是从操作上定义的：用下列电池测定待测溶液 X 的 pH：

参比电极│KCl 溶液│溶液 X│$H_2(g)$Pt

先将该电池的电动势 E_x 测出，然后将待测溶液 X 换成标准溶液 S，在同样条件下测出电池的电动势 E_s，则

$$pH(X) = pH(S) + (E_s - E_x)F/(RT\ln 10)$$

pH 的 SI 单位是 1(one)。在不同温度时，标准溶液的 pH(S) 值见附录表 D1.8，标准溶液是浓度为 0.05 mol·kg^{-1} 的邻苯二甲酸氢钾水溶液。pH 是一种实用定义，pH 与溶液中的 H$^+$ 浓度（活度）有关，pH 的测量应用非常普遍。

在实际测量中，工作电极一般不用氢电极，而使用玻璃电极更为方便。参比电极一般用甘汞电极，组成的测量电池为：

参比电极│KCl 溶液│溶液 X│玻璃膜│H$^+$,Cl$^-$ │AgCl(s)│Ag

此电池的电动势取决于溶液 X 中的 α_{H^+}。在同样条件下分别测定溶液 X 和标准缓冲溶液 S 的电动势 E_x 和 E_s，获得 pH(X)。

测定溶液 pH 的仪器称 pH 计，又称酸度计。实验室使用的 pH 计型号较多，例如：25 型、PHS-2 型、PHS-3 型、指针显示和数字显示，使用的电极有玻璃电极和甘汞电极，还有复合电极。各种型号的 pH 计使用方法大同小异。

5　pH 计

这里介绍 PHS-3B 型 pH 计。3 位半 LED 数字显示，由电子单元、复合电极和温度传感器组成。仪器可分别显示 pH、mV、温度值。当使用复合电极和温度传感器测量 pH 时，可对 pH 进行自动温度补偿。仅使用复合电极不使用温度传感器，可进行手动温度补偿操作。仪器使用的 E-201-C9 复合电极是由 pH 玻璃电极与银-氯化银电极组成。玻璃电极作为测量电极，银-氯化银电极作为参比电极，当被测溶液氢离子浓度发生变化时，玻璃电极和银-氯化银电极之间的电动势也随着发生变化。复合电极电动势的变化，比例于被测溶液的 pH 的变化，仪器经用标准缓冲溶液校准后，即可测量溶液的 pH。

仪器的原理框图如图 B3.4 所示，前置放大器将复合电极输入信号转换成低阻信号，然后输入到 pH-t 混合电路进行运算。测温电路有两个功能：一是指示被测溶液的温度，二是通过切换开关，调节面板温度旋钮起到手动温度测量的功能。pH-t 混合电路是将复合电极所得到的信号和测度传感器所

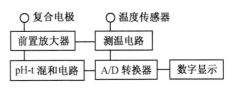

图 B3.4　PHS-3B 型 pH 计电原理框图

得到的温度信号进行运算，即可作自动温度补偿，又可用手动温度补偿。A/D 转换是将模拟信号转换成数字信号，然后由数字显示所测量的信号。仪器如图 B3.5 所示。

PHS-3B 型 pH 计的使用方法：

（1）开机前准备：将电极梗放入电极梗插座，调节电极夹到适当位置；复合电极、温度传感器夹在电极夹上，拉下电极前端的电极套；用去离子水清洗电极，再用被测溶液清洗一次。

（2）开机：将电源线插入电源插座，按下电源开关，电源接通后预热 30 min，接着进行标定。

(3) 自动温度补偿和手动温度补偿的使用：只要将后面板转换开关置于自动位置，该仪器就可进行 pH 自动温度补偿，此时手动温度补偿不起作用。使用手动温度补偿的方法是：将温度传感器拔去，后面板转换开关置于手动位置，将仪器"选择"开关置于"℃"，调节"温度调节器"，使显示值与被测溶液中温度计显示值相同，仪器同样将该温度信号送入混合电路进行运算，从而达到手动温度补偿的目的。溶液温度测量方法是：将仪器"选择"开关置于"℃"，数字显示值即为测温传感器所测量的温度值。

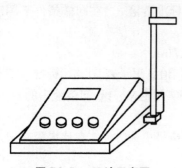

图 B3.5　pH 计示意图

(4) 标定：仪器使用前，先要标定。一般来说，仪器在连续使用时，每天要标定一次。方法如下：在测量电极插座处插上复合电极及温度传感器；如不用复合电极，则在测量电极插座处插上电极转换器的插头，玻璃电极和参比电极接入转换器接口处；把选择开关旋钮调到 pH 挡；先测量溶液温度，将"选择"开关置于"℃"，数字显示值为溶液温度值；把斜率调节旋钮顺时针旋到底（即调到 100% 位置）；把清洗过的电极放入 pH=6.86 的标准缓冲溶液中，调节定位调节旋钮，使仪器显示读数与该缓冲溶液当时温度下的 pH 相一致；用去离子水清洗电极，再插入 pH=4.00（或 pH=9.18）的标准缓冲溶液中，调节斜率旋钮使仪器显示读数与该缓冲液当时温度下的 pH 一致。重复操作，直至不用再调节定位或斜率这两调节旋钮为止。

(5) 仪器经标定后，定位调节旋钮及斜率调节旋钮不应再有变动。被测溶液为酸性时，缓冲溶液应选 pH=4.00；被测溶液为碱性时，则选 pH=9.18 的缓冲溶液。

(6) 测量 pH：用去离子水清洗电极，再用被测溶液清洗电极，然后将电极放入被测溶液中，摇动烧杯，使溶液均匀后读出溶液的 pH。

(7) 测量电极电位（mV）：将参比电极和测量电极夹在电极架上。用去离子水清洗电极头部，再用被测溶液清洗一次。把电极转换器插入仪器后部的测量电极插座内，把参比电极和测量电极插头插入转换器的插座内。把两种电极插在被测溶液内，将溶液搅拌均匀后，即可在显示屏上读出电极电位值，还可自动显示极性。如果被测信号超出仪器的测量范围，或测量端开路时，显示屏会不亮，作超载报警。

(8) 仪器维护：pH 计具有很高的输入阻抗，使用环境经常接触化学药品，为保证仪器正常使用，需合理维护。仪器的输入端（测量电极插座）必须保持干燥清洁。仪器不用时，将短路插头插入插座，防止灰尘及水汽浸入。在环境温度较高的场所使用时，应把电极插头用干净纱布擦干。测量时，电极的引入导线应保持静止，否则会引起测量的不稳定。

(9) 注意事项：取下电极套后，应避免电极的敏感玻璃泡与硬物接触。测量后，及时将电极保护套套上，套内应放少量补充液以保持电极球泡的湿润，切忌浸泡在纯水中。复合电极的外参比补充液为 3 mol/L 氯化钾溶液，补充液可以从电极上端小孔加入。

(10) 缓冲溶液可按下列方法自行配制：

pH=4.00 溶液：用 G.R. 邻苯二甲酸氢钾 0.05 mol，溶解于 1 000 mL 的高纯去离子水中。

pH=6.86 溶液：用 G.R. 磷酸二氢钾 0.025 mol、G.R. 磷酸氢二钠 0.025 mol，溶解于 1 000 mL 的高纯去离子水中。

pH=9.18 溶液：用 G. R. 硼砂 0.01 mol，溶解于 1 000 mL 的高纯去离子水中。

6 电导率测量

当电流通过导体时，要产生一定的电位降，说明导体有一定电阻。当电流通过导体时，电流、电阻和电位降三者关系服从欧姆定律：

$$R = \frac{E}{I} \tag{B3.3}$$

电阻（R）的单位为欧姆，用 Ω 表示，导体的电阻与其长度 L 成正比，而与其截面积 A 成反比，即：

$$R = \rho \frac{L}{A} \tag{B3.4}$$

式中，ρ 为比例系数，称为电阻率。

电解质溶液中的离子，在电场作用下阴离子向阳极、阳离子向阴极迁移，因而电解质溶液通过离子导电，离子在电场中运动速率的大小决定其导电能力的强弱。为区别于金属导体，称它为第二类导体。当电流通过电解质溶液时，电流、电阻和电位降三者关系亦服从欧姆定律。

对于电解质溶液，习惯上用电导来表示其导电能力。电导（G）是电阻的倒数，单位为西门子，用 S 或 Ω^{-1} 表示。

$$G = \frac{1}{R} = \kappa \frac{A}{L} \tag{B3.5}$$

式中，κ 为比例系数，称为电导率。很明显，电导率是电阻率的倒数。

$$\kappa = \frac{1}{\rho} \tag{B3.6}$$

测定溶液电导，实际上是测其电阻。电阻的测量可利用惠斯登电桥来进行，如图 B3.6 所示。图中 S 为一定频率的交流电源。AB 为均匀的滑线电阻，R_1 为可变电阻，M 为电导池，其中有两个固定的电极，在电导池中放入待测溶液，其电阻设为 R_x。T 为零点指示装置。接通电源后，移动接触点 C，直到 CD 间电流几乎为零，此时零点指示为零，则电桥已达平衡。这时 D、C 两点的电位差为零。有下面关系存在：

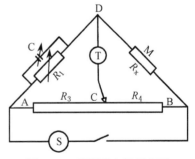

图 B3.6 惠斯登电桥示意图

$$\frac{R_1}{R_x} = \frac{R_3}{R_4} \tag{B3.7}$$

或

$$G_x = \frac{1}{R_x} = \frac{R_3}{R_1 R_4} = \frac{AC}{BC} \frac{1}{R_1} \tag{B3.8}$$

式中，R_3、R_4 分别为 AC、BC 段的电阻；R_1 为可变电阻器的电阻，均可由实验测得，故从上式可求出电解质溶液的电导 G_x。

应当指出，在测定电解质溶液的电阻时，不能用直流电源。因当直流电流通过电极时，离子会在电极上发生反应,致使电极周围溶液的组成发生变化而改变溶液的电导,同时往往有气体析出,影响溶液电导的测定。因此常采用交流电源,高频率的交流电,约 1 000 Hz。并用镀铂黑电极作为测量电极,以减少超电位。

严格地说,交流电桥的平衡应该是四个臂上阻抗的平衡。对交流电来说,电导池的两个电极相当于一个电容器,因此须在 R_1 上并联一个可变电容器 C 以实现阻抗平衡。

实际测量电解质溶液的电导,多采用电导仪进行。测量溶液的电导率,使用电导率仪。测量电导率时,需要知道测量电极的电极常数(L/A),电极常数不能通过测量电极的面积与距离获得,而是通过测量已知电导率的溶液的电导率来标定电极常数。一般采用一级试剂的 KCl 配成的溶液,KCl 溶液不同浓度下的电导率 κ 见附录表 D1.10。

7 DDS-12DW 电导率仪

DDS-12DW 微机型电导率仪如图 B3.7 所示,仪器采用大屏幕液晶显示器,数值清晰、直观,自动量程转换,当电导电极浸入溶液后,仪器自动扫描当前测量值并转换量程,以最精确的分辨率显示测量值。

操作面板如图 B3.8 所示。电导率仪液晶显示屏可以同时显示操作模式图标、温度值及电导率值。操作模式图标有测量(MEAS)、校准(CAL)、温度设置(TEMP)、自动温度补偿(ATC)。

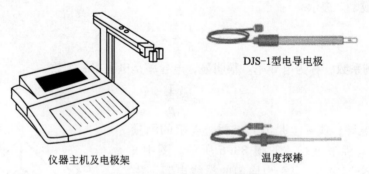

图 B3.7 DDS-12DW 电导率仪

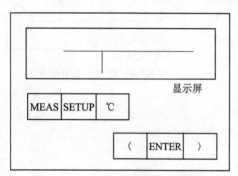

图 B3.8 DDS-12DW 电导率仪操作面板示意图

操作面板上有 6 个按键。"MEAS"测量键:开、关仪器,退出校准或设置模式,返回电导率测量模式。"SETUP"设置键:进入校准、电极常数设置、温度系数设置菜单。"℃"温度设置键:进入手动温度设置模式。"〈"上升键:在设置模式,按键数值上升 1,按住键,数值上升 10。"ENTER"确认键:确认输入值或进入某项设置菜单。"〉"下降键:在设置模式,按键数值下降 1,按住键,数值下降 10。

设置电极常数:进行电导率测量时,根据待测溶液的电导率高或低选配不同常数的电导电极,仪器可使用三个电极常数(0.1,1,10)的电极,如表 B3.1 所示。例如,当待测溶液的电导率小于 2 μS/cm 时选用常数为 0.1 的 DJS-0.1 型电导电极。

表 B3.1　电导率量程与选用电极型号

量　程	选用电极型号
0.000~1.999 μS/cm	DJS-0.1 型或 DJS-1 型
2.000~19.99 μS/cm	DJS-1 型
20.00~199.9 μS/cm	DJS-1 型
200.0~1 999 μS/cm	DJS-1 型
2.000~19.99 mS/cm	DJS-1 型或 DJS-10 型
20.00~200.0 mS/cm	DJS-10 型

设置电极常数：根据选用电导电极标签上的数值设置电极常数，例如，$K=1.08$ 为常数 1 的电极，$K=9.98$ 为常数 10 的电极，$K=0.098$ 为常数 0.1 的电极。按"SETUP"键，屏幕显示"CAL----"，进入设置菜单。按"〉"键，仪器显示"CEL ----"，CEL 是英语 Cell Constant 的缩写。按"ENTER"键，仪器进入电极常数设定模式。按"〈"或"〉"键，选择电极常数（在 0.1、1.0、10 间转换）。按"ENTER"键确认，仪器返回电导率测量模式。按"MEAS"键，仪器退出设置模式。

校准仪器：第一次使用仪器或更换新电极时必须校准仪器。采用输入常数法校准，将标注于电导电极上的常数值输入仪器完成校准。先设置电极常数（$K=0.1/1/10$）。按"SETUP"键，屏幕显示"CAL----"，CAL 是英语 Calibration 的缩写，按"ENTER"键，进入校准模式。根据电极标签上的数值按"〉"或"〈"键设定数值。按"ENTER"键确认，仪器返回电导率测量模式。

温度补偿：电导率会随温度的变化而变化，液体温度每升高 1 ℃，电导率约增加 2%。通常规定 25 ℃ 为测定电导率的标准温度。因此，如果待测液体不是 25 ℃，则应校正到 25 ℃ 时的电导率。不同溶液往往具有不同的温度系数，准确设定温度系数对精确测量至关重要，可在 (0~3.9%)/℃ 的范围内设定。

设置温度系数。仪器默认温度系数为 2.0%/℃，设置方法为：按"SETUP"键，屏幕显示"CAL----"，进入设置菜单。按"〈"键，仪器显示"COE----"，COE 是英语 Coefficient 的缩写。按"ENTER"键，仪器进入温度系数设定模式。按"〈"或"〉"键，设定温度系数，例如 2.0%，设置为 0.020。按"ENTER"键确认，仪器返回电导率测量模式。按"MEAS"键，仪器退出设置模式。

精确设定温度系数的方法：按仪器"℃"键进入温度设置模式，按"〈"或"〉"键将温度设置为 25 ℃，按"ENTER"键确认，将样品溶液移至恒温槽，待溶液温度稳定后测得温度 T_A，将电导电极浸入温度为 T_A 的溶液中测得电导率 κ_A。启动恒温槽加热装置对溶液加温，待溶液温度稳定后测得温度 T_B。将电导电极浸入温度 T_B 的溶液中测得电导率 κ_B。注意温度 T_A 与温度 T_B 的差值应在 5 ℃~10 ℃。将测得的电导率及温度值代入下式计算温度系数 T_C。

$$T_C = \frac{\kappa_B - \kappa_A}{\kappa_A(T_B - 25) - \kappa_B(T_A - 25)}$$

手动温度补偿：用温度计测量溶液的温度值，按"℃"键，仪器进入温度设置模式，按"〉"或"〈"键设置温度值，按"ENTER"键确认。

自动温度补偿：将温度探棒连接到仪器 ATC 接口，屏幕中显示 ATC 图标。将温度探棒浸入液体中，自动测量温度并进行温度补偿。如果同时接入电导电极，仪器将转入自动温度补偿模式，温度补偿范围为 0 ℃~50 ℃。拔出温度探棒插头，ATC 图标熄灭，仪器退出自动温度补偿。

仪器使用方法：将电导电极和温度探棒安装到支架上，导线插入相应插孔。按"MEAS"键，仪器开机，按住"MEAS"键约 3 s，仪器关闭显示。

电导率的测量（转换为 25 ℃时的电导率值）：用去离子水清洗电极，用滤纸吸干电极上的水。用少量待测溶液淋洗电极，设置电极常数，设置温度系数，选择温度补偿模式（手动或自动）。将电极（和温度探棒）浸入待测溶液中，缓慢搅拌，待测量值稳定后读数。

绝对电导率的测量（当前温度下的电导率值）：如果需要测量液体在当前温度下的电导率值，将仪器的温度值设定为 25 ℃，不使用温度探棒，此时仪器不进行温度补偿，测得的值为液体在此温度下的绝对电导率值。

在测量中如果发现屏幕显示"1."，表示超出仪器测量范围，需要更换电导电极。如果电极污染或失效，将电极浸入 10%硝酸或盐酸溶液中 2 min，再用去离子水冲洗。

8 常用电极

在进行电化学实验与研究中，需要使用各种电极。如工作电极（研究电极），是研究的对象；辅助电极，用于与工作电极形成电流回路；参比电极的电极电位比较稳定，将之作为基准，测量其他电极的电极电位。下面介绍几种实验室常用的电极。

1) 金属电极

如锌电极、铜电极，结构简单，将金属浸入含有该金属离子的溶液中，就构成了电极，如图 B3.9 所示。许多金属表面容易被氧化、污染，在用金属制作电极时，应清洗金属表面，进行相应的活化处理。

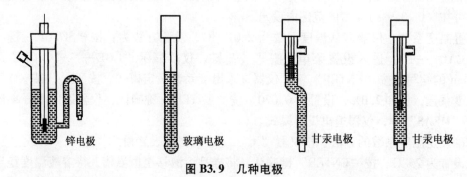

图 B3.9　几种电极

2) 铂电极、铂黑电极

铂是惰性金属，将其浸入含有某种离子的不同氧化态的溶液中构成电极，铂金属只起导电作用。在铂片上镀上一层颗粒度较小的黑色金属铂，成为铂黑电极。铂黑电极能极大地增加电极的表面积，使相应的电流密度减小，由于铂黑的触媒作用，能降低活化超电势，减小电极极化。

3) 玻璃电极

玻璃电极在很宽 pH 范围内对 H^+ 有选择性,用作 H^+ 传感电极测定溶液 pH。其结构如图 B3.9 所示,下端是一个由特种玻璃(含 72% SiO_2,22% Na_2O,6% CaO 等)吹制的极薄的玻璃泡膜,膜厚 0.05~0.15 mm。中心为内参比电极,通常为 $Ag|AgCl(s)$ 电极,电极浸入 0.1 $mol \cdot dm^{-3}$ 盐酸溶液或 pH=7.0 的缓冲溶液(内填充溶液)中。当玻璃电极中的内参比电极与另一参比电极组成电池时,这两个电极电势是不变的,改变的只是玻璃膜电势,而玻璃膜电势取决于膜内及膜外溶液的 α_{H^+}。当膜内溶液的 α_{H^+} 一定时,则整个电池电动势仅随膜外溶液的 α_{H^+} 而改变。

当内、外膜的 pH 完全相同时,膜电势 $E_3 = 0$。但实际上总有 1~2 mV 电势差存在,称之为不对称电势。在 pH 计上有定位调节器,用比较的方法,即用标准溶液进行读数校正,可消除不对称电势。

玻璃电极的高电阻易受到周围交流电场的干扰,如发生静电感应。为消除干扰,一般在电极引线外装以网状金属屏蔽线。玻璃电极不易中毒,不易受溶液中氧化剂、还原剂及毛细管活性物质如蛋白质的影响,可以在浊性、有色或胶体溶液中使用。缺点是易碎和高电阻。

使用玻璃电极切忌与硬物接触,以免玻璃泡破裂;使用前应先活化,即在去离子水中浸泡一昼夜以上,使表面形成有离子交换能力的溶胀的硅酸层,不用时也应及时洗净浸泡在去离子水中;在强碱性溶液中使用时,应尽快操作,用毕立即用水洗净;电极玻璃膜上不可沾有油污,如被油沾污,应先用有机溶剂浸洗,再用去离子水淋洗。

4) 甘汞电极

实验室中常用甘汞电极作参比电极。如图 B3.9 所示。

电极式为:$Hg(l)|Hg_2Cl_2(s)|KCl$ 溶液(被 Hg_2Cl_2 所饱和)

电极反应为:$2Hg(l) + 2Cl^-(aq) = Hg_2Cl_2(s) + 2e^-$

电极电势与 α_{Cl^-} 有关,电极中的 KCl 浓度通常为 0.1 $mol \cdot dm^{-3}$、1 $mol \cdot dm^{-3}$ 和饱和溶液三种,分别称为 0.1 摩尔甘汞电极(0.1MCE)、摩尔甘汞电极(MCE)和饱和甘汞电极(SCE)。三种电极的电极电势与温度关系为:

0.1 摩尔甘汞电极:$E/V = 0.3337 - 8.75 \times 10^{-5}(t/℃ - 25)$

摩尔甘汞电极:$E/V = 0.2801 - 2.75 \times 10^{-4}(t/℃ - 25)$

饱和甘汞电极:$E/V = 0.2412 - 6.61 \times 10^{-4}(t/℃ - 25)$

饱和甘汞电极有一定的温度系数,但只要温度恒定,KCl 溶液浓度就是一常数,电极电势也就稳定,而且饱和 KCl 溶液是很好的盐桥溶液。

市售饱和甘汞电极的使用方法:使用前检查盐桥管内溶液是否浸没电极,否则添加饱和溶液;检查 KCl 溶液是否饱和,否则需添加 KCl 晶体;使用时将电极下端的橡皮保护套取掉,上端的保护套也应取掉;测定完毕需将电极取出用去离子水淋洗,戴上橡皮保护套。电极不要长期浸在待测液中,否则会使待测液受 KCl 污染或电极内部被待测液污染。

5) 汞-硫酸亚汞电极

硫酸亚汞电极结构原理与甘汞电极类似。

电极式为:$Hg(l)|Hg_2SO_4(s)|K_2SO_4(aq)$

电极电势:$E/V = 0.61564 - \dfrac{RT}{2F}\ln \alpha_{SO_4^{2-}}$

汞-硫酸亚汞电极适合作硫酸体系的参比电极，在光照下会氧化，因此必须避光保存电极。

6）汞-氧化汞电极

电极结构与甘汞电极类似。

电极式为：$Hg(l) | HgO(s) | OH^-$

电极反应为：$Hg(l) + 2OH^- = HgO(s) + H_2O + 2e^-$

电极电势：$E/V = 0.098 + \frac{RT}{2F}\ln\frac{a_w}{\alpha_{OH^-}^2}$

电极电势与 α_{OH^-} 有关。在碱性溶液中一价汞离子会歧化为零价和二价汞离子，所以体系中不会因 Hg_2O 的存在而引起电势偏移，电极电势复现性较好。

7）银-氯化银电极

银-氯化银电极是常用参比电极。

电极式为：$Ag(s) | AgCl(s) | Cl^-$

电极反应为：$Ag(s) | + Cl^-(aq) = AgCl(s) + e^-$

电极电势：$E\{AgCl(s)/Cl^-(aq)\} = E^{\ominus}\{AgCl(s)/Cl^-(aq)\} - \frac{RT}{F}\ln\alpha_{Cl^-}$

此电极具有良好的稳定性和较高的重现性，无毒、耐振。电极不用时亦需浸入与待测体系有相同 Cl^- 浓度的 KCl 溶液中，否则 AgCl 会因干燥而剥落；在棕色瓶中避光保存，否则 AgCl 遇光会分解。使用前应检查电极是否完好。

实验室常用电镀法制备银-氯化银电极，其方法如下：

（1）电镀前处理：待镀的电极可用银丝或银电极，用丙酮先清洗。如果是已用过的 Ag-AgCl(s) 电极，需用 1：1 的氨水浸泡，使 AgCl 溶解。

（2）镀 Ag：新的银镀层活性好，再镀上 AgCl 会使镀层牢固。镀银溶液配方为：硝酸银 3 g，碘化钾 60 g，浓氨水 7 mL，去离子水 90 mL。待镀银电极作阴极，铂电极作阳极，接好线路，电压为 4 V，电流密度为 2～7 mA·cm^{-2}，电镀 2 h。

（3）镀 AgCl：将镀好银的电极用去离子水冲洗，浸入 1 mol·dm^{-3} 的盐酸溶液中，以铂电极为阴极，银电极为阳极，电镀 AgCl。电流密度为 2 mA·cm^{-2}，通电 1～2 h 后取出，用去离子水冲洗干净，可得褐红色 AgCl 电极。将电极浸入与待测溶液中 Cl^- 浓度相同的 KCl 溶液的棕色瓶中，避光保存 24 h 以上使充分达到平衡，方可使用。

8）复合电极

一些酸度计采用的是复合电极，将玻璃电极和 Ag-AgCl 参比电极合并制成复合电极。如图 B3.10 所示。

该电极的电极球泡是由具有氢功能的锂玻璃熔融吹制而成，呈球形，膜厚 0.1 mm 左右。电极支持管的膨胀系数与电极球泡玻璃一致，是由电绝缘性能优良的铝玻璃制成。内参比电极为 Ag-AgCl 参比电极。内参比液是含有氯离子的电解质溶液，为中性磷酸盐和氯化钾的混合溶液。外参比电极为 Ag-AgCl 电极，外参比溶液为 3.3 mol·dm^{-3} 的氯化钾及饱和氯化银溶液，加适量琼脂，使溶液呈凝胶状，不易流

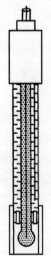

图 B3.10　复合电极

失。液接界是沟通外参比溶液和待测溶液的连接部件。其电极导线为金属屏蔽线，内芯与内参比电极相连，屏蔽层与外参比电极连接。

9 盐桥

在电池电动势测量中，为减少不同电解质溶液（不同种电解质或同种电解质浓度不同）接界处的液体接界电势差（或称扩散电势差），常以盐桥跨接，将两种溶液隔开，如图 B3.11 所示。盐桥管内是电解质的浓溶液，溶液常用琼脂将其固定在管中，常用饱和 KCl、NH_4NO_3 或 KNO_3 溶液，这些电解质溶液的正、负离子迁移数很接近，与此浓溶液相比，溶液 1、2 的浓度相对很低。在盐桥与溶液 1、2 接界处，主要的扩散是盐桥中正、负离子进入溶液 1、2 中，因其正、负离子迁移数很相近，在两个液体接界处产生的液接电势差大小相近，但符号相反，可以有所抵消，使总的液体接界电势差降低。

盐桥中的浓电解质溶液，不仅要求其正、负离子的迁移数很接近，而且其正、负离子不能与所使用体系的溶液起反应，选用何种电解质的盐桥，视具体电池而定。如用 KCl 作电解质的盐桥，不能用于含有 Ag^+、Hg_2^{2+}、ClO_4^-、K^+ 的溶液。

盐桥的制作及使用：

以琼脂-饱和 KCl 盐桥为例。将 3 g 琼脂溶于 97 g 去离子水中，慢慢在水浴上加热，至完全溶解，加入 30 g KCl，充分搅拌，当 KCl 完全溶解后，趁热用滴管或虹吸管将此溶液装入已洗净的 U 形玻璃管中，注意避免管内有气泡，并使管口平整。静置，待冷却后琼脂呈凝固态便成为盐桥，浸在饱和 KCl 溶液中备用。

高浓度的酸、氨都会与琼脂作用，破坏盐桥，沾污溶液，因此此种情况不能使用琼脂盐桥。为防止盐桥溶液中的离子对待测体系的影响，可采用多道盐桥，适合待测体系的盐桥与减少接界电势差的盐桥同时使用，如图 B3.11 所示。

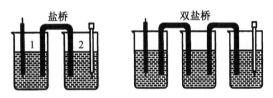

图 B3.11　盐桥

10 电化学综合分析仪

电化学综合分析仪，是一种通用电化学测量分析系统，包含多种电化学测量分析功能。

CHI660A 电化学综合分析仪如图 B3.12 所示，内含快速数字信号发生器、高速数据采集系统、电位电流信号滤波器、多级信号增益、iR 降补偿电路以及恒电位部分和恒电流部分。电位范围为 ±10 V，电流范围为 ±250 mA，电流测量下限可达 50 pA，可直接用于超微电极上的稳态电流测量。它也是十分快速的仪器，信号发生器的更新速率为 5 MHz，数据采集速率为 500 kHz。交流阻抗的测量频率可达 100 kHz，交流伏安法的频率可达 10 kHz。仪器可工作于二、三或四电极的方式，四电极对于大电流或低阻抗电解池（例如电池）十分重要，可消除由于电缆和接触电阻引起的测量误差。

仪器由外部微机控制，在 Windows 操作系统下工作，用户界面遵守视窗软件设计的基本规则，软件还提供帮助系统。不同实验技术间的切换十分方便，实验参数的设定是提示性的，可避免漏设和错设。仪器软件具有很强的功能，包括极方便的文件管理、全面的实验控制、灵活的图形显示以及多种数据处理功能。

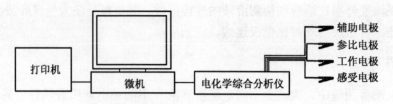

图 B3.12　CHI660A 电化学综合分析仪

CHI660A 电化学综合分析仪可完成的测量技术：
电位扫描技术：
Cyclic Voltammetry（CV）循环伏安法
Linear Sweep Voltammetry（LSV）线性扫描伏安法
TAFEL（TAFEL）Tafel 图
Sweep-Step Functions（SSF）电位扫描-阶跃混合方法
电位阶跃技术：
Chronoamperometry（CA）计时电流法
Chronocoulometry（CC）计时电量法
Staircase Voltammetry（SCV）阶梯伏安法
Differential Pulse Voltammetry（DPV）差分脉冲伏安法
Normal Pulse Voltammetry（NPV）常规脉冲伏安法
Differential Normal Pulse Voltammetry（DNPV）差分常规脉冲伏安法
Square Wave Voltammetry（SWV）方波伏安法
Multi-Potential Steps（STEP）多电位阶跃
交流技术：
AC Impedance（IMP）交流阻抗测量
Impedance-Time（IMPT）交流阻抗-时间关系
Impedance-Potential（IMPE）交流阻抗-电位关系
AC（includingphase-selective）Volta mmetry（ACV）交流（含相敏交流）伏安法
Second Harmonic AC Volta mmetry（SHACV）二次谐波交流伏安法
恒电流技术：
Chronopotentiometry（CP）计时电位法
Chronopotentiometrywith Current Ramp（CPCR）电流扫描计时电位法
Potentiometric Stripping Analysis 电位溶出分析
其他技术：
Amperometrici-t Curve 电流-时间曲线
Differential Pulse Amperometry 差分脉冲电流法
Double Differential Pulse Amperometry 双差分脉冲电流法
Triple Pulse Amperometry 三脉冲电流法
Bulk Electrolysiswith Coulometry 控制电位电解库仑法
Hydrodynamic Modulation Volta mmetry（HMV）流体力学调制伏安法

OpenCircuit Potential-Time 开路电位-时间曲线

溶出方法：

除循环伏安法外所有其他的伏安法都有其相对应的溶出伏安法。

极谱方法：除循环伏安法外所有其他的伏安法都有其相对应的极谱方法，但需要配置 BAS 的 CGME。也可采用其他带敲击器的滴汞电极，但敲击器必须能用 TTL 信号控制。

CHI660A 电化学综合分析仪的主要技术指标：

控制电位：±10 V；　　　　　　　　电流：±250 mA；
槽压：±12 V；　　　　　　　　　　2，3，4-电极体系；
参比电极输入阻抗：10^{12} Ω；　　　电位分辨率：0.1 mV；
主采样速率：500 kHz；　　　　　　外部电压信号输入；
灵敏度：$0.1 \sim 10^{-12}$ A/V 共 34 挡；　电流测量下限：小于 50 pA；
电位电流的自动或手动滤波；　　　自动或手动 iR 降补偿；
自动电位和电流的调零；
电解池控制信号（TTL 输出）：除气、搅拌、敲击，与 BAS 的电解池及 CGME 匹配；
旋转电极控制：$0 \sim 10$ V 输出对应于 $0 \sim 10\,000$ rpm 的转速，与 Pine 的 AFMSRXESYS 匹配；
工作环境温度：15 ℃ ~ 30 ℃，相对湿度 0 ~ 80%。

CHI660A 电化学综合分析仪的控制软件菜单：

File 文件
Open 打开文件　　　　　　　　　　　Save As 存储文件
Delete 删除文件　　　　　　　　　　List Data File 将文件数据列表
Convert to Text 转换成文本文件　　　Text File Format 文本文件格式
Print 打印　　　　　　　　　　　　Print Multiple Files 多文件打印
Print Setup 打印设置　　　　　　　　Exit 关闭程序
Setup 设置
Technique 实验技术　　　　　　　　Parameters 实验参数
System 系统设置　　　　　　　　　Hardware Test 硬件测试
Control 控制
Run 运行实验　　　　　　　　　　Pause/Resume 暂停/继续实验
Stop Run 终止实验　　　　　　　　Reverse Scan 反转扫描极性
Repetitive Runs 反复运行实验　　　　Run Status 实验状态
MacroCommand 宏命令　　　　　　Open Circuit Potential 开路电位测量
iR Compensation IR 降补偿　　　　　Filter Setting 滤波器设定
Cell 电解池控制　　　　　　　　　　Step Function 电位阶跃函数
Preconditioning 电极预处理　　　　　Rotating Disk Electrode 旋转电极控制
Stripping Mode 溶出伏安法方式
Graphics 图形显示
Present Data Plot 当前数据作图　　　Overlay Plot 数据重叠显示
Add to Overlay 增加重叠显示文件　　Parallel Plot 数据平行显示
Add to Parallel 增加平行显示文件　　Zoom In 局部放大显示

Manual Results 手工报告结果　　　　　　Peak Definition 峰形定义
X-Y Plot X-Y 数组作图　　　　　　　　Peak Parameter Plot 峰参数作图
Semilog Plot 半对数图　　　　　　　　Graph Option 图形设置
Color and Legend 颜色和符号　　　　　Font 字体
Copy to Clipboard 复制到剪贴板
DataProc 数据处理
Smoot 平滑　　　　　　　　　　　　　Derivative 导数
Integration 积分　　　　　　　　　　　Semiinteg and Semideriv 半微分半积分
Interpolation 插值　　　　　　　　　　Baseline Correction 基线校正
Data Point Removing 数据点删除　　　　Data Point Modifying 数据点修改
Background Subtraction 背景扣除　　　　Signal Averaging 信号平均
Mathematical Operation 数学运算　　　　Fourier Spectrum 傅里叶变换谱
Analysis 分析
Calibration Curve 校正曲线　　　　　　Standard Addition 标准加入法
Data File Report 数据文件分析报告　　　Time Dependence 时间依赖关系
Sim 循环伏安法数字模拟器
Mechanism 反应机理　　　　　　　　　Simulate 模拟
View 看
Data Information 数据信息　　　　　　Data List 数据列表
Equations 有关的电化学方程式　　　　　Clock 时钟
Toolbar 工具栏　　　　　　　　　　　Status Bar 显示状态栏
Help 帮助
Help Topic 帮助题目　　　　　　　　　About CHI 有关 CHI

CHI660A 电化学综合分析仪的使用方法：

（1）将 CHI660A 电化学综合分析仪的电极夹头夹到实际电解池上，仪器有四根电极连线：工作电极（绿色）、感受电极（黑色）、参比电极（白色）和辅助电极（红色）。感受电极用于四电极体系，用时和工作电极的夹头夹在一起，四电极对于大电流（100 mA 以上）或低阻抗电解池（<1 Ω，例如电池）十分重要，可消除由于电缆和接触电阻引起的测量误差。当用于三电极体系时，感受电极应空置不用。三或四电极可在"电解池控制"中设定。

（2）打开 CHI660A 电化学综合分析仪的电源。启动微机，启动 CHI660A 电化学分析仪操作软件。如图 B3.13 所示。

（3）在"Setup"的菜单中执行"System"（系统设置）命令，设定有关参数。如图 B3.14 所示。

（4）在"Setup"的菜单中执行"Hardware Test"（硬件测试）命令，系统便会自动进行硬件测试。如果出现"Link Failed"的警告，请检查仪器电源是否打开、通信电缆是否接好、通信口的设置是否正确。如果工作正常，1 min 左右屏幕上会显示硬件测试的结果。如图 B3.15 所示。

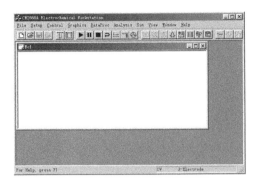
图 B3.13 CHI660A 操作界面

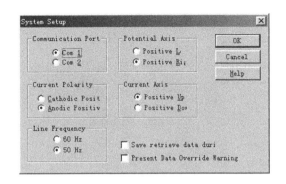
图 B3.14 系统设置界面

(5) 选定实验技术：执行"Setup"菜单中的"Technique"命令，选择实验技术，如图 B3.16 所示。

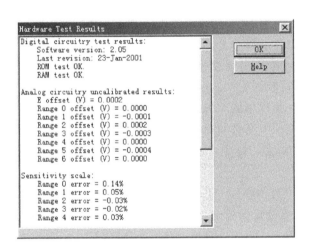
图 B3.15 硬件测试结果

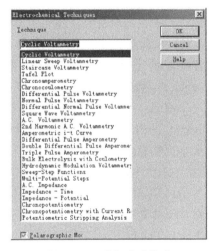
图 B3.16 选择实验技术

(6) 设定相应的实验技术参数：执行"Setup"菜单中的"Parameters"命令，例如 Cyclic Voltammetry (CV) 循环伏安法的参数设置如图 B3.17 所示。

(7) 开始进行实验。例如循环伏安法的测量界面如图 B3.18 所示。实验中如果需要电位保持或暂停扫描（仅对伏安法而言），可用"Control"菜单中的"Pause/Resume"命令，此命令在工具栏上有对应的键。对于循环伏安法，如果临时需要改变电位扫描极性，可用"Reverse"（反向）命令，在工具栏也有相应的键。若要停止实验，可用"Stop"命令或按工具栏上相应的键。

(8) 如果实验过程中发现电流溢出（Overflow），经常表现为电流突然成为一水平直线或得到警告，可停止实验，在参数设定命令中重设灵敏度（Sensitivity），数值越小越灵敏（1.0e-006 要比 1.0e-005 灵敏）。如果溢出，应将灵敏度调低（数值调大）。灵敏度的设置以尽可能灵敏而又不溢出为准。如果灵敏度太低，虽不致溢出，但由于电流转换成的电压信号太弱，模数转换器只用了其满量程的很小一部分，数据的分辨率会很差，且相对噪声增大。

图 B3.17 循环伏安法参数设置

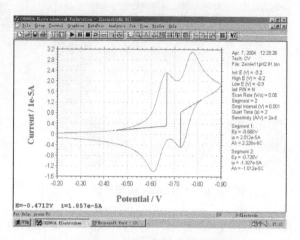
图 B3.18 循环伏安法测量界面

（9）实验结束后，可执行"Graphics"菜单中的"Present Data Plot"命令进行数据显示。这时实验参数和结果（例如峰高、峰电位和峰面积等）都会在图的右边显示出来，可做各种显示进行观察和进行数据处理，很多实验数据可以用不同的方式显示，在"Graphics"菜单的"Graph Option"命令中可找到数据显示方式的控制。

（10）要存储实验数据，可执行"File"菜单中的"Save As"命令，文件总是以二进制（Binary）的格式储存，用户需要输入文件名，但不必加 .bin 的文件类型。如果忘了存数据，下次实验或读入其他文件时会将当前数据抹去。每次实验前或读入文件前都会给出警告（如果当前数据尚未保存）。

（11）若要打印实验数据，可用"File"菜单中的"Print"命令。但在打印前，需先设置好打印机类型，打印方向（Orientation）请设置为横向（Landscape），如果 Y 轴标记的打印方向反了，可以用"Font"命令改变 Y 轴标记的旋转角度（90°或270°）。若要调节打印图的大小，可用"Graph Options"命令调节"Xscale"和"Yscale"。

（12）若要切换实验技术，可执行"Setup"菜单中的"Technique"命令，选择新的实验技术，然后重新设定参数。

（13）一般情况下，每次实验结束后电解池与恒电位仪会自动断开。做流动电解池检测时，往往需要使电解池与恒电位仪始终保持接通，以使电极表面的化学转化过程和双电层的充电过程结束而得到很低的背景电流。用户可用"Cell"（电解池控制）命令设置"Cell On between I-t Runs"。这样，实验结束后电解池将保持接通状态。

（14）常用的软件命令在工具栏上有相应的键，执行一个命令只需按一次键，这样可提高使用速度。

（15）注意事项：仪器的电源应采用单相三线，其中地线应与大地连接良好，地线的作用不但可起到机壳屏蔽以降低噪声的作用，而且也是为了安全，不致由漏电而引起触电。电极夹头不要和同轴电缆外面一层网状的屏蔽层短路。仪器不宜时开时关，实验全部结束后再关机。仪器使用温度为 15 ℃ ~ 28 ℃，此温度范围外也能工作，但会造成漂移和影响仪器寿命。

B4 折光率测量

当光线从一种介质 B 进入另一种介质 A 时，由于两种介质的光学性质不同，在界面上发生光的折射，如图 B4.1 所示。对任何两种介质，在一定波长和温度下，入射角 i 的正弦与折射角 γ 的正弦之比等于它在两种介质中传播速率 v_A，v_B 之比，即：

$$\frac{\sin i}{\sin r} = \frac{v_B}{v_A} = n_{A,B} \tag{B4.1}$$

式中，$n_{A,B}$ 称为折射率。在一定波长和温度条件下，折射率是物质的特性常数，故对指定的两种介质，折射率 $n_{A,B}$ 为一定值。折射率与波长、温度有关，在其右下角注以字母，表示测定时所用单色光的波长，D，F，G，C……分别表示钠的 D（黄）线，氢的 F（蓝）线、G（紫）线、C（红）线等；在其右上角注以测定时介质温度（℃）。如 n_D^{20} 表示 20 ℃时介质对钠光 D 线的折射率。

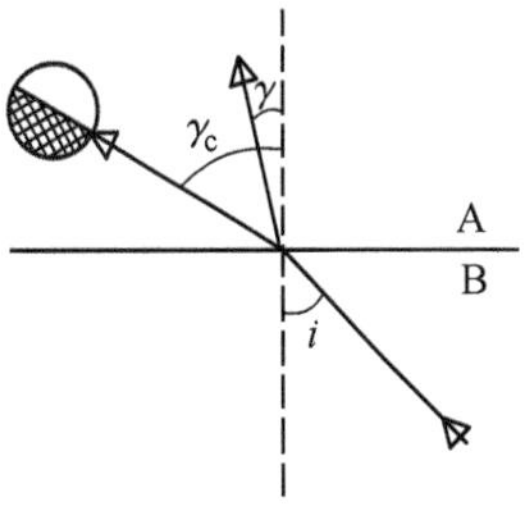

光线由 B 进入 A 时，入射角 i 大于折射角 γ，$n_{A,B}>1$。当入射角 i 增大时，折射角 γ 也相应增大，当入射角达到极大值（$\pi/2$）时，所得到的折射角 γ_c 称为临界折射角。显然从图中法线右边入射的光线从介质 B 进入介质 A 时，折射线都应落在临界折射角 γ_c 之内。在介质 A 中观察从介质 B 射入介质 A 的光线，小于临界角的区域为亮区，大于临界角的区域为暗区。临界折射角 γ_c 的大小和折射率有简单的函数关系，当固定介质 B 时，临界折射角 γ_c 的大小与介质 A 的特性有关。

图 B4.1 光的折射

测量折光率的阿贝折光仪就是根据临界角的原理设计的。测量物质的折射（光）率，能定量地分析溶液的组成及检验物质的纯度。折射率与物质内部的电子运动状态有关，所以也用于结构化学方面的测定。

1 阿贝折光仪

CARLZEISS 阿贝折光仪如图 B4.2 所示。无须特殊光源，日光或普通白光即可。棱镜有夹层，可通恒温水以保持所需恒定温度，试样用量少，测量精度高。

仪器主要部分为两个直角棱镜 5 和 6。两个棱镜之间留有微小缝隙（厚度为 0.10～0.15 mm），其中可铺展一层待测液体，光线从反射镜 7 射入棱镜 6 后，在此棱镜的毛玻璃面上发生漫射，漫射所产生的光线透过缝隙的液层，从各个方向进入棱镜 5 中。从各个方向进入测量棱镜 5 的光线均产生折射，其折射角都落在临界折射角 γ_c 之内。光线射出棱镜 5 后，经消除色散、聚焦之后射于目镜上，若目镜位置适当，在目镜中则出现半明半暗的视野。此时转动棱镜组的手柄，调整棱镜组的角度，使半明半暗分界线正好位于目镜视野的"×"字线的交叉点上。刻度盘与棱镜组的转轴是同轴的，故与试样折射率相对的临界折射角位置能由刻度盘反映出来。通过读数镜 1 便可在刻度盘中读出试样的折射率。刻度盘的示值为两行：一行可直接读出试样的折射率 n_D，（从 1.300 0～1.700 0）；另一行为 0%～95%，是工业上用折光仪测定糖的水溶液的百分浓度。

为了使用方便，阿贝折光仪的光源是日光（白光）而不是单色光，日光通过棱镜时，因其不同波长的光的折射率不同而产生色散，使目镜中明暗分界线不清楚。为消除色散，在

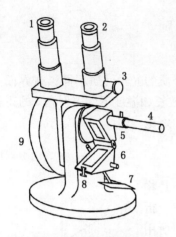

图 B4.2　阿贝折光仪
1—读数镜；2—目镜；3—消色散旋钮；
4—温度计；5，6—棱镜；
7—反射镜；8—锁扣；9—刻度盘罩

目镜筒下面安装了一套消色散棱镜——阿密西棱镜。转动消色散旋钮，就可使色散现象消除。出棱镜后各色光线平行，视野中可见清楚的明暗分界线。

阿密西棱镜的特点是钠光 D 线通过后不改变方向，因此所测得的折射率与钠光 D 线测得的一致，故常记为 n_D。

阿贝折光仪使用方法：

（1）将折光仪置于近窗之台上或置于普通白炽灯前，应避免阳光直射。将恒温水（20 ℃±0.1 ℃ 或 25 ℃±0.1 ℃）通入棱镜的夹套中。

（2）待恒温后，转动半圆形的螺旋锁扣，使相合之两棱镜张开，用镜头纸将镜面拭洁净后，在棱镜 6 的毛玻璃面上滴一两滴待测液体，使其铺满整个镜面。关闭棱镜，旋紧锁扣。如果试样易挥发，可将试样由棱镜间加液槽滴入。

（3）调节反射镜使光源光线进入棱镜。转动刻度盘外的旋钮，直至目镜视野中出现半明半暗现象。

（4）转动消色散旋钮，使彩色消失，呈现清晰的明暗界线。

（5）再次调节刻度盘外旋钮，使明暗界线正好在叉字线的交叉点上。如此时又出现微色散，须重调消色散旋钮，使明暗界线清晰。

（6）从读数镜 1 中读出折射率。阿贝折光仪的测量范围是 1.3~1.7，折射率不在此范围内的液体测定时，看不到明暗分界线。测量时要使两棱镜啮紧，以免两棱镜所夹液层厚度不均匀。若半明半暗出现畸形（即非半明半暗状），是由于棱镜间未充满液体，需滴加试液。

（7）一种试样测完后，展开棱镜用滴管滴加少量乙醚，用镜头纸轻轻将镜面擦洗干净，不可用力擦，以防毛玻璃面磨光，也不能用滤纸擦。待干燥后再测第二种试样。

（8）酸、碱性太强的液体及氟化物样品不能用此仪器测定，以免腐蚀棱镜。

（9）用毕，用丙酮或乙醇洗净镜面，并轻轻用镜头纸擦干液体。待干燥后在二棱镜间垫上一小张镜头纸，关闭棱镜。

（10）仪器校正：折光仪刻度盘上标尺的零点有时会发生移动，须进行校正。校正时可用已知折射率的液体（如蒸馏水），将刻度盘标尺上的读数调节在该温度下标准液体的已知折射率。在目镜中观察，若明暗分界线不在叉字交叉点上，则可用仪器附带的专用工具，转动供校准仪器用的螺钉，使分界线移动至叉字交叉点上。

2　数字式折光仪

WYA-2S 数字阿贝折射仪通过角度-数字转换部件将角度量转换为数字量，通过数字显示被测样品的折射率或锤度（蔗糖溶液质量分数），易于读数。仪器如图 B4.3 所示。

WYA-2S 数字阿贝折射仪的使用方法：

（1）本仪器折射棱镜部件中有通恒温水结构，如需测定样品在某一特定温度下的折射率，仪器可外接恒温器，将温度调节到所需温度再进行测量。

（2）按下"POWER"电源开关，聚光照明部件中照明灯亮，同时显示窗显示 00000。

有时显示窗先显示"-",数秒后显示00000。

(3) 打开折射棱镜部件,移去擦镜纸,这张擦镜纸是仪器不使用时放在两棱镜之间,防止在关上棱镜时可能留在棱镜上的细小硬粒弄坏棱镜工作表面。擦镜纸只需用单层。

(4) 检查上、下棱镜表面,并用水或酒精小心清洁其表面。测定每一个样品后也要仔细清洁两块棱镜表面,因为留在棱镜上的少量的原来样品将影响下一个样品的测量准确度。

(5) 将被测样品放在下面的折射棱镜的工作表面上。如图 B4.4 所示,如样品为液体,可用干净滴管吸 1~2 滴液体样品放在棱镜工作表面上,然后将上面的进光棱镜盖上。如样品为固体,则固体样品必须有一个经过抛光加工的平整表面。测量前需将这抛光表面擦净,并在下面的折射棱镜工作表面上滴 1~2 滴折射率比

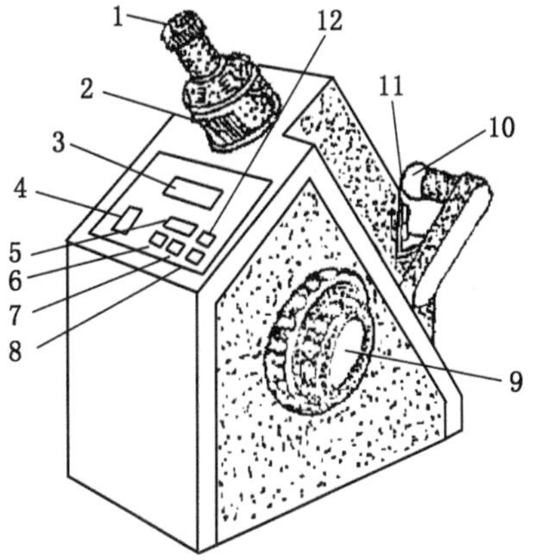

图 B4.3　WYA-2S 数字阿贝折射仪
1—目镜;2—色散校正手轮;3—显示窗;4—POWER 电源;5—READ 读数;6—BX-TC 经温度修正锤度;7—n_D 折射率;8—BX 未经温度修正锤度;9—调节手轮;10—聚光照明部件;11—折射棱镜部件;12—TEMP 温度

固体样品折射率高的透明液体(如溴代萘),然后将固体样品抛光面放在折射棱镜的工作表面上,使其接触良好。测固体样品时不需将上面的进光棱镜盖上。

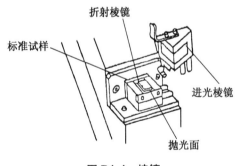

图 B4.4　棱镜

(6) 旋转聚光照明部件的转臂和聚光镜筒,使上面的进光棱镜的进光表面(测液体样品)或固体样品前面的进光表面(测固体样品)得到均匀照明。

(7) 通过目镜观察视场,同时旋转调节手轮,使明暗分界线落在交叉线视场中。如从目镜中看到视场是暗的,可将调节手轮逆时针旋转。若看到视场是明亮的,则将调节手轮顺时针旋转。明亮区域是在视场的顶部。在明亮视场情况下可旋转目镜,调节视度看清晰交叉线。

(8) 旋转目镜方缺口里的色散校正手轮,同时调节聚光镜位置,使视场中明暗两部分具有良好的反差以及明暗分界线具有最小的色散。

(9) 旋转调节手轮,使明暗分界线准确对准交叉线的交点。如图 B4.5 所示。

(10) 按"READ"读数显示键,显示窗中 00000 消失,显示"-",数秒后"-"消失,显示被测样品的折射率。可先选定测量方式,再按"READ"读数显示键,显示窗就按预先选定的测量方式显示。"BX"为未经温度修正的锤度;"BX-TC"为经温度修正的锤度;"n_D"为折射率。

图 B4.5　目镜视野

(11) 检测样品温度,可按"TEMP"温度显示键,显示窗将显示样品温度。除了按"READ"键后,显示窗显示"-"时,按"TEMP"键无效,在其他情况下都可以对样品进

行温度检测。显示为温度时,再按"n_D"、"BX-TC"或"BX"键,显示的将是原来的折射率或锤度。为了区分显示值是温度还是锤度,在温度前加"t"符号,在"BX-TC"锤度前加"C"符号,在"BX"锤度前加"b"符号。

(12)样品测量结束后,必须用酒精或水(样品为糖溶液)进行小心清洁。仪器使用前后及更换样品时,必须先清洗擦净折射棱镜系统的工作表面。

(13)仪器应避免强烈振动或撞击,防止光学零件震碎、松动而影响精度。本仪器严禁测试腐蚀性较强的样品。仪器聚光镜是塑料制成的,为了防止带有腐蚀性的样品对它的表面产生破坏,必要时用透明塑料罩将聚光镜罩住。

B5 旋光度测量

许多物质具有旋光性,当平面偏振光线通过具有旋光性的物质时,它们可以将偏振光的振动面旋转某一角度。若面向光源观察,使偏振光的振动面逆时针旋转的物质称左旋物质,顺时针旋转的称右旋物质。向右偏转的角称为旋光角 α,旋光角方向和大小与该物质分子立体结构有关,旋光角也受光的波长及物质温度的影响。通过测定旋光度的方向和大小,可以辅助鉴定物质,辅助判定有机物的分子立体构型,也用于测定物质的浓度。

我国国家标准 GB 3102.8—1993 定义了质量旋光本领 α_m(Mass Optical Rotatory Power)和摩尔旋光本领 α_n(Molar Optical Rotatory Power)。

① 质量旋光本领 α_m 定义:

$$\alpha_m = \alpha A / m \tag{B5.1}$$

式中,m 为旋光性组元在截面积 A 的线性偏振光束途径中的质量;α 为旋光角,平面偏振光通过旋光性介质,面向光源观察向右偏转的角(向左为 $-\alpha$);α_m 的 SI 单位是 $rad \cdot m^2 \cdot kg^{-1}$。

② 摩尔旋光本领 α_n 定义为:

$$\alpha_n = \alpha A / n \tag{B5.2}$$

式中,n 为旋光性组元在截面积 A 的线性偏振光束途径中的物质的量;α 为旋光角;α_n 的 SI 单位是 $rad \cdot m^2 \cdot mol^{-1}$。

由于旋光性物质溶液的旋光角与溶剂有关,故表示 α 值时,除注明温度、波长外还须注明溶剂。如果未注明,一般是指水溶液。

测定物质旋光度的仪器称为旋光仪。目前在实验室通常使用两种类型的旋光仪,一种是实验者通过观察视野光线明暗,旋转一定角度,从刻度盘上读出旋光度。另一种是通过光电检测,数字显示旋光度。下面分别介绍。

1 WXG-4 型旋光仪

WXG-4 型旋光仪利用检偏镜来测量旋光角,光学系统如图 B5.1 所示,它由起偏镜、检偏镜、两块辅助棱镜等组成。

光源为特制的钠光灯泡,为单色黄光(波长为 589.3 nm)。由光源发出的光经滤光镜、起偏镜产生单一偏振光,通过检偏镜,如起偏镜、检偏镜的偏振面相互平行,则光线可全部通过。如偏振面相互垂直,光线就完全不能通过。当两偏振面由相互垂直转向平行时(即由 90°→0°时),则通过光的强度由小变大。仪器中的起偏镜和辅助镜是固定的,而检偏镜

图 B5.1 WXG-4 型旋光仪光学系统

与刻度盘连接并与刻度盘一起旋转调整角度，旋光角便可从刻度盘读出。

如果没有辅助棱镜，旋转检偏镜，使其与起偏镜的偏振面相互垂直，则视场黑暗。在旋光管中盛旋光性溶液后，由于旋光性物质可使通过的偏振光的偏振面转动一个角度，则有部分光通过，视场稍明亮些，再旋转检偏镜适当角度，使视场又变为暗，所旋检偏镜的角度即是该旋光性物质的旋光角 α。面对光源观察，偏振方向顺时针方向旋转称右旋，反之，称左旋。

视场由亮变为暗没有明显标志，不易准确测量。故在起偏镜后增加两个相互平行而分列两旁的辅助镜，并使辅助镜的偏振面与起偏镜的偏振面成适当角度 θ，如图 B5.2 所示，则当旋光管中未盛旋光性物质时，有以下三种情况：

① 当检偏镜的偏振面与起偏镜的偏振面相互垂直时，视场内出现中间暗、两侧亮的情况。见图 B5.2（a）。

② 当检偏镜的偏振面与辅助镜的偏振面相互垂直时，视场内中间亮、两侧暗，见图 B5.2（b）。

③ 当检偏镜的偏振面与起偏镜、辅助镜两者的偏振面夹角 θ 的等分线相互垂直或平行时，则视场内三部分亮度（暗度）相等，见图 B5.2（c）。

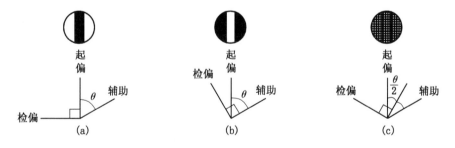

图 B5.2 起偏镜、检偏镜与辅助镜之间偏振面角度与视场图

增加辅助镜后，(a)、(b)、(c) 三种情况容易确定。如果旋光管中无旋光溶液时，转动检偏镜至视场亮度相等，记下其位置，然后在旋光管中盛旋光溶液，再旋转检偏镜至视场亮度相等，则所旋转的角度即是该旋光物质的旋光角 α。

旋光管有 10 cm 及 20 cm 长两种，可视样品旋光能力选取合适的管长。旋光角的大小和管长成正比，与溶液中所含旋光性物质的浓度成正比。旋光角还与温度、入射光波长有关。

WXG-4 型旋光仪的使用方法：

（1）图 B5.3 所示的是 WXG-4 型小型旋光仪。将仪器接于 220 V 交流电源，开启电源开关，约

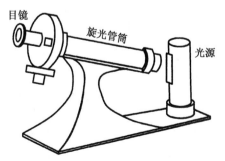

图 B5.3 WXG-4 型旋光仪

5 min 后钠光灯发光正常，即可开始测量。

（2）检查仪器零点，在旋光管充满蒸馏水，调至视场内三分暗度相等，此时读出的值即为零点偏差值。

（3）选取长度合适的旋光管，注满待测溶液，若有小气泡（在较高温测量时应留一小气泡），应将气泡赶至旋光管的凸处。

（4）转动刻度盘，在视场亮度（暗度）一致时，再从刻度盘上读数。

（5）旋光角与温度有关，测量时可以采用恒温措施。

2　WZZ-2 型旋光仪

WZZ-2 型自动数字显示旋光仪，是目前国产新型旋光仪，采用光电检测器，通过电子放大及机械反馈系统自动调整角度，最后数字显示旋光度。这种仪器灵敏度高，读数方便，能减小人为观察明暗度产生的误差。其结构原理如图 B5.4 所示。

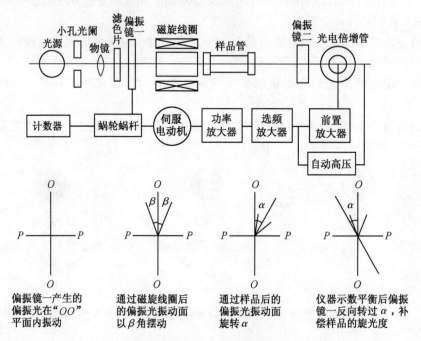

图 B5.4　WZZ-2 型自动数字显示旋光仪结构原理图

该仪器用 20 W 钠光灯作光源，由小孔光阑和物镜组成一个简单的光源平行光管，平行光经偏振镜一变为平面偏振光。当偏振光经过有法拉第效应的磁旋线圈时，其振动面产生 50 Hz 的一定角度的往复摆动，通过样品管后偏振光振动面旋转一个角度，光线经过偏振镜二投射到光电倍增管上，产生交变的电信号，经功率放大器放大后显示读数。仪器示数平衡后，伺服电动机通过蜗轮蜗杆将偏振镜一反向转过一个角度，补偿了样品的旋光度，仪器回到光学零点。WZZ-2 型旋光仪如图 B5.5 所示。

WZZ-2 型旋光仪的使用方法和注意事项：

（1）将仪器接通 220 V 电源，可使用 1 kW 的稳压器，并可靠接地。

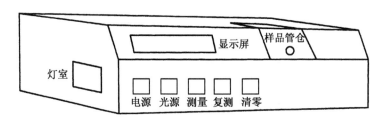

图 B5.5　WZZ-2 型旋光仪

（2）打开"电源"开关，观察仪器侧面灯室，钠光灯应启亮，需经 10 min 预热，使钠光灯发光稳定。

（3）打开"光源"开关。若光源开关打开后，钠光灯熄灭，则再将光源开关上下重复打开 1～2 次，使钠光灯在直流下点亮，为正常。

（4）打开"测量"开关，仪器处于待测状态。

（5）将装有去离子水或其他空白溶剂的样品管放入样品室，盖上箱盖，待示数稳定后，按"清零"按钮。样品管中如有气泡，应先让气泡浮于凸颈处。通光面两端的雾状水滴，应用软布擦干。样品管螺帽不宜旋得过紧，以免产生应力，影响读数。放置样品管时注意标记的位置和方向。

（6）取出样品管，将待测样品注入样品管，按相同的位置和方向放入样品室内，盖好箱盖。仪器读数窗将显示出该样品的旋光度。

（7）逐次按"复测"按钮，重复读几次数，取平均值作为样品的测定结果。

（8）如样品超过测量范围，仪器在±45°处停止。此时，打开箱盖，取出样品管，按箱内"回零"按钮，仪器即自动转回零位。调整待测液浓度或样品管规格后再测量。

（9）使用仪器完毕后，应依次关闭测量开关、光源开关、电源开关。

（10）测深色样品，当待测样品透光率过低时，仪器示数重复性将有所降低，此系正常现象。

（11）钠灯在直流供电系统出现故障不能使用时，仪器也可在钠灯交流供电的情况下测试，但仪器的性能可能有所降低。

（12）当放入小角度（<0.5°）样品时，示数可能变化，这时只要按复测按钮，会出现新的数字。

（13）仪器应放在干燥通风处，避免振动，防止潮气侵蚀，尽可能在 20 ℃ 的环境中使用仪器。

3　WZZ-2B 型旋光仪

WZZ-2B 型旋光仪工作原理与 WZZ-2 型旋光仪基本相同，操作面板稍加改变，以上海索光公司生产的 WZZ-2B 型旋光仪为例，操作面板如图 B5.6 所示，显示窗左侧有 3 个指示灯，下部有 5 个按钮。

使用方法如下：

（1）接通仪器电源，电源开关在仪器后侧，电源指示灯亮。这时钠光灯应点亮（从仪器侧面观察），使钠光灯内的钠充分蒸发，约需 15 min 预热才能使发光稳定。

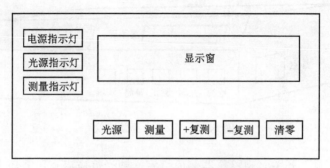

图 B5.6　WZZ-2B 型旋光仪操作面板

（2）按下"光源"按钮，使钠光灯在直流下点亮，若按下光源开关后，钠光灯熄灭，则将光源按钮重复按几次，可将钠光灯在直流下点亮，即光源指示灯亮，钠光灯也亮（仪器侧面观察）。

（3）按下"测量"按钮，测量指示灯亮。机器处于自动平衡状态。按"复测"按钮2~3次，再按"清零"按钮清零，使显示窗显示为零。

（4）将去离子水装入样品管，样品管两端通光面上的水用吸水纸擦干，样品管上的螺帽不宜旋得过紧，以免产生应力，影响读数。将样品管放入样品仓，注意样品管在样品仓内放置的位置和方向，盖上仓盖。待显示窗显示的数值稳定后，按"清零"按钮。

（5）取出样品管，装入待测样品，样品管两端通光面上的液体用吸水纸擦干，将样品管按照清零时的位置和方向放入样品仓，盖好仓盖。显示窗将显示样品的旋光度。如果没有反应，按"复测"按钮，即可显示旋光度。待显示稳定，读取旋光度。

（6）可以重复按"复测"按钮读数，正数按"+复测"按钮，负数按"-复测"按钮，取平均值。

（7）样品旋光度超出测量范围（45°）时，仪器会在45°处振荡，若取出样品管，仪器回到零位。稀释样品溶液或改用短样品管后再测量。

（8）测量结束后，依次关闭"测量"、"光源"、"电源"。

（9）深色样品透过率低，仪器测量值重现性较差。

（10）仪器也可在钠光灯交流供电的情况下测试，但仪器的性能要下降。

B6　黏度测量

液体的相邻流体层以不同的速度运动时存在着内摩擦，黏度是内摩擦力的一种量度。黏度分为绝对黏度和相对黏度。

绝对黏度有两种表示方法：动力黏度、运动黏度。移动的液体中垂直于切变平面的切应力与速度梯度 $\dfrac{\mathrm{d}v}{\mathrm{d}y}$ 成正比：

$$\tau = \eta \frac{\mathrm{d}v}{\mathrm{d}y} \tag{B6.1}$$

用 η 表示黏度系数，通常称为黏度，其单位为帕秒（Pa·s）或（kg·m^{-1}·s^{-1}）。运动黏度为液体动力黏度与同温度下液体的密度之比：

$$v = \frac{\eta}{\rho} \tag{B6.2}$$

其单位为平方米每秒（m^2/s）。

相对黏度为某液体黏度与标准液体黏度之比，量纲为一。

测定液体黏度的方法主要有三类：用毛细管黏度计测定液体在毛细管里的流出时间；用落球式黏度计测定圆球在液体里的下落速度；用旋转式黏度计测定液体与同心轴圆柱体相对转动的情况。

1 乌式黏度计、奥式黏度计

毛细管黏度计的原理是，通过测定一定体积的液体流经一定长度和半径的毛细管所需时间而获得黏度，常用的有乌氏（Ubbelohde）和奥式（Ostwald）黏度计，如图 B6.1 所示。Ostwald 黏度计要求试样液体的体积必须每次都相同，操作过程中由于黏度计位置倾斜所导致的流出时间的误差也较大。

当液体在重力作用下流经毛细管时，遵守 Poiseuille 定律：

$$\eta = \frac{\pi p r^4 t}{8lV} = \frac{\pi h \rho g r^4 t}{8lV} \tag{B6.3}$$

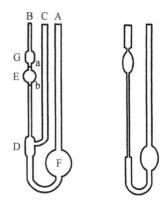

图 B6.1 乌式、奥式黏度计

式中，η 为液体的黏度；r 为毛细管的半径；V 为流经毛细管的液体体积；t 为体积液体的流出时间；l 为毛细管的长度；p 为当液体流动时在毛细管两端间的压力差（即是液体密度 ρ，重力加速度 g 和流经毛细管液体的平均液柱高度 h 这三者的乘积）。

用同一黏度计在相同条件下测定两个液体的黏度时，它们的黏度之比为：

$$\frac{\eta_1}{\eta_2} = \frac{p_1 t_1}{p_2 t_2} = \frac{\rho_1 t_1}{\rho_2 t_2} \tag{B6.4}$$

如果用已知黏度 η_1 的液体作为参考液体，则待测液体的黏度 η_2 可通过式（B6.4）求得。

2 旋转黏度计

NXS-11A 型旋转黏度计如图 B6.2 所示，是一种通用的同轴圆筒上旋式黏度计。适用于精密测量各种牛顿型流体的绝对黏度和非牛顿流体的流变特性。

仪器工作原理如图 B6.3 所示，用一个步进电动机作驱动，采用同轴圆筒上旋式结构的工作原理，外筒固定、内筒旋转（共五个测量系统，其中 D、E 系统不作准确度考核），被测物料充满在两个圆筒之间。当电动机带动内筒旋转时，内筒表面受到被测物料的作用，而内筒又与电动机的转子同时旋转，转子也受到了同样的力矩，此力矩传到可动框架并使其偏转，当偏转到某一角度使测量弹簧的力矩和这个力矩相等时达到平衡，此时的偏角由刻度盘读出，刻度盘上的读数与黏度成正比。

该型黏度计是按同轴圆筒上旋式的原理设计的，各常数的计算满足下列各式：

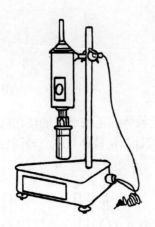
图 B6.2　NXS-11A 型旋转黏度计

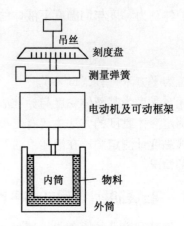
图 B6.3　旋转黏度计工作原理图

$$\eta = \frac{\tau}{D} \tag{B6.5}$$

$$\tau = \frac{M}{2\pi R_2^2 h} \tag{B6.6}$$

$$D = \frac{2R_1^2}{R_1^2 - R_2^2} \tag{B6.7}$$

式中，η 为黏度；τ 为剪切应力；D 为剪切速率；M 为力矩；R_1 为外筒半径；R_2 为内筒半径；h 为内筒工作高度。

仪器主要由底座，电器箱，测量头，测量系统，测量内筒、外筒，保温筒组成。底座正面装有电器箱，左侧有电源、测量头插座，两侧开有散热窗。电器箱通过电缆与测量头相连，它是测量头内电动机转动的专用电源。底座左侧的"电源"插座接输入电源。底座上部有立柱，立柱上装有夹持器，它可在立柱上移动，供夹持测量头用。

仪器的转速：如表 B6.1 所示，共为 15 挡，变速时只需拨动"速度"旋钮即可。

表 B6.1　转速对应表

旋钮位置	0	1	2	3	4	5	6	7	8	9	10	11	12	13	14	15
转速/(r·min^{-1})	0	5.6	7.6	10	13	18	28	38	50	65	90	112	152	200	260	360

测量头：如图 B6.4 所示，是仪器的关键部分，由它提供回转运动和测出精确的力矩值。测量头上部装有刻上标尺的锥形透明罩，上方有一保护管，用来保护内部的吊丝，它与外罩上的紧固螺母相连，吊丝直接与刻度盘下面装有测量弹簧的可动框架相连。

测量头外壳中部有一个标有"工作"、"制动"的标牌和一可转动的旋钮。当测量头在工作时，旋钮红点对正"工作"位置，当测量头不使用时，应将旋钮红点对正"制动"位置。注意：刻度盘在零位时制动才起作用。

测量头内部有测量头主体，它是测量头的心脏部分，主体上装有电动机、变速器等，电动机由单片机控制。主体的下端是转子连轴套，也就是输出轴。

主体的两端由精密轴承支承,仪器在工作状态时,吊丝将主体悬吊起,使主体在回转时获得最小的摩擦以减小误差。

为了保证测量弹簧的精度和寿命,主体不允许作大于360°的回转,主体上设置了一根挡针,限制了主体的回转不超过360°。

测量部分:如图B6.5所示,由内筒、外筒及保温筒等组成。内筒与测量头输出轴上的连轴套连在一起,其定位导向是靠内筒柄上的长槽及连轴套上的紧定螺钉。外筒与内筒配套组成测量系统,各剪切速率的基本参数靠外筒与内筒之间的间隙及转速来决定。外筒外面的大圆盘是与保温筒的开口相配合的,中间垫上橡皮密封圈,外用螺帽压紧。

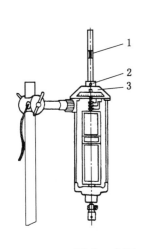

图 B6.4 测量头示意图
1—保护管;2—紧固螺母;3—透明罩

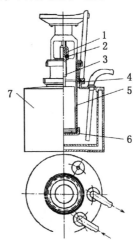

图 B6.5 测量部分示意图
1—连轴套;2—紧固螺钉;3—内筒;4—外筒;
5—橡皮密封图;6—螺帽;7—保温筒

保温筒中间通恒温水浴,上部有两个弯接头用来和恒温水浴相连。另一个较小的开口用于固定温度计,固定温度计时应用力适当,以无水外溢为宜。

NXS-11A 型旋转黏度计主要技术指标:

测量范围 (η): $2.8 \sim 1.78 \times 10^7$ mPa·s;

剪切应力 (τ): $27.67 \sim 21\,970$ Pa;

剪切速率 (D): $1.23 \sim 996$ s^{-1};

转速: $5.6 \sim 360$ r/min;

电源: (220 ± 20) V、50 Hz。

仪器有5套测量系统,系统规格如表B6.2和图B6.6所示。

表 B6.2 仪器测量系统规格表

测量系统	A	B	C	D	E
外筒内径/cm	4	4	2	2	2
内筒外径/cm	3.846	3.177	1.460	0.862	0.432
内筒高度/cm	7	5	3	1.5	0.7
试样用量/mL	20	60	9	10	12

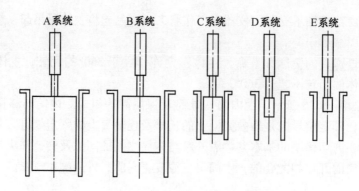

图 B6.6　仪器测量系统规格示意图

安装测量系统加入样品的步骤：

（1）把保温筒放在底座上，检查接通恒温水管，注意分清进水管、出水管。

（2）按物料的估计黏度值选用适当的测量系统，清洗并干燥系统各部分，将外筒底密封紧固，然后将外筒放入保温筒中的密封垫上并用螺母旋紧，要求连接处不得有漏水现象。

（3）调节底座水平：将附件水准泡取出放在保温筒上，调节底座下方的三个螺钉使水泡处于中圈位置。

（4）将适量的被测物料加入外筒中，若黏度太大不便倒入时可先适当加温以利操作。

（5）安装内筒：将内筒柄上有槽的一方对准测量头连轴套上的紧定螺钉一方，并轻轻插入连轴套中，此时可用另一只手拿住连轴套，避免测量头受到较大的力。用小螺丝刀旋紧紧定螺钉。

（6）安装测量系统：将上好内筒的测量头垂直地插入外筒中，到位后用螺套固定。也可让测量头装在支架上，而手执保温筒及外筒向上套上测量头再用螺套固定。请注意：无论用何种方式安装，装好后均应松开立柱上的夹持器以避免测量头手把处承受恒温水套的重量而导致损坏。

（7）测量：恒温一定时间后，将测量头上旋钮扳向"工作"，接通电器箱上的电源开关，选择适当的转速并接通电动机电源，开始测量。

牛顿流体的绝对黏度测量步骤：

（1）将速度由"0"逐渐增加，仪器读数随即发生改变，通常控制读数在 20~95 格的范围内为宜，读取刻度并同时记下相应的转速位值。刻度盘有摆动且摆动在±1 格范围内是正常现象，读数取平均值。

（2）如果摆动较大是系统选择不当所致，则更换系统。转速置于"15"读数仍较小（例如小于 50 格）或转速置于"1"读数仍偏大（例如接近 100 格）都属系统选择不当所致，此时应更换相应的测量系统。

（3）测量时加物料的多少对测量均会有影响，物料必须完全浸没转子的工作高度，一般认为有少量物料溢入转子上部之凹槽为宜。

（4）根据所选测量系统查仪器常数表 B6.3，得到仪器常数 K 值，根据刻度值 α，按下式计算得到黏度值 η：

$$\eta = K\alpha \tag{B6.8}$$

表 B6.3 NXS-11A 型旋转黏度计仪器常数

测量系统	转速挡	1	2	3	4	5	6	7	8	9	10	11	12	13	14	15
	转速/(r·min^{-1})	5.6	7.6	10	13	18	28	38	50	65	90	112	152	200	260	360
	角速度/(rad·s^{-1})	0.586 4	0.795 8	1.047	1.361	1.885	2.932	3.979	5.236	6.807	9.425	11.73	15.92	20.94	27.23	37.70
A	剪切速率/(s^{-1})	15.50	21.03	27.67	35.97	49.81	77.48	105.1	138.4	179.9	249.0	309.9	420.6	553.4	719.4	996.1
	仪器常数/(mPa·s·格$^{-1}$)	17.86	13.16	10.00	7.692	5.556	3.571	2.632	2.000	1.538	1.111	0.892 9	0.657 9	0.500 0	0.384 6	0.277 8
	转角常数/(Pa·格$^{-1}$)								2.767×10^{-1}							
B	剪切速率/(s^{-1})	3.178	4.313	5.675	7.378	10.22	15.89	21.57	28.38	36.89	51.08	63.56	86.28	113.5	147.6	204.3
	仪器常数/(mPa·s·格$^{-1}$)	178.6	131.6	100.0	76.92	55.56	35.71	26.32	20.00	15.38	11.11	8.929	6.579	5.000	3.846	2.778
	转角常数/(Pa·格$^{-1}$)								5.675×10^{-1}							
C	剪切速率/(s^{-1})	2.509	3.406	4.481	5.825	8.066	12.25	17.03	22.41	29.13	40.33	50.19	68.11	89.62	116.5	163.1
	仪器常数/(Pa·s·格$^{-1}$)	1.786	1.316	1.000	0.769 2	0.555 6	0.357 1	0.263 2	0.200 0	0.153 8	0.111 1	0.089 29	0.065 79	0.050 00	0.038 46	0.027 78
	转角常数/(Pa·格$^{-1}$)								4.481							
D	剪切速率/(s^{-1})	1.441	1.955	2.573	3.345	4.631	7.204	9.776	12.86	16.72	23.15	28.81	39.11	51.45	66.89	92.62
	仪器常数/(Pa·s·格$^{-1}$)	17.86	13.16	10.00	7.692	5.556	3.571	2.632	2.000	1.538	1.111	0.892 9	0.657 9	0.500 0	0.384 6	0.277 8
	转角常数/(Pa·格$^{-1}$)								25.73							
E	剪切速率/(s^{-1})	1.230	1.670	2.197	2.856	3.955	6.152	8.349	10.99	14.28	19.77	24.61	33.39	43.94	57.12	79.01
	仪器常数/(Pa·s·格$^{-1}$)	178.6	131.6	100.0	76.92	55.56	35.71	26.32	20.00	15.38	11.11	8.929	6.579	5.000	3.846	2.778
	转角常数/(Pa·格$^{-1}$)								219.7							

（5）例如，测量系统：A 系统；转速：13 挡；读数 α：85 格；查得仪器常数 K：0.5 mPa·s/格；黏度：$\eta = 0.5 \times 85 = 42.5$ mPa·s。

测量非牛顿流体的流变特性及表观黏度的步骤：

（1）流体剪切应力 τ 随剪切速率 D 改变而变化的关系称为流变特性。牛顿流体的流变特性是一条过原点的直线，而非牛顿流体的流变特性则是曲线或不过原点的线。在线上某点的正切值即为黏度。对牛顿流体各点的黏度值均相同，而非牛顿流体则各不相同。所以黏度能表现出牛顿流体的特性，而非牛顿流体需要用流变曲线来表现。某点的黏度称为"表观黏度"。

（2）测量非牛顿流体的流变特性时，把转速由"0"逐渐加大，记下相应的刻度数，一般低于 20 格的数仅供参考，低于 10 格的数不应记入。

（3）根据仪器常数表 B6.3 查出相应的 Z、D 值，Z 称为转角常数，再计算出各点的剪切应力 τ。

$$\tau = Z\alpha \tag{B6.9}$$

（4）作 D-τ 图，得到流变曲线。

（5）流变曲线上，各点的黏度值称为该点的表观黏度。在生产中，各部门通常按本行业的技术标准选择测量点（即选择剪切速率 D）。

B7 密度测量

密度的定义为质量除以体积，单位为 $kg \cdot m^{-3}$。在一定条件下，物质的密度与某种参考物质的密度之比称为相对密度，过去称为密度，现已不用，但一些使用已久的仪器名称，如密度计、密度瓶、密度管仍然被使用。

物理化学实验中常需进行密度测定。测定方法很多，物质聚集状态不同测定方法也不同。液体的密度通常使用密度管、密度瓶或密度计来测量。

1 密度管、密度瓶、密度计

1）密度管

密度管如图 B7.1 所示，似大肚移液管弯曲而成，两端口为磨口并配相应的磨口小帽，在一端有一刻度线。使用密度管测量液体密度的方法如下：

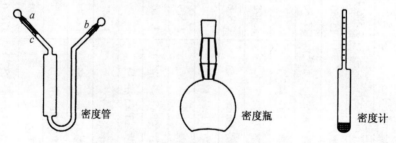

图 B7.1 密度管、密度瓶、密度计

（1）准备恒温槽，将恒温槽调节至特定温度，此温度应高于室温 5 ℃～10 ℃，并能查到此温度下纯水（或其他液体样品）的密度。

（2）将密度管（包括磨口小帽）里外洗净，里外干燥，将带磨口小帽的密度管放在天平上称量，称量时应使用托具，记为 m_0。

（3）取下磨口小帽，将 a 端插入纯水（或其他已知密度的液体样品）中，从 b 端抽气，慢慢将纯水吸入管内并充满，不能有气泡。

（4）将充满纯水的密度管置于恒温槽内，ab 端口不套磨口小帽露在恒温介质之外，在实验温度（高于室温 5 ℃~10 ℃）恒温 10 min。通过用滤纸从 b 端口吸去多余的水，调节 a 端支管中的液面到刻度 c。然后将 b 端的帽先套上，再套 a 端的帽。

（5）从恒温槽中取出密度管，擦干外壁，在天平上称量，记为 m_1。

（6）倒去纯水，用待测液涮洗密度管。吸满待测液体，放在恒温槽内恒温 10 min。通过用滤纸从 b 端口吸去多余的液体，调节 a 端支管中的液面到刻度 c。然后将 b 端的帽先套上，再套 a 端的帽。

（7）从恒温槽中取出密度管，擦干外壁，在天平上称量，记为 m_2。

（8）ρ_{H_2O} 从手册中查出。则待测液体在此温度下的密度为：

$$\rho = \frac{m_2 - m_0}{m_1 - m_0} \rho_{H_2O} \tag{B7.1}$$

2）密度瓶

密度瓶如图 B7.1 所示，使用密度瓶测量液体密度的方法如下：

(1) 称量空瓶，记为 m_0。

(2) 用已知密度的液体（如水）充满密度瓶，盖上带有毛细管的磨口塞，置于恒温槽中，在实验温度下（高于室温 5 ℃~10 ℃）恒温 10 min，用滤纸吸去塞子上毛细管口溢出的液体。

(3) 取出密度瓶用滤纸擦干外壁，在天平上称量，记为 m_1。

(4) 倒去瓶中液体，将瓶吹干，装入待测密度的液体，其测量方法同上述装水的操作。测得瓶加液体质量，记为 m_2。

(5) 按式（B7.1）计算液体密度。

3）密度计

密度计是一种根据阿基米德原理测定密度的方法。其精度较差，但操作简便、迅速，所以工业上常用此法。常用仪器有密度球、密度计和密度天平等。其中密度计应用较广，介绍如下：

密度计如图 B7.1 所示。它是一玻璃管，管下部膨大部分封有水银或铅粒。管中封有印着密度读数的纸条。使用时，密度计自由地直立于待测液体中（待测液最好用量筒装），当密度计立于液体中呈静止状态时，所受浮力等于重力，浮力与液体密度和密度计浸入液体的深度（体积）有关。因此由密度计浸入液体的深度可确定液体密度，将深度对应的密度直接标示于密度计上，使用更加方便。

2 电子密度计

DA-110M 密度计是通过物体振荡的方法来测定溶液的密度。可测定密度范围在 0~2 g/cm³ 的液体，分辨率为 0.000 1 g/cm³，精确度为 ±0.001 g/cm³；温度测量范围为 0 ℃~40 ℃，分辨率为 0.1 ℃。可显示测量温度下与水的相对密度，可利用温度系数计算得到所需温度下的溶液密度，可储存 99 个测量值，通过 RS232C 接口外接打印机或实现实验数据的传输。对待测样品要求为：流动性好便于吸取或注射，易溶于某种溶剂以便于清洗测量管，均相，不能是乳液或悬浮液，不含气泡。

仪器如图 B7.2 所示，显示屏如图 B7.3 所示，操作面板如图 B7.4 所示。

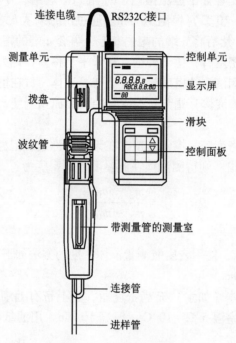

图 B7.2　DA-110M 密度计

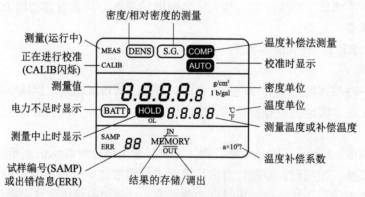

图 B7.3　DA-110M 密度计显示屏

1) 仪器功能

（1）选择测量模式：密度；相对密度，以某温度下水的密度为参比密度，DA-110M 将水的密度作为温度的函数存储在存储器中；温度补偿密度；温度补偿相对密度；要得到补偿测量值必须输入温度系数。先按"MEAS"键再按"∧"或"∨"键，可选择所需的测量模式。

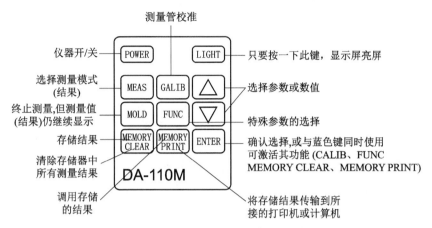

图 B7.4　DA-110M 密度计操作面板

（2）选择温度单位（"℃"或"℉"）：同时按下"ENTER"键和"FUNC"键，"COMP"闪烁。按"∧"键，"℃"、"℉"闪烁。用"ENTER"键确认，"℃"闪烁，再按"ENTER"键确认。或按"∧"键，再按"ENTER"键确认，单位为℉。

（3）选择测量值单位（g/cm^3 或美制 1 b/gal 或英制 1 b/gal）：同时按下"ENTER"键和"FUNC"键，"COMP"闪烁。按"∧"键两次，单位闪烁，按"ENTER"键确认。或按"∧"键一次或两次，用"ENTER"键确认美制或英制单位。

（4）存储结果：DA-110M 可存储 99 个测量结果。试样的测量值稳定后按下"HOLD"键，测量值下方显示 HOLD，按下"MEMORY IN"键，"MEMORY IN"将闪烁数秒，一旦结果储存完毕，试样自动编号（增加 1 号）。

（5）显示结果：可以显示存储的测量结果，如 No. 21，按下"MEMORY OUT"键，并用"∧"或"∨"键调出 No. 21，即可显示结果。

（6）修正结果：可用当前的试样测量结果（如 No. 33）来改写存储的结果（如 No. 21），待试样的测量值稳定后按"HOLD"键，测量值下方显示 HOLD，按下"MEMORY IN"键，用"∧"或"∨"键调出 No. 21，然后松开"MEMORY IN"键，当前的测量结果取代以前的存储结果，当前样品编号 33 重新自动显示。

（7）清除所有结果：同时按下"ENTER"键和"MEMORY CLEAR"键，试样编号闪烁数秒后重新定位 01。

（8）温度补偿：本功能用于将物质 20 ℃下测得的密度通过温度补偿法转化为其他温度条件（如 10 ℃）下的密度。在下列情况下可使用温度补偿法：需要 20 ℃时的密度但测量时温度偏高，由于试样黏度大，需在 40 ℃下测量，但所需的却是 20 ℃时的密度。测量前需输入物质的温度系数和补偿温度：同时按下"ENTER"键和"FUNC"键，"COMP"闪烁。按下"ENTER"键确认，"$a \times 10^3$?"以及测量值的第一位数闪烁，输入 $a \times 10^3$ 值，用"∧"或"∨"键选择数值，每次均以"ENTER"键确认。然后输入补偿温度，如 40.0 ℃。

（9）传输数据：存储的测量结果可分别或同时传输给相连的 LX300 打印机或计算机。

2）使用方法

（1）装入 4 节电池。在进样管处接上 15 cm 长的聚四氟乙烯管或氟橡胶管。向上拨动拨盘，排出波纹管中的空气。将试样管浸入样品液体中，朝下拨动拨盘，将样品从测量管吸入，并部分进入波纹管。再次朝上拨动拨盘排空测量管。也可通过注射器注入试样，从波纹管入口处卸下连接管，并放在废液烧杯中。

（2）按"POWER"键开启仪器，再按"POWER"键关闭仪器，如果1 h内未按任何键，仪器将自动关闭。开机后，显示屏上部显示"测量密度（MEAS DENS）"，中间显示样品管中样品密度值，单位为g/cm^3，及样品温度值，下部显示样品编号。

（3）分离测量单元和控制单元：在操作空间受限制时，可把仪器分为两个部分，取下控制单元上的连接电缆，沿控制单元方向推动仪器弯头处的滑块，把测量单元向下推1 cm左右，小心地将其与控制单元分开，重新接上连接电缆。

（4）每次测量前须检查测量管是否干净，待测量管中试样温度达到室温后再进行测量，如果试样温度与室温相差超过±5 ℃，显示屏上MEAS将闪烁。若试样温度远低于室温，吸取前必须加热，否则，测量管将形成一层雾汽，使得到的测量值不准。

3）仪器校准

（1）用水校准：以无气泡蒸馏水充满测量管。先按"MEAS"键，再按"∨"或"∧"键选择测量模式为密度（DENS）。同时按下"ENTER"键和"CALIB"键，即显示CALIB（闪烁）和AUTO。当MEAS再次显示时即自动校准结束，此过程最短为1 min，最长为15 min。

（2）用空气校准：选用适当的溶剂清洗测量管，再用乙醇漂清。取下波纹管入口处的连接管放入废液杯中，把试样管连接在装有干燥管的空气泵上。测量管干燥5~10 min后，待其达到室温，同时按住"ENTER"键和"∧"键，再按"CALIB"键，仪器显示DENS，且"CALIB"和"AUTO"一起闪烁，自动校准约需2 min，然后MEAS再次显示。最后再用水进行校准。

（3）用参比物校准（如甲苯）：测量特定温度下参比物的密度。待测量值稳定后按"HOLD"键，测量值下方显示HOLD。同时按下"ENTER"键和"FUNC"键。反复"∧"按键直到测量值闪烁，按"ENTER"键确认。根据参比物的理论密度修正测量值，用"∧"或"∨"键选择数值，每次均以"ENTER"键确认，确认好最后一位数字后校准结束。

（4）修正显示温度：如果显示屏上温度与实际温度（由标准温度计测定）不符，可按如下步骤进行修正：确定显示温度与实际温度间的偏差，待显示温度稳定后按下"HOLD"键，同时按下"ENTER"键和"FUNC"键，反复按"∧"键，直到温度数值闪烁，再按"ENTER"键确认，显示为0.0（仪器传递的温度偏差）。输入温度偏差：用"∧"或"∨"键选择数值，每次均用"ENTER"键确认，这时显示屏上温度应与当前实际温度一致。

4）使用时注意事项

（1）千万不要挤压测量管窗口，这将影响测量管的振动特性。

（2）为防止注入样品时试样从测量管中溢出，请将注射器留在试样入口处。

（3）千万不要用浓氢氧化钠溶液或氢氟酸清洗测量管，这两种物质都会腐蚀测量管。

（4）如果测量的试样会腐蚀聚乙烯波纹管，请使用注射器将其注入测量管。

3 固体密度的测量

固体密度$\rho = \dfrac{m(s)}{V}$，测量固体密度有密度瓶法、浮力法等。下面介绍密度瓶法，适用于粉末或小颗粒状固体，测定方法如下：

（1）将洗净干燥的密度瓶放在天平上称量，记为 m_0。

（2）装入已知密度的液体（该液体应不溶待测固体，但能润湿该固体），置于恒温槽内，在实验温度下（高于室温 5 ℃～10 ℃）恒温 10 min，用滤纸吸去塞子上毛细管口溢出的液体。取出密度瓶，擦干外壁，在天平上称量，记为 m_1。

（3）倒去液体，将密度瓶洗净（用无水乙醇涮洗两次），用吹风机吹干，放入待测密度的固体（加入量视密度瓶大小而定），盖上塞子，在天平上称量，记为 m_2。

（4）往瓶中注入一定量上述已知密度的液体，放入真空干燥器中，用抽气泵抽气约 5 min，消除吸附于固体表面的空气，再将密度瓶注满液体，用上述方法在恒温槽中恒温 10 min。取出密度瓶，擦干外壁称量，记为 m_3。待测固体的真密度为：

$$\rho = \frac{m_2 - m_0}{(m_1 - m_0) - (m_3 - m_2)}\rho' \tag{B7.2}$$

式中，ρ' 为已知密度液体的密度。

B8　紫外可见光谱

当各种波长的光透过溶液时，其中某些波长的光会被吸收。不同物质对光的吸收是有选择性的，因而各种不同物质都有各自的吸收光谱。在电磁波谱中，紫外可见区波长为 4～800 nm。波长 4～200 nm 为远紫外区，又称真空紫外区，要测定这一区域的光谱，仪器的光路系统必须抽成真空，防止潮湿空气、氧气、氯气、二氧化碳等对这一段电磁波产生吸收而干扰测定。波长 200～400 nm 为近紫外区，玻璃对波长 300 nm 以下的电磁波辐射产生强烈吸收，需采用石英比色皿。波长 400～800 nm 为可见光区。

当物质可吸收的单色光通过其溶液时，光强度就会因被吸收而减弱，其减弱程度与物质的浓度有一定关系。符合朗伯-比耳定律：

$$A = \lg\frac{I_0}{I} = KcL \tag{B8.1}$$

$$T = \frac{I}{I_0} \tag{B8.2}$$

$$A = \lg\frac{1}{T} \tag{B8.3}$$

式中，A 为吸光度；I_0 为入射光强度；I 为透射光强度；c 为溶液浓度；L 为溶液层厚度；T 为透光率；K 为比例常数，与入射光波长、物质的性质、溶液的温度等因素有关。

从上式可知，当固定溶液槽厚度，以一定波长的光通过溶液后，其吸光度与溶液浓度成正比。因此，可将吸光度 A 与溶液浓度 c 作图，得到 A-c 关系曲线。然后把待测定浓度的某溶液的吸光度测出，即可从 A-c 图上得到相应的浓度，从而对物质进行定量分析。有些仪器则可直接利用已知浓度的标准溶液，经过仪器直接计算，直接读出待测溶液的浓度，如 722 型光栅分光光度计。为提高测量的精确度，常选用溶液能最大吸收的波长的光进行测定。故需在定量分析之前，做出溶液的吸收谱，即依次改变不同入射光的波长，测定光的吸收情况，以找出最大吸收波长。

测定物质对不同波长的光的吸收情况，或不同浓度下对某波长的吸收程度的仪器称为分光光度计。根据测定波长范围的不同，可分为远红外、红外、近红外可见、可见、可见紫外、真空紫外等各种类型。根据仪器光路结构又分为单光束和双光束计。据仪器的光路机制又可分为棱镜型、光栅型、调制干涉（傅里叶变换）等各类。分光光度计一般都由光源、单色器、光量调节系统、检测系统四部分组成。利用计算机可使分光光度计的调控及检测达到高度的自动化。在物质的定性、定量及结构分析方面，分光光度计是一类十分常用的仪器。

1　722型分光光度计

下面以重庆仪器厂生产的722型分光光度计为例，说明仪器的基本组成、工作原理及操作方法。仪器由光源室、单色器、样品室、光接收器、对数转换器、数字电压表及稳压电源等部分组成。仪器结构方框如图 B8.1 所示。

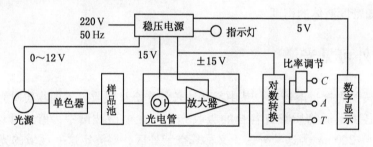

图 B8.1　722 型分光光度计仪器结构方框图

光源发出白炽光，经单色器色散后以单色光的形式经狭缝投射到样品池上，再经样品池吸收后入射到光电管转换成光电流，光电流被放大器放大直接送到数字电压表作透光率 T 显示。调节光源供电电压，可以将空白样品的透光率调到 100%。仪器内设对数转换器，可以直接将 T 转换为吸光度 A 并用数字显示。更为方便的是，相对于给定浓度的标准试样，对 A 值作比率调节，使表头显示值与浓度值相符合，即通过对仪器作浓度读数标定，直接读出待测样品的浓度。

仪器的光学系统如图 B8.2 所示，采用单光束交叉对称水平成像系统，光源发出的连续谱白炽光经聚光镜1会聚后从入射狭缝投射到准直镜上，被准直后入射到光栅上。光栅将入射光衍射色散为按波长分布的光谱，然后聚光镜将所需波长的单色光会聚到出射狭缝，由出射狭缝射出的光再经聚光镜3会聚，进入样品池，被样品选择吸收后进入光电管转换成光电信号。

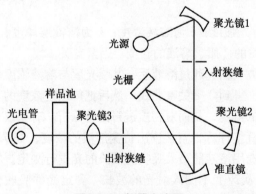

图 B8.2　仪器光路图

仪器的电器系统包括稳压电源、放大器、对数转换器和数字显示器。稳压电源包括两部分：放大器稳压电源向各运算放大器、对数转换器提供 ±15 V 稳定电压，并对电子系统的其他各部分提供电压基准；光源 12 V

稳压电源向 30 W 卤钨灯供电，输出电压可调节，在不同的波长，调节灯的亮度，可以达到调 100%T 满量程的目的。稳压器设有过流保护，以防过载而招致损坏。仪器内含 5 V 稳压电源供数字电压表使用。

对数转换器由对数放大器及少数外部元件构成，通过调节电位器，可以进行对数调零，实现由 $T=100\%$ 到 $A=0$ 的转换，和 $T=10\%$ 到 $A=1$ 的转换。

仪器采用三位半数字显示作读数显示，当数字表过载时，显示呈"1"形式。

仪器如图 B8.3 所示，面板上各开关、旋钮、按钮如下：

（1）显示框：三位半数字显示，显示透光率、吸光度、浓度。

（2）三种测量方式选择：T，作透光率测试；A，吸光度测试方式，测试范围为 0 ~ 1.999；CONC，浓度测定方式，仪器需用已知浓度的标准样品标定。按下相应键后即完成测量方式的选择。

（3）CONC：浓度 c 调节，在浓度测量方式时，调节本旋钮，可以使表头显示的读数与标准溶液的浓度一致。以后在测试待测样品时，则可直接读出浓度数值。

（4）ABS：吸光度 $A=0$ 调节，在 $T=100.0\%$ 时将 A 值调为零。

（5）T：透光率 $T=0$ 调零。打开样品室盖，光电管暗盒光门自动关闭，光电管处于无辐照状态。调节此旋钮，可以补偿暗电流，使 T 的读数为 0。当调零困难或无法调零时，可先调节侧板上的零位粗调旋钮，然后再细调本旋钮。

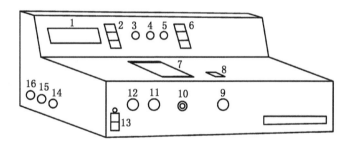

图 B8.3　722 分光光度计

（6）POINT：小数点选择按键，在浓度测量方式时，选择显示数据的小数点位置。

（7）样品室。

（8）波长读数窗，以 nm 为单位。

（9）波长选择。

（10）样品转换拉杆，可同时放入 4 个样品，拉动拉杆进行选择。

（11）亮度调节（细）。

（12）亮度调节（粗），用于调节光源亮度以实现 $T=100\%$。

（13）电源开关。

（14）T 零位粗调节，对暗电流进行补偿，实现 T 粗调零。

（15）A 零位粗调节，在 $T=100.0\%$ 时实现 A 粗调零。

（16）K 值调节，当 $T=10.0\%$ 时，应为 $A=1$，在此关系不能满足时，调节本旋钮，修正转换值，可将 A 修正到 1。

仪器安装处不得有强烈的振动，尽可能远离强磁场、强电场及高频电场的干扰。避免阳光的直接照射，避免电风扇、空调的气流直接吹向灯室造成温度场不稳而影响仪器的稳定性和噪声。室内相对湿度小于85%、室温在5 ℃～35 ℃、高温时，仪器技术指标将受到影响。

使用方法：

（1）预热：应通电预热20 min后再进行测量。

（2）测定透光率T：① 选择测量波长；② 按下测量选择中的T键，打开样品室盖，调节透光率调零旋钮，使显示框T的读数为0；③ 把空白溶液（也称参比溶液）置于测量位置，关好样品室盖，调节亮度调节旋钮，使T的读数为100.0；④ 重复调节T的读数为0和T读数为100.0；⑤ 将样品溶液置于测量位置，关好样品室盖，读取显示框上的读数，得到样品溶液相对于空白溶液的透光率。

（3）测定吸光度A：① 选择测量波长；② 按下测量选择中的T键，打开样品室盖，调节透光率调零旋钮，使显示框T的读数为0；③ 把空白溶液置于测量位置，关好样品室盖，调节亮度调节旋钮，使T的读数为100.0；④ 重复调节T的读数为0和T的读数为100.0；⑤ 按下测量选择中的A键，把空白溶液置于测量位置，关好样品室盖，此时显示框中A的读数应为0.000。当读数不为0时，通过A调零旋钮（必要时使用A零位粗调节旋钮），将读数调为0；⑥ 将样品置于测量位置，关好样品室盖，则可测得它相对于空白溶液的吸光度；⑦ 当样品吸收过大，数据溢出显示范围，稀释样品溶液后再作测试，如K值不对，应调准K值。

（4）测定浓度c：① 选择测量波长；② 按下测量选择中的T键，打开样品室盖，调节透光率调零旋钮，使显示框T的读数为0；③ 把空白溶液置于测量位置，关好样品室盖，调节亮度调节旋钮，使T的读数为100.0；④ 重复调节T的读数为0和T的读数为100.0；⑤ 按下测量选择中的C键，将已知浓度的标准溶液置于测量位置，关好样品室盖，调节浓度旋钮，使显示框上的读数为标准溶液的浓度值，可以按下相应小数点按键，使显示数据的小数点位置与浓度值小数点位置相同；⑥ 将被测样品置于测量位置，关好样品室盖，即可直接读出待测溶液的浓度。

（5）测量时，盛装空白溶液、标准溶液、待测样品溶液的比色皿应为相同型号规格。如果在测量过程中改变波长从而大幅度调动光源亮度，要稍等几分钟待仪器稳定后才能进行测试。仪器使用完毕时，应切断电源，将硅胶袋放入样品室。

（6）K值校正方法：先确认A值调零的正确性，即当T=100%时，相应的A=0.000；回到T测试挡，调节光源亮度，使T=10.0%；再选择A挡，观察表上读数，正确的读数应当为1.000，否则用螺丝刀通过侧板孔调节K值。K值不准时，不会影响仪器在浓度测试状态下的使用。

（7）仪器光学件是易损的零部件，使用者不得自行拆动有关光学零件。单色器盖下有两只内装干燥剂的干燥器筒，为保证光学件不受潮霉变，应定期更换干燥剂。仪器左侧暗盒内装光电管及微电流放大器，在其底部有一干燥器以保证暗盒内干燥，更换干燥剂后，一般数小时后暗盒才能处于干燥状态。当发现仪器电器工作不稳定、噪声增加时，应立即检查暗盒干燥器，一般来说，此时干燥剂受潮的可能性极大。

（8）仪器有电源稳压功能，但是当电源电压急剧变化超出其使用范围时，可使用交流稳压器改善仪器工作条件,仪器应接地良好。

(9) 应每隔一年校对一次仪器波长。

2 722S 分光光度计

722S 分光光度计简洁易用,波长范围为 340~1 000 nm,可进行透射比(透光率)、吸光度、浓度直读测量。使用方法如下:

(1) 接通电源,仪器开机预热 30 min 后方可稳定工作。

(2) 调整波长。

(3) 准备好"空白溶液"、"标准溶液"、"待测溶液"。将 3 种溶液分别装入 3 个同一规格的比色皿中,放入样品仓比色皿架内。

(4) 按"模式"键选定"透射比"。

(5) 将"空白溶液"置于测量位置。

(6) 打开仓门,按"0%"键;关好仓门,按"100%"键。重复此步骤几次。

(7) 按"模式"键选定"吸光度"。将"标准溶液"、"待测溶液"分别置于测量位置,读取其吸光度。

(8) 按"模式"键选定"浓度直读"。将"标准溶液"置于测量位置,按"↑"或"↓"键将显色的数字调整为"标准溶液"的浓度值(或浓度值的 $10n$ 倍)。再次按"模式"键选定"浓度直读"。

(9) 将"待测溶液"置于测量位置,读取其浓度。

3 TU-1901 型紫外可见分光光度计

TU-1901 双光束紫外可见分光光度计可以测量液体和固体样品,由紫外可见分光光度计主机、微机、打印机组成,如图 B8.4 所示。

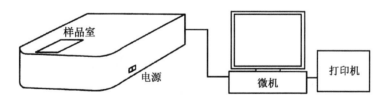

图 B8.4　TU-1901 双光束紫外可见分光光度计

主要性能指标:波长范围:190~900 nm;光谱带宽:5 nm,2 nm,1 nm,0.5 nm,0.2 nm,0.1 nm(6 挡);波长显示:0.01 nm;波长准确度:±0.3 nm(内置波长自动校正器);光度系统:双光束,动态反馈直接比例记录系统;光度范围:吸光度-4~4;记录范围:吸光度-9.999~9.999 Abs,透光率-999.9~999.9%T。

TU-1901 由微机控制,使用 Windows 软件,测量、记录、存储、输出数据和处理结果。仪器有 4 个工作模式:光度测量、光谱测量、定量测定、时间扫描。

TU-1901 型紫外可见分光光度计的操作方法:

1) 开机、设置、性能指标检测

首先打开计算机的电源开关,进入 Windows 操作环境。确认 TU-1901 样品室中无挡光物,打开主机电源开关。

如果是第一次使用该仪器,或当仪器更换附件或进行不同光谱带宽波长校正后,首先运行仪器配置软件进行仪器配置。包括附件、光谱带宽、滤色片、样品池设置(通常设定 R 在里 S 在外),如图 B8.5 所示。

启动 TU-1901 操作程序,出现初始化工作画面,计算机将对仪器进行自检并初始化。每项测试后,在相应的项后显示 OK,整个过程需要 4 min 左右,如图 B8.6 所示。通常仪器还需15~30 min 的预热稳定,然后再开始测量。

图 B8.5　仪器配置

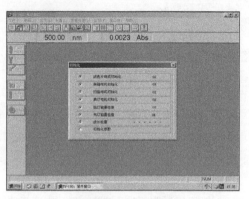

图 B8.6　仪器自检

如果是第一次使用该仪器,应对其主要性能指标进行全面检测,在使用过程中要定期检查。做性能测试时应在开机预热 30 min 后进行。测试项目包括:

波长准确度与重复性:仪器波长准确度指标为±0.3 nm,波长重复性指标为 0.1 nm,用仪器氘灯的两条特征谱线检验,用光谱测量功能,设定参数如下:

测光方式:Es　　　　　　　　　光谱带宽:2.0 nm
扫描速度:中速　　　　　　　　采样间隔:0.1 nm
能量条件:D 灯,增益 3　　　　波长范围:660~480 nm
记录范围:0~100

重复扫描 3 次,并作峰值检出,氘灯的两个峰标准值为 656.1 nm 和 486.0 nm。

基线平直度:为了保证仪器在整个波段范围内基线的平直度及测光准确性,每次测量前需进行基线校正或自动校零。测试方法:使样品和参比光束侧皆为空白,用光谱测量功能,设定测量参数如下:

测光方式:Abs　　　　　　　　光谱带宽:2.0 nm
扫描速度:中速　　　　　　　　采样间隔:自动
波长范围:900~190 nm　　　　 记录范围:-0.01~0.01

首先进行基线校正,然后设定波长范围为 850~200 nm,进行光谱扫描。利用查看功能的读光谱图的功能读取曲线的吸收度值,其最大吸收度应符合基线平直度要求(允许光源更换处基线有突变)。

2)光度测量

① 选择菜单"应用"→"光度测量",可打开光度测量窗口,如果光度测量窗口已打开则激活该窗口,如图 B8.7 所示。使用"光度测量"功能时,可用功能键:"Comment"、

"Auto zero"、"Goto wl"、"Read"。

② 执行菜单"配置"→"参数",输入有关参数,如图 B8.8 所示。

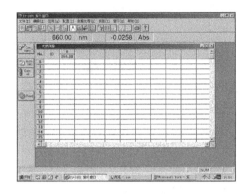

图 B8.7　光度测量

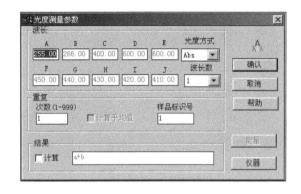

图 B8.8　光度测量参数

③ 单击功能键"Comment",输入有关内容。

④ 单击功能键"Goto wl",设定波长。

⑤ 在样品池里侧放参比样品,在样品池外侧也放参比样品,单击功能键"Auto zero"。

⑥ 在样品池外侧放待测样品,单击功能键"Read",测得样品吸光度。

⑦ 根据需要,运行菜单"数据编辑"、"数据打印"、"文件存取"、"数据编辑"、"通道操作",执行相关操作。

3）光谱测量

① 选择菜单"应用"→"光谱测量",可打开光谱测量窗口,如果光谱测量窗口已打开则激活该窗口,如图 B8.9 所示。使用"光谱测量"功能,可用功能键:"Comment"、"Base line"、"Goto wl"、"Start"。

② 执行菜单"配置"→"参数",输入有关参数,如图 B8.10 所示。

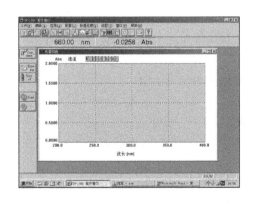

图 B8.9　光谱测量

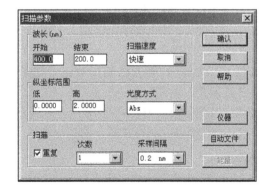

图 B8.10　扫描参数

③ 单击功能键"Comment",输入有关内容。

④ 在样品池里侧放参比样品,在样品池外侧也放参比样品,单击功能键"Base line"。

⑤ 在样品池外侧放待测样品,单击功能键"Start",可得图谱,如图 B8.11 所示。

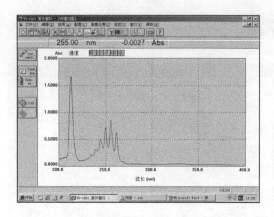

图 B8.11 光谱扫描

⑥ 根据需要，运行菜单"数据编辑"、"数据打印"、"文件存取"、"数据处理"、"通道操作"，执行相关操作。

4) 定量测定

① 选择菜单"应用"→"定量测定"，可打开定量测定窗口，如果定量测定窗口已打开则激活该窗口，如图 B8.12 所示。使用"定量测定"功能，可用功能键："Comment"、"Auto zero"、"Goto wl"、"Reference"、"Standard"、"Unknown"、"Read"。

② 执行菜单"配置"→"参数"，输入有关参数，如图 B8.13 所示。

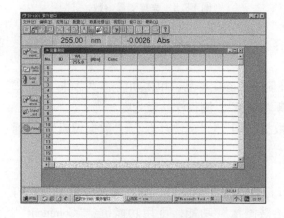

图 B8.12 定量测定

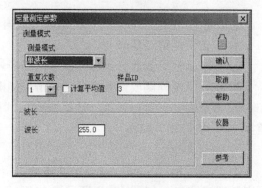

图 B8.13 定量测定参数

③ 单击功能键"Comment"，输入有关内容。

④ 单击功能键"Goto wl"，设定波长。

⑤ 在样品池里侧放参比样品，在样品池外侧也放参比样品，单击功能键"Auto zero"。

⑥ 单击功能键"Reference"，输入有关内容，如图 B8.14 所示。

⑦ 在样品池外侧放已知浓度的标准样品，单击功能键"Standard"、"Read"，如图 B8.15 所示。

⑧ 在样品池外侧放待测样品，单击功能键"Unknown"、"Read"。

⑨ 根据需要，运行菜单"曲线显示"、"数据编辑"、"文件存取"、"数据打印"，执行相关操作。

5) 时间扫描

① 选择菜单"应用"→"时间扫描"，可打开时间扫描窗口。如果时间扫描窗口已打开则激活该窗口，如图 B8.16 所示。使用"时间扫描"功能，可用功能键："Comment"、"Auto zero"、"Goto wl"、"Start"。

② 执行菜单"配置"→"参数"，输入有关参数，如图 B8.17 所示。

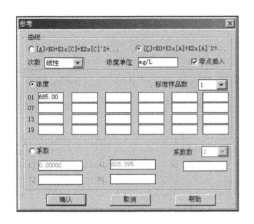

图 B8.14　参数设置

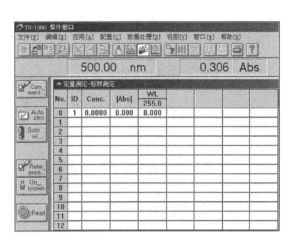

图 B8.15　标准样品

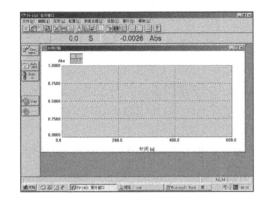

图 B8.16　时间扫描

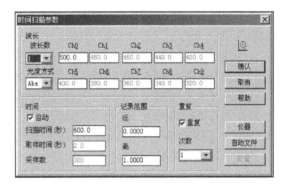

图 B8.17　时间扫描参数

③ 单击功能键 "Comment"，输入有关内容。
④ 单击功能键 "Goto wl"，设定波长。
⑤ 在样品池里侧放参比样品，在样品池外侧也放参比样品，单击功能键 "Auto zero"。
⑥ 在样品池外侧放待测样品，单击功能键 "Start"，可得图谱。
⑦ 根据需要，运行菜单 "图谱处理"、"数据处理"，执行相关操作。

B9　傅里叶变换红外光谱仪（FTIR）和衰减全反射技术（ATR）

红外光谱是由处于电子基态的分子中两个振动能级间的跃迁产生的。当分子振动伴随有偶极矩的改变时，偶极子的振动会产生电磁波，它和入射的红外光发生作用，使分子吸收电磁波的能量，从低振动能级跃迁至高振动能级，在光谱中形成一条红外吸收谱带，红外吸收峰的位置受到分子化学键强度的影响。

电解质水溶液中离子水合的过程也就是离子和水分子相互作用的过程，这势必会加强或削弱水分子化学键的强度，从而导致水分子红外吸收光谱的变化，从谱带的位置、强度、形状及其变化，可以推断离子水合的有关信息。因此，IR 光谱是研究离子如何被水分子水合的有效工具之一。

1　红外光谱区的划分

Herschel 于 1800 年发现了红外线。根据不同的波数范围，红外光谱分为近红外区（13 158~4 000 cm^{-1}）、中红外区（4 000~200 cm^{-1}）和远红外区（200~10 cm^{-1}）。表 B9.1 即为对红外光谱区域的划分。

表 B9.1　红外光谱区域划分

区域	波长 $\lambda/\mu m$	波数 $\tilde{\nu}/cm^{-1}$	能级跃迁类
近红外区	0.76~2.5	13 158~4 000	NH、OH、CH 倍频区
中红外区	2.5~50	4 000~200	振动转动
远红外区	50~1 000	200~10	转动

双原子分子的振动可以用谐振子和非谐振子两种模型描述。当把两个原子看作刚性小球，双原子分子的运动看作是简谐振动时，有两种方法可以用来对该分子的振动频率进行处理：经典力学方法和量子力学方法。红外光谱产生条件之一就是分子的振动具有红外活性，即伴随有偶极矩的周期性变化。极性基团、非对称性分子的振动及对称性分子的非对称运动都可以导致偶极矩的变化，因此一般都具有红外活性。所有原子以相同频率和相同相位在平衡位置附近所做的简谐振动称为简正振动。

中红外光谱常将 1 300~4 000 cm^{-1} 区域称为官能团区，将 400~1 300 cm^{-1} 区域称为指纹区。影响分子振动频率的因素包括电子效应、耦合效应、空间效应、费米共振及氢键等，以及物质所处的状态和溶剂效应等。

每一化合物都有其特有的红外光谱，因此我们可以通过红外光谱对化合物作出鉴别。必须指出，只有在极少数的情况下（特别是同系物中高阶相邻的两个化合物），由于结构十分相像，才使不同的化合物具有几乎完全相同的吸收光谱。人们通过对大量的有机化合物的光谱进行整理归纳，发现许多官能团的基团频率以及骨架振动频率都存在着一定的规律，这种规律对未知化合物的结构测定将提供十分有用的参考信息。红外光谱所用的单位与其他光谱法有许多相似之处，但有其独特的地方。为便于表达，除了用波长 μ 为单位外，还广泛地使用波数 cm^{-1} 为单位。

2　红外光谱仪简介

无论是定性还是定量分析物质，中红外光谱（2.5~25 μm）都是一种强有力的工具。由于不同的分子含有不同的振动基团，因此在中红外区的特征吸收可以用来鉴定和研究这些分子。另外，吸收光谱会受分子所在环境的影响，所以它又可以获得分子微环境的信息。此外，当多组分体系中的某一组分的红外吸收峰与其他组分的吸收峰不重叠时，还可以根据其特征红外吸收峰辨认这一组分。中红外光谱还为研究动力学过程提供了重要的工具，被广泛应用于化学反应、化学结构和相变等方面的研究。

FTIR 的工作原理是计算机技术与物理及数学结合的典范。常用的红外光谱技术包括：常规吸收谱，ATR 技术，原位变温技术，宏指令程控技术，差谱技术。红外光谱仪主要分为色散型和傅里叶变换型（FTIR），色散型红外光谱仪的单色器为棱镜或者光栅，傅里叶变换型红外光谱仪的核心部分为干涉仪。傅里叶变换型光谱仪扫描速度快、检测限低、光通量和信噪比高。

图 B9.1 是傅里叶变换红外光谱仪的光路结构简图。光源发出的光被分束器分为两束，一束经反射到达动镜，另一束经透射到达定镜。两束光分别经定镜和动镜反射再经过分束器，到达检测器。动镜以一恒定速度 v_m 作直线运动，因而经分束器分束后的两束光形成光程差，产生干涉。干涉光在分束器会合后通过样品池，然后被检测。图 B9.2 是常规的红外谱测试的制样方法。

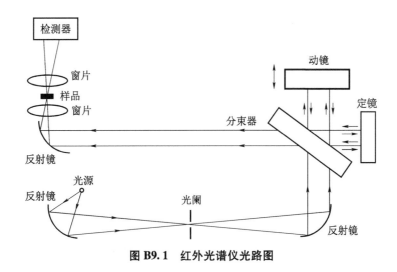

图 B9.1　红外光谱仪光路图

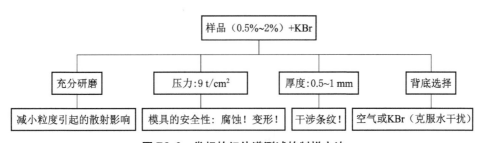

图 B9.2　常规的红外谱测试的制样方法

3　红外光谱中的几种振动形式及其表示符号

分子中原子的振动形式可分为三种类型，即：伸缩振动、弯曲振动和变形振动，后两种振动又统称为变角振动。伸缩振动以符号 ν 表示，变角振动的符号为 δ。每一大类又可分为若干分类。为便于叙述红外光谱吸收带的归属，某些专著常标以特殊的符号。以下列出若干常见的振动形式。

1) 伸缩振动

双原子伸缩振动 AX 型，这种振动属于面内伸缩振动，以 v_β 表示，如图 B9.3 所示。

三原子伸缩振动 AX_2 型，这种振动也属于面内伸缩振动 v_β，存在着对称与非对称两种类型。对称伸缩振动以 v_s 表示。非对称伸缩振动以 v_{as} 表示。通常非对称伸缩振动较之对称伸缩振动在较高的波数处出现,如图 B9.4 所示。

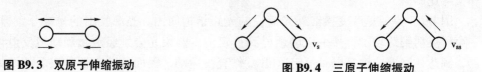

图 B9.3 双原子伸缩振动　　　　　图 B9.4 三原子伸缩振动

四原子的伸缩振动 AX_3 型,这种振动属于面外伸缩振动 v_γ,也有对称与非对称之分,如图 B9.5 所示。

2) 弯曲振动

双原子弯曲振动 AX 型,这种振动分为面内和面外两种形式。面内弯曲振动,以 β 表示,加号为离开纸面向前,减号为离开纸面向后;面外弯曲振动以 γ 表示。以上两种模型,分子平面均与纸面垂直,如图 B9.6 所示。

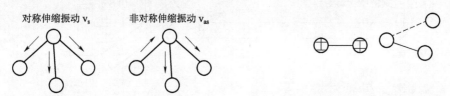

图 B9.5 四原子的伸缩振动　　　　　图 B9.6 双原子弯曲振动

三原子弯曲振动 AX_2 型,这种振动也分面内与面外两种类型,各有两种形式。它们是面内摇摆振动 r_β、剪式振动 δ_s、面外摇摆振动 r_γ 和扭曲振动 t,如图 B9.7 所示。

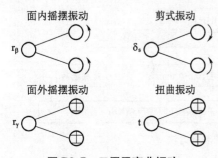

图 B9.7 三原子弯曲振动

四原子弯曲振动 AX_3 型,分对称与非对称振动两种形式。对称变角振动 δ_s,这种振动其三角夹角永远相等,同时产生相同的变化。外围的三个原子同时向中心原子或离开中心原子作振动。非对称变角振动 δ_{as},实际上存在两种形式,一种是外围的三个原子中的一个保持不动,另外两个原子对第一个原子作相对的变角运动。另一种形式是外围的三个原子中的两个保持不动,另一个原子对前两个作相对运动。可以证明这两种非对称的变角振动存在同样的能量变化,因此具有相同的吸收频率,在实用中可以认为只有一种变角振动,如图 B9.8 所示。

3) 变形振动

变形振动以 δ' 表示,芳环化合物、环烷以及其他类型的环状化合物,其光谱图中不少谱带与骨架的变形振动有关,这种振动也分面内变形及面外变形振动两种形式。以五元环为例,它们的振动方式如图 B9.9 所示。

上面几种振动形式中出现较多的是伸缩振动(v_s 和 v_{as}),剪式振动(δ)和面外弯曲振动(γ)。按照振动形式的能量排列,一般为 $v_{as} > v_s > \delta > \gamma$。

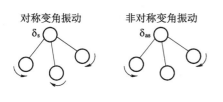
图 B9.8　四原子弯曲振动

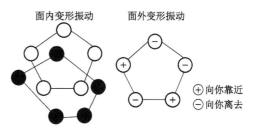
图 B9.9　变形振动

4　衰减全反射技术

标准中红外光谱的测量通常是需要将样品放在光谱仪内，检测它的透射光谱。有些物质在中红外有很强的吸收，以至于吸收系数大于 10^6 cm^{-1}，所以需要将这些样品的厚度降至 $10\sim100$ μm 才能进行测量。通常准备这种样品并且放置到光谱仪中是件非常困难的事，所以利用红外光谱测量某些样品是不易进行的。例如，当中红外光谱应用于生物医学时，主要的困难在于生物样品中含有大量的水。水在中红外区有很强的吸收，所以检测离子溶液或含有水的样品是非常困难的。

克服这些困难的一种方法就是利用衰减全反射（ATR，Attenuated Total Reflection）光谱。在这种情况下，红外光在 ATR 棱镜界面上发生衰减全反射，对样品仅有有限的穿透深度，而不是透过整个的样品。也就是说，当 ATR 棱镜材料的折射率大于样品折射率且红外光入射角大于临界角时，红外光线在棱镜内发生多次内反射，每一次内反射都会有一定的红外光进入样品表面内，这个过程也叫衰减全反射，每一次衰减全反射都会体现样品对红外光的吸收，从而得到 FTIR-ATR 红外吸收光谱。ATR-FTIR 光谱中谱带的强度取决于样品本身的吸收性质及光线在样品表面的反射次数和穿透到样品内的深度，穿透越深，反射次数越多，吸收越强。图 B9.10 为红外光在气溶胶微粒与 ATR 中的传播示意图。

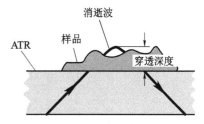
图 B9.10　红外光在样品与 ATR 中的传播示意图

ATR 的光谱强度取决于穿透深度 d_p、反射次数和样品与棱镜的紧密贴合情况以及样品本身吸收的大小。如前所述，穿透深度 d_p 由入射角 θ、折射率比 n_{21} 和入射光波长 λ_1 决定。

$$d_p = \frac{\lambda_1}{2\pi n_1 [\sin^2\theta - n_{21}^2]^{1/2}} \tag{B9.1}$$

常用 ATR 晶体及其物理化学常数见表 B9.2。

表 B9.2　常用 ATR 晶体及其物理化学常数

晶体材料	折射率 (n_1)	硬度 /(kg·mm^{-2})	密度 (ρ) /(g·cm^{-3})	溶解度 /[g·(100 g 水)$^{-1}$]	熔点 /℃	透光范围 /cm^{-1}
AMTIR	2.5	170	4.40	不溶	300	11 000~1 000
CdTe	2.7	56	6.20	不溶	1 040	10 000~500

续表

晶体材料	折射率 (n_1)	硬度 /(kg·mm^{-2})	密度 (ρ) /(g·cm^{-3})	溶解度 /[g·(100 g 水)$^{-1}$]	熔点 /℃	透光范围 /cm^{-1}
Diamond	2.4	7 000	3.5	不溶	3 500	4 500~2 500 1 667.33
Ge	4.0	550	5.32	不溶	936	5 000~900
Quartz	1.4	174	2.6	不溶	1 610	25 000~2 200 250~远红外
Sapphire	1.7	1 370	4.00	不溶	2.30	33 000~2 800
Si	3.4	1 150	2.33	不溶	1 420	9 500~1 500 350~远红外
KRS-5	2.4	40	7.45	0.05	415	14 000~400
ZnSe	2.4	137	5.27	不溶	1 520	20 000~700

5　Nicolet Magna 560 傅里叶变换红外光谱仪

主要性能指标：波长范围：6 500 ~ 100 cm^{-1}；灵敏度：0.125 cm^{-1}；分辨率：0.35 cm^{-1}；检测器：DTGS，MCT；信噪比：7 700∶1。

适用于步进扫描、线性扫描、时间分辨、快速扫描光谱实验。操作方法如下：

（1）打开红外光谱仪主机和计算机开关。

（2）加液氮（如采用 DTGS 检测器，此步骤可省去）。

（3）双击打开桌面 omnic 应用程序，出现初始化工作画面，如图 B9.11 所示。

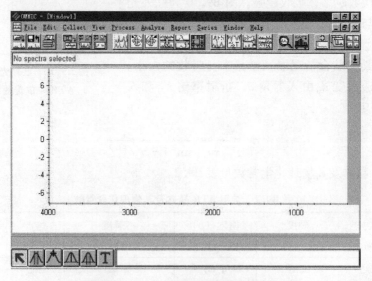

图 B9.11　omnic 应用程序初始化工作画面

(4) 设置测量参数,单击工具栏菜单"Collect"→"Collect Setup",设置扫描次数、分辨率等,如图 B9.12 所示。

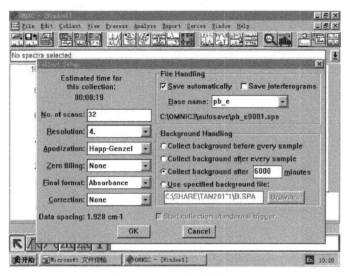

图 B9.12　设置测量参数

(5) 稳定 1 h 后,单击工具栏中的"collect background",收集背景谱图。

(6) 雾化进样(或放入样品)。

(7) 单击工具栏中的"collect sample",收集样品光谱图。

(8) 图谱的保存与处理,单击工具栏菜单"File"→"save as"(保存单个图谱)或"save group"(保存谱图组)。

(9) 测试完成后关闭测试窗口,退出程序,关闭仪器主机电源,关闭计算机。

B10　拉曼光谱分析与拉曼光谱仪

拉曼光谱是由于光子与分子发生非弹性光散射而产生的。所谓非弹性光散射现象是指光子与分子碰撞后,光子的频率发生改变,这种辐射就称为拉曼散射,该现象是由印度科学家 C. V. Raman 首次发现,因此以他的名字命名。

1　拉曼光谱的基本原理

瑞利散射(Rayleigh scattering):当光入射到样品时,除了可以发生吸收、折射以及反射以外,还有极少一部分光发生散射现象。如果散射光的波长与入射光的波长相同,这种散射称为瑞利散射。瑞利散射的强度与入射光波长的四次方成反比。

拉曼散射(Raman scattering):1923 年德国物理学家 Smekal 首先预言,当光照射物质时,除有弹性散射(瑞利散射),即产生频率不变的散射光之外,还可产生非弹性散射,散射光的频率改变。此频率的位移是分子振动的特征,其原因则是分子振动时极化率发生改变。1928 年印度物理学家 Raman 率先通过实验证实了上述设想。

图 B10.1 是分子的散射能级图。处于基态 E_0 的分子受到入射光子 $h\nu_0$ 的激发跃迁到受激虚态，处于受激虚态的分子不稳定，又跃迁回基态 E_0，同时把吸收的能量以光子的形式释放出来，这就是弹性碰撞，产生瑞利散射；跃迁到受激虚态的分子还可以跃迁到电子基态中的振动激发态 E_n 上，这时分子吸收了部分能量 $h\nu$，并释放出能量为 $h(\nu_0-\nu)$ 的光子，这就是非弹性碰撞，产生的散射谱线称为斯托克斯（Stokes）线。若分子处于激发态 E_n 上，受能量为 $h\nu_0$ 的入射光子激发跃迁至受激虚态，然后很快又跃迁回原来的激发态 E_n 上，则放出瑞利散射光；处于受激虚态的分子若是跃迁回到基态，则放出能量为 $h(\nu_0+\nu)$ 的光子，其谱线称为反斯托克斯（Anti Stokes）线。

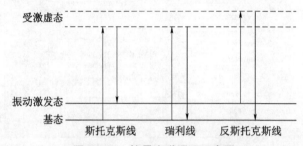

图 B10.1 拉曼光谱原理示意图

斯托克斯线和反斯托克斯线统称拉曼谱线。由于分子的能量遵守玻尔兹曼定律，即分子绝大多数处于基态，所以斯托克斯线比反斯托克斯线强得多。拉曼光谱仪一般记录斯托克斯线。

有拉曼散射的分子振动是因为分子振动时极化率发生改变，而有红外吸收的分子振动是因为分子振动时偶极矩发生变化。一般来说，极性基团红外吸收明显，此时可借助红外光谱进行研究；非极性基团的红外吸收弱，就需要求助于拉曼光谱。理论证明：凡具有对称中心的分子，若红外吸收是活性的，则拉曼散射是非活性的；反之，若红外吸收是非活性的，则拉曼散射是活性的。大多数的化合物，一般情况下不具有对称中心，因此很多基团常常同时具有红外和拉曼活性。

与红外光谱相比，拉曼光谱法的主要优点如下：

（1）固态样品可直接测定，无须制样，这既节省了制样时间又避免了因制样而改变了样品。这对于研究高聚物的结晶度、取向度、相转变等很适宜。

（2）水对于红外辐射几乎是完全不透明的，但对可见光有很弱的吸收。这使得拉曼光谱特别适合于水溶液体系的测量。

（3）由于拉曼光谱研究的是谱线位移，故用一台普通的拉曼光谱仪就可方便地测量从十几到 4 000 cm^{-1} 的频率范围。

（4）用激光器为光源，激光的单色性好，激光拉曼谱带常常比红外谱带更尖锐，分辨性好。

（5）拉曼散射的强度通常与散射物质的浓度呈线性的关系，而在红外光谱中吸收与浓度为对数关系。

（6）具有拉曼活性的谱带反映了基团极化率随简正振动的变化，而具有红外活性的谱带反映了基团偶极矩随简正振动的变化。拉曼光谱中包含的倍频及组频谱带比红外光谱中少，即拉曼光谱往往仅出现基频谱带，谱带清楚。

2 Renishaw 显微共焦激光拉曼光谱仪

Renishaw 显微共焦激光拉曼光谱仪可以测量液态和固态的样品。显微共焦激光拉曼光谱仪测量系统由光谱仪主机、显微镜、激光器和样品池组成，如图 B10.2 所示。

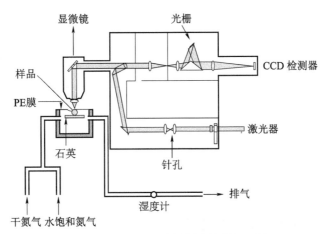

图 B10.2 显微共焦激光拉曼光谱仪示意图

1）仪器主要功能指标

氩离子激光器（Ar^+ larser），型号为 Laserphysics LS-514 Model，激发波长为 514.5 nm，最大输出功率为 30 mW；

光栅（grating）：1 800 g/mm；

电荷耦合装置监测器 [CCD (charge-coupled device) detector]；

系统调节和控制软件，WIRE 2.0 程序；

显微镜（microscope），型号为 Leica DMLM，配有 5×、20×和 50×物镜。

2）仪器使用方法

（1）开机顺序。打开主机电源；计算机电源；打开 514 nm 激光器上的钥匙，将功率调制为 20 mW。

（2）自检。每次实验之前，以硅片位于 520 cm^{-1} 处的拉曼信号为标准，进行校准，保证每次实验误差保持在 ±0.5 cm^{-1} 内。实验过程中，针孔（pinhole）调至入射光路，激光束从中通过后，经多次反射、折射后穿过显微镜的 50 倍物镜，照射到样品上，激光光斑直径约为 1 μm。样品激发产生的背散射光经 514.5 nm 滤波器除去瑞利散射线之后，穿过光栅，通过检测器进行检测。具体操作方法如下：

① 用鼠标双击 WiRE 2.0 图标，进入仪器工作软件环境。

② 系统自检画面出现，选择"Reference All Motors"并确定（按"OK"键）。系统将检验所有的电机，如图 B10.3 所示。

③ 从主菜单"Measurement"→"New"→"New Acquisition"设置实验条件。如图 B10.4 所示，静态取谱 Static，中心为 520，Raman Shift/cm^{-1}，"Advanced"→"Pinhole"设为 in。

④ 使用硅片用 50 倍物镜 1 s 曝光时间 100% 激光功率取谱。使用曲线拟合 Curve fit 命令

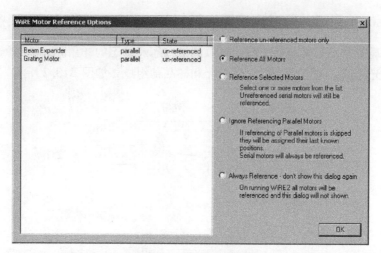

图 B10.3　系统自检画面

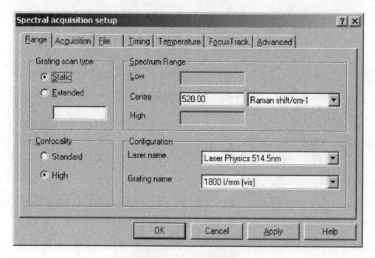

图 B10.4　设置参数

检查峰位。

（3）实验。

实验条件设置：单击设置按钮或者选择菜单中的"Measurement"→"Setup Measurement"设置下列参数，单击"OK"按钮表示采用当前设置条件并关闭设置窗口，单击"Apply"按钮表示应用当前设置条件不关闭窗口，如图 B10.5 所示。

采谱：执行"Measurement"→"Run"命令。

（4）关机。关闭 WiRE2.0 软件；关闭计算机；关闭主机电源；关闭激光器钥匙，激光器散热风扇会继续运转，此时不要关闭主电源开关，等风扇自动停转后再关闭主电源开关。

（5）注意事项。开机顺序为主机在前，计算机在后。关机顺序为计算机在前，主机在后。514 nm 激光器要充分冷却后降温风扇停止转动时才能关闭主电源。

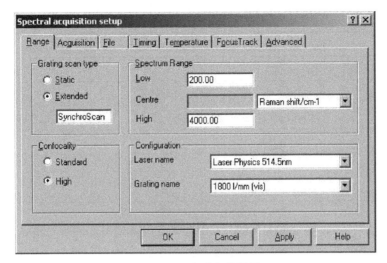

图 B10.5　实验条件设置

一定要等自检完成后再做其他动作，不能取消。

B11　荧光光谱仪

RF-5301PC 荧光光谱仪使用 150 W 氙灯做光源，测量波长范围为 220~750 nm。仪器光学原理如图 B11.1 所示。

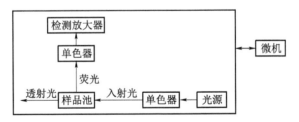

图 B11.1　仪器光学原理图

在仪器主机上需要操作的只有主机电源开关、氙灯开关、样品池的放入取出。其他操作在微机上的仪器操作软件中完成。仪器有光谱测量、定量分析、实时测量三种模式。各模式测量窗口中的按钮如表 B11.1 所示。

表 B11.1　各模式测量窗口中的按钮

模式	光谱测量（Spectrum）	定量分析（Quantitative）	实时测量（Time Course）
按钮		Standard	
		Unknown	
			Cell Blank
	Go To Wl		Go To WL
	Search λ	Search λ	Search λ

续表

模式	光谱测量（Spectrum）	定量分析（Quantitative）	实时测量（Time Course）
按钮	Shutter	Shutter	Shutter
	Auto Zero	Auto Zero	Auto Zero
	PopUp Scan	PopUp Scan	PopUp Scan
		Read	
	Start		Start
	Stop	Stop	Stop

光谱测量模式，可以测量激发光谱、发射光谱、同步光谱。同步光谱是同时扫描激发光单色器和发射光单色器，激发光单色器和发射光单色器在同时扫描时保持固定的波长间隔，记录发射光强度信号与对应的激发波长（或发射波长）构成的光谱图。

在测量之前通常要对一些仪器参数进行设置。进入菜单"Configure"→"Instrument"，设置下列参数：

Fluorometer：微机与仪器主机连通开关。

-HV Control：对氙灯能量误差进行校正的开关，通常应选择"ON"。氙灯没有点亮时，系统自动选择"OFF"。

PMT Protect：选择"ON"时，当样品仓被打开时，发射单色器的狭缝将自动关闭，以防止外部光线对光电倍增管的损害。

Auto Shutter：选择是自动还是手动开关光门，当样品池中的样品对光照比较敏感时，应选择自动开关光门，这样只有在实施测量时系统才打开光门。

Dark Level Correction："dark current"是光电倍增管没有受到光照时输出的电流，选择"Perform"时，将关闭光门，执行"Auto Zero"，校正暗电流。

S/N Ratio Test：用于检测仪器性能，将装蒸馏水的样品池放入样品仓，按"Perform"按钮，将弹出 S/N Ratio Test 对话框，详见仪器说明书。

Lamp Align：用于调整氙灯的位置以获得最大能量，显示氙灯已使用的时间。

使用荧光光谱仪注意事项：

高压氙灯是荧光光谱仪中使用最广泛的光源，外套为石英，不要用手指触摸外套，以免残留的指纹油污焦化，导致氙灯失效。灯内充氙气，室温时压力为 5 atm[①]，工作时压力为 20 atm，不要敲碰，以免爆裂。更换氙灯时带防护眼镜和手套，废弃的氙灯应敲碎外壳，以免留下隐患。

RF-5301PC 荧光光谱仪上的氙灯价格较贵，有使用寿命（500 h），仪器软件中无自动关闭氙灯功能，在不使用光源时，随时关闭仪器主机上的氙灯电源。

样品池为石英材料，应小心使用，手指只接触池口部分，不要接触中下部分的测量区域。

---

① 1 atm = 10^5 Pa。

B12 综合热分析仪

ZRY-2P 型综合热分析仪是具有微机数据处理系统的热重-差热联用热分析仪器，是一种在程序温度（升温、降温、恒温等）控制下，测量物质的质量和热量随温度变化的仪器。常用来测定物质在熔融、相变、分解、化合、凝固、脱水、蒸发、升华等特定温度下发生的热量和质量的变化。

仪器如图 B12.1 所示，通过微机实现数据的采集、存取、曲线的绘制、结果报告等。一次控温过程，同时采集温度、温度差、质量数据，绘出温度（T）、差热（DTA）、热重（TG）、微分热重（DTG）曲线。在微机上对数据进行处理，例如 DTA 峰面积热焓计算、峰的起始点、外推始点、峰顶、终点温度等，并打印图谱和有关数据。

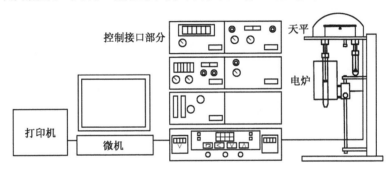

图 B12.1　ZRY-2P 型综合热分析仪

1) 仪器主要技术参数和使用条件

最大载荷：2 g　　　　　　灵敏度：10 μg
热重量程：1~1 000 mg　　热重微分量程：1~10 mg
差热量程：±10~±1 000 μV　温度范围：室温~1 400 ℃
升温速率：0.1~20 ℃/min　气氛控制：氮气、氧气、空气
气体流量：0~100 mL/min

2) 仪器工作原理

ZRY-2P 综合热分析仪整机工作原理如图 B12.2 所示。仪器由热天平、加热炉、冷却风扇、温控单元、天平放大单元、微分单元、差热放大单元、数据接口单元、气氛控制单元、微型计算机系统、打印机等组成。

加热炉采用管状电阻炉结构，由螺纹氧化铝管、铂加热丝、高温保温棉、控温热电偶等组成。

样品支架及盛放样品的坩埚如图 B12.3 所示。支架由铂-铂铑热电偶、四孔氧化铝管、氧化铝支架等组成。热电偶采用点状热电偶，当铂金托架放在样品支架上时，就能用平底坩埚盛放样品。对样品量大的试样，可改用凹底氧化铝坩埚，先卸下铂金托盘，将凹底氧化铝坩埚直接放在点状热电偶上。测试时，样品支架热电偶必须放在炉子的恒温区内，否则会造成测试误差。

程序温度控制部分采用 XMTA-1 智能型温度控制器，通过它输入控温程序，并由它执

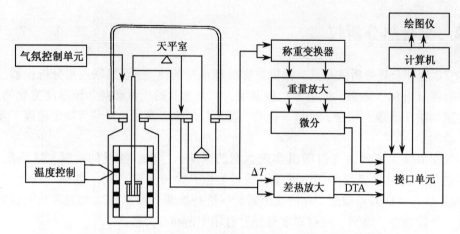

图 B12.2　ZRY-2P 综合热分析仪整机工作原理示意图

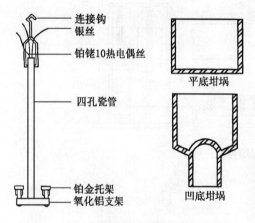

图 B12.3　样品支架与样品坩埚示意图

行控温程序，控制加热炉的升温过程。

差热分析（DTA）是在程序温度控制下，测量样品与参比物之间温度差随温度变化的实验技术。差热信号的测量，通过样品支架、点状平板热电偶，用直径 1.8 mm 的四孔氧化铝杆做吊杆，用细软导线做差热输出信号引线，减小引线阻力对天平灵敏度的影响。测试时，将试样与参比物分别放在两个坩埚内，加热炉以一定的速率升温。如试样没有热效应，则它与参比物的温差 $\Delta T=0$；如试样在某一温度范围内有吸热（或放热），则试样与参比物之间将产生温差 ΔT，实时采集 ΔT，即可得到差热曲线。

天平测量系统。在天平一侧，当差热-热重联用样品支架上放入试样时，天平横梁连同线圈和遮光片发生偏转，导致质量检测线路输出电流，此电流同时又使线圈产生力矩，阻止横梁偏转，当试样质量产生的力矩与线圈产生的力矩相等时，天平平衡。试样质量正比于质量检测线路的输出电流，实时采集此电流信号，可得试样质量随温度变化的热重曲线（TG）。

利用微分电路，将质量信号作为微分电路的输入，输出端得到热重的一次微分曲线（DTG）。微分曲线的峰顶是试样质量变化速率最大值，对应温度即试样失重速率最快点的温度。

气氛控制单元，可用于控制单路气体的流量、两种气体的切换、两种不同流量气体的混合使用。气体由天平室底板下的气体接口输入，经天平室，进入加热炉氧化铝管，从氧化铝管下面的接口流出。由于气体在氧化铝管中的流向是由上而下，其流量大于炉子加热后向上的热流量，防止热量进入天平室，影响天平精度。

3）仪器面板说明

仪器的控制面板如图 B12.4 所示。

数据站接口单元："显示选择"开关有 6 挡，本仪器使用 4 挡，分别为：DTA，T，TG，

DTG。开关在 T 位置,显示框显示温度,由于温度与热电偶的非线性关系,此温度值并非准确的试样温度,试样温度应以微机采样值为准。开关在其他各挡,显示的是各信号对应的电压值,满度为 5 V。

差热放大单元:"量程"开关从 ±10~±1 000 μV 七挡,另有一短路"⊥"挡,使差热放大器的输入端短路。"调零"旋钮用于"量程"开关在短路"⊥"挡时,调节放大器的零位。"偏差指示"表,显示试样与参比物之间的温差。"斜率调整"用于部分校正差热基线的漂移。"移位"旋钮用于微机采样窗口中 DTA 曲线的位置调整。

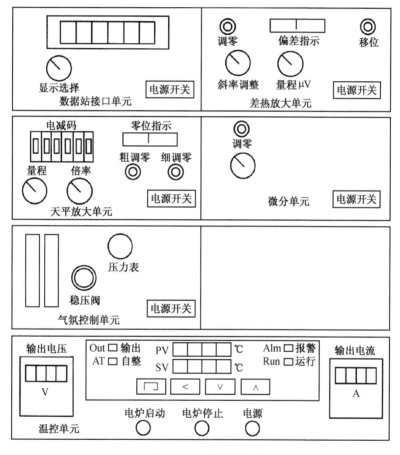

图 B12.4　仪器控制面板

差热基线漂移的调整:将两只空坩埚放在样品支架上,差热量程置于 100 μV,炉子以 10 ℃/min 速率升温,微机执行采样程序,观察 DTA 基线。由于坩埚内无试样和参比物,基线应为一直线。升温过程中,如果基线偏离,待炉温升到 900 ℃ 时,通过"斜率调整"调到原来位置,基线调整完成后,除非更换样品支架或炉子,不需再调整。

天平放大单元:"零位指示"表显示放大器失调等引起的偏差。"粗调零"、"细调零"旋钮,用于消除此偏差,当偏差较大时,用粗调,接近 0 时,用细调。"电减码"拨盘,测试时,坩埚、参比物的质量可以通过"电减码"拨盘来调节平衡,直至称量结果为零,电减码盘上的数值就是坩埚和参比物的总质量。当被测试样失重的百分比很小时,可预先估计试样最后的剩余质量,用电减码平衡一部分剩余质量,然后减小量程,使较小的失重更明显、更精确地反映出来。"倍率"、"量程"两个开关组合,为天平的量程。

微分单元:"微分量程"为 DTG 量程。微分量程由天平放大单元倍率和微分单元微分量程之乘积决定。当天平放大单元倍率确定后,微分单元的微分量程值越小,其灵敏度越高,曲线峰值越大。选择合适的倍率和量程组合,可得到满意的 DTG 曲线。"调零"旋钮,用于移动微机采样窗口中 DTG 曲线的基线位置。

气氛控制单元:有气体"压力表"、"稳压阀",两个气体"流量表"。

温控单元:有控制电炉加热的"电炉启动"、"电炉停止"按钮,"输出电压"表,"输出电流"表和控温面板。

在控温面板上,"PV"框显示电炉实测温度,"SV"框显示设定温度。按一下"设置"键,进入设置给定状态,显示的给定值的最后一位(小点)开始闪烁。"<"为数字移位键,按此键可移动到要修改的数字位置,修改数值后数秒钟,自动退出给定状态。"∧"为增加数值键,"∨"为减小数值键。

ZRY-2P 综合热分析仪用微机实现数据采集、数据处理,操作软件在 Windows 98 下运行,采用视窗操作界面,容易操作。在主菜单中有"采样"、"热重处理设置"、"差热处理设置"、"打印"、"结束并退出程序"。

4)仪器操作使用方法

(1)实验过程中,不得随意试探性地调动面板上的开关和旋钮。

(2)熟悉加热炉部分的操作:松开氧化铝管上的拼帽,将炉子降到底,将保护托盘放到样品管上,将参比物和样品放入坩埚,将两个坩埚放在铂金托盘上。取走保护托盘,将炉子升到顶部,旋紧炉子拼帽。然后,再松开氧化铝管上的拼帽,将炉子降到底,将保护托盘放到样品管上,取走坩埚,再将炉子升到顶部,旋紧炉子拼帽。注意:每次将炉子降到底时,必须将保护托盘放到样品管上,防止操作时样品及坩埚落入样品管内。

(3)开机前将天平放大单元、微分单元、差热放大单元的"量程"开关都置于短路"⊥"挡。

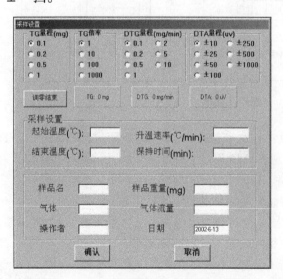

图 B12.5 微机采样窗口

(4)打开数据站接口单元、差热放大单元、天平放大单元、微分单元的电源开关。

(5)如使用气氛,打开气氛控制单元电源开关。

(6)打开温控单元电源开关,并立即按控温面板上的"∧"键 2 s 以上,直至"SV"框显示"stop"。

(7)启动微机,启动 ZRY-2P 综合热分析仪操作软件,进入采样窗口,如图 B12.5 所示。

(8)根据需要,将天平放大单元"量程"及"倍率"、微分单元"量程"和差热放大单元"量程"旋钮置于合适位置。

(9) 在微机采样窗口，选择"TG 量程"、"TG 倍率"、"DTG 量程"、"DTA 量程"，注意，应与天平放大单元"量程"、"倍率"，微分单元"量程"和差热放大单元"量程"一致。

(10) 天平零位调整：炉子内为空支架状态，"电减码"为 0，接口单元的"显示选择"开关置于 TG 挡，调节天平放大单元上的"粗调零"、"细调零"旋钮，使显示值接近 0，同时，微机采样窗口中显示"TG"接近 0。

(11) 在炉子内样品支架上放置两个空坩埚和参比物，关上炉子，以免风吹影响测试精度，此时微机采样窗口"TG"显示坩埚和参比物质量。调节天平放大单元上的"电减码"数值，直至微机采样窗口"TG"显示接近 0。此时单击微机采样窗口中的"调零结束"按钮。注意，一旦单击"调零结束"按钮后，在以后的操作过程中，如电减码、样品称重、样品测试等，均不能再使用粗、细调零旋钮，否则影响测试结果。

(12) 打开炉子，在样品坩埚中放入试样，再把坩埚置于样品支架上，关上炉子，从微机采样窗口观察"TG"的值，试样质量显示应小于所选天平量程（量程×倍率）。根据需要可以增减试样的质量。

(13) 输入控温程序：按"<"键，"PV"显示"C01"，表示第 1 点温度；按"<"键移位至个位、十位、百位，按"∧""∨"键输入温度数值，注意，第一点温度应低于加热炉未升温前"PV"显示值 20 ℃以上；按"设置"键，"PV"显示"T01"，表示第 1 段时间，同样，按"<"键移位至个位、十位、百位，按"∧"、"∨"键输入时间（min）数值；按"设置"键，"PV"显示"C02"，表示第 2 点温度，同样，输入温度数值……，当输入"-120"时，表示程序结束。输入控温程序后，过 10 s，仪表恢复正常显示。

例如，控温程序：从 0 ℃开始，用 50 min，升温至 1 000 ℃，在此温度保温 50 min，用 20 min，升温至 1 200 ℃，在此温度保温 30 min，程序结束，自然冷却。操作如表 B12.1 所示：

表 B12.1 输入升温程序操作步骤

按 键	PV 显示	使 SV 显示	说 明
<	C01	0	开始温度 0 ℃
"设置"	T01	50	用 50 min，升温至 1 000 ℃
"设置"	C02	1 000	
"设置"	T02	50	用 50 min，升温至 1 000 ℃（实际是保温 50 min）
"设置"	C03	1 000	
"设置"	T03	20	用 20 min，升温至 1200 ℃
"设置"	C04	1 200	
"设置"	T04	30	用 30 min，升温至 1 200 ℃（实际是保温 30 min）
"设置"	C05	1 200	
"设置"	T05	-120	程序结束

(14) 如果不需输入新的控温程序，可检查原有程序，检查方法同输入程序。

（15）在微机采样窗口中，设置有关数据，"起始温度"指微机开始采集数据的温度，应高于控温程序中的起始温度，"结束温度"指微机结束采集数据的温度，应低于控温程序的结束温度，升温速率应与控温程序中的升温速率一致（需要简单计算），待"TG"值显示稳定后，将此"TG"值输入到采样窗口中的"样品重量"框中，否则会出错。设置完毕后，单击"确认"键，如果温度没有达到采样的开始温度，则处于等待状态。

（16）执行控温程序：在控温面板上按"∨"超过2 s，启动程序运行。仪表显示出现"RUN"。注意：如果"输出电压"大于5 V，表示可控硅输出电压大，立即按"∨"键2 s直到显示"HOLD"符号，则仪表进入暂停状态，需要等待一段时间，待输出电压小于5 V后，再按"∨"超过2 s，启动程序运行。"SV"按设定速率变化，"PV"显示炉子温度。这时可按动绿色按钮启动电炉加热。在程序正常运行中，电压表、电流表应平稳地变化。如果出现报警、数字闪烁，一般情况下为热电偶开路或加热体开路，仪器无法运行，显示"1750"。

（17）如果实验中途需要停止电炉加热，按"∨"键2 s以上，使"SV"显示"HOLD"，或按"∧"键2 s以上，使"SV"显示"stop"，然后按"电炉停止"按钮。

（18）微机采样窗口中的"现在温度"随着炉子加热不断上升，当"现在温度"约等于起始温度时开始采集数据，屏幕显示曲线变化，红色为T，紫色为DTA，绿色为TG，蓝色为DTG。

（19）采样窗口中，"重新采样"可刷新屏幕，把已经采集绘制的曲线删除，重新开始采集。"终止采样"是终止数据采集，回到主菜单。"存盘返回"是结束采样并将数据文件存盘。

（20）实验结束后，单击"存盘返回"，将数据文件存盘。

（21）在微机上对数据进行必要的处理。

（22）关闭各单元电源，待炉子温度降低后，再打开炉子，取出样品和参比物坩埚。

B13　电子天平

电子天平使用操作方便，节省时间，例如BP221S型电子天平，称量精度为0.000 1 g，最大称量（包括皮重）220 g，响应时间≤2 s，要求工作环境温度在5 ℃~40 ℃。BP221S型电子天平如图B13.1所示。

BP221S型电子天平的使用方法：

（1）BP221S型电子天平属于精密电子天平，使用时要严格遵守操作规程。

（2）检查水平：查看水平仪（位于天平后部），检查天平是否处于水平位置，否则通过调节地脚螺栓，使天平处于水平位置，天平必须处于水平位置才能正确称量。

（3）开机：接通天平电源，按电源键，仪器自动运行自检程序，当显示器显示"0.000 0 g"时，自检过程结束。

（4）预热：为了达到理想的称量效果，BP221S型电子天平在初次接通电源或者在长时间断电之后，应开机通电预热30 min后，再开始称量。

（5）清零：按除皮键（TARE）清零，只有当仪器经过清零之后，才能进行准确称量。

（6）自校：BP221S型电子天平在首次使用、工作环境（特别是温度）变化、仪器被移

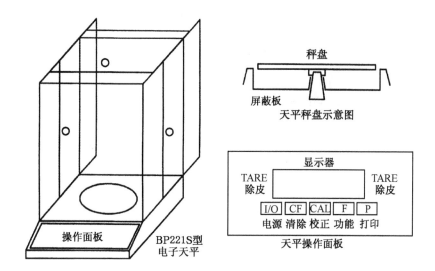

图 B13.1　BP221S 型电子天平

动后都要进行校正，校正在预热过程执行完毕后进行，本机使用内置校正砝码进行自校，该校正砝码由电机驱动加载，并在结束校正过程之后被自动卸载。当秤盘空载，显示器显示"0.000 0"时，按校正键（CAL）激活校正功能，耐心等候，待自校程序执行完毕后再进行其他操作。注意：在仪器执行自校程序时，不允许在秤盘上加载。

（7）称量：天平左右两侧及上部均可打开用于加载称量物品，在称量盘上小心放好待称物品，关好天平门，待显示器读数稳定后读数。称量过程中使用除皮键（TARE）去除皮重，直接读出待称物品的重量。称量操作完毕后关好天平门，按开关键使天平处于待机状态。

（8）天平在显示器右上部显示"O"，表示仪器处于关闭终态，天平需要预热才能开始正常工作。在显示器左下部显示"O"，表示仪器处于待机状态，通过电源键打开显示器，天平可立即工作，不必预热。

（9）显示器只显示"Φ"，表示仪器内部微处理器正在工作，此时不能执行其他操作。

（10）关机：全部称量操作完成后，断开天平电源。

使用 BP221S 型电子天平的注意事项：

（1）本电子天平最大称量（包括皮重）为 220 g，不得超载，以免损坏天平。

（2）先用 0.1 g 或 0.01 g 天平粗称量，调整称量物品在所需范围之内。再到天平室用 0.0001 g 天平称量，精确读取数据。

（3）操作要小心，在秤盘上加载物品时要轻拿轻放，特别注意不要将试剂（尤其是液体试剂）撒入天平内部。称量易挥发物质时，容器必须加盖！

（4）在实验课全部结束，关闭天平室时，断开天平电源。

B14　磁天平

1　FD-FM-A 型磁天平

古埃（Gouy）磁天平的特点是结构简单、灵敏度高。用古埃磁天平测量物质的磁化率进而求得永久磁矩和未成对电子数,这对研究物质结构有着很重要的意义。下面以 FD-FM-A 型古埃磁天平为例说明其结构原理及使用方法。

1) 工作原理

古埃磁天平的工作原理如图 B14.1 所示。将圆柱形样品（粉末状或液体装入匀称的玻璃样品管中），悬挂在分析天平的一个臂上，使样品底部处于电磁铁两极的中心（即处于均匀磁场区域），此处磁场强度最大。样品的顶端离磁场中心较远，磁场强度很弱，而整个样品处于一个非均匀的磁场中。但由于沿样品的轴心方向，即图示 z 方向，存在一个磁场强度 $\partial H/\partial z$，故样品受到磁力的作用，对于顺磁性物质，作用力指向磁场强度强的方向，对于反磁性物质，则指向磁场强度弱的方向，它的大小为：

$$f_z = \int_H^{H_0} (\chi - \chi_{空}) \mu_0 S H \frac{\partial H}{\partial z} dz \tag{B14.1}$$

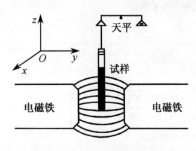

图 B14.1 古埃磁天平工作原理示意图

式中，H 为磁场中心磁场强度；H_0 为样品顶端处的磁场强度；χ 为样品体积磁化率，$\chi_{空}$ 为空气的体积磁化率；S 为样品的截面积（位于 x、y 平面）；μ_0 为真空磁导率。通常 H_0 即为当地的地磁场强度，约为 $40 \text{ A} \cdot \text{m}^{-1}$，一般可略去不计，则作用于样品的力为：

$$f_z = \frac{1}{2}(\chi - \chi_{空})\mu_0 H^2 S \tag{B14.2}$$

由天平分别称得装有待测样品的样品管和不装样品的空样品管在有外加磁场和无外加磁场时的质量，则有：

$$\Delta m = m_{磁场} - m_{无磁场} \tag{B14.3}$$

显然，某一不均匀磁场作用于样品的力可由下式计算：

$$f_z = (\Delta m_{样品+空管} - \Delta m_{空管})g \tag{B14.4}$$

于是有：

$$\frac{1}{2}(\chi - \chi_{空})\mu_0 H^2 S = (\Delta m_{样品+空管} - \Delta m_{空管})g \tag{B14.5}$$

整理后得：

$$\chi = \frac{2(\Delta m_{样品+空管} - \Delta m_{空管})g}{\mu_0 H^2 S} + \chi_{空} \tag{B14.6}$$

物质的摩尔磁化率为：$\chi_M = \frac{M}{\rho}\chi$，而 $\rho = \frac{m}{hS}$，故有：

$$\chi_M = \frac{M}{\rho}\chi = \frac{2(\Delta m_{样品+空管} - \Delta m_{空管})ghM}{\mu_0 m H^2} + \frac{M}{\rho}\chi_{空} \tag{B14.7}$$

式中，h 为样品的实际高度；m 为无外加磁场时样品的质量；M 为样品的摩尔质量；ρ 为样品密度（固体样品指装填密度）。

式（B14.7）中，真空磁导率 $\mu_0 = 4\pi \times 10^{-7} \text{ N} \cdot \text{A}^{-2}$。空气的体积磁化率 $\chi_{空} = 3.64 \times 10^{-7}$，但因样品管体积很小，故常予以忽略。该式右边的其他各项都可通过实验测得，因此样品的摩尔磁化率可由式（B14.7）算得。

式（B14.7）中磁场两极中心处的磁场强度 H，可使用毫特斯拉计（原称高斯计，可直接读出磁感应强度 B）测量算出，计算公式为：

$$H = \frac{B}{\mu_0(1+\chi_\text{空})} \tag{B14.8}$$

或用已知磁化率的标准物质进行间接测量。常用的标准物质有纯水、$NiCl_2$ 水溶液、莫尔氏盐[$(NH_4)SO_4 \cdot FeSO_4 \cdot 6H_2O$]、$CuSO_4 \cdot 5H_2O$ 和 $Hg[Co(NCS)_4]$ 等。莫尔氏盐的 χ_m（单位质量磁化率）与热力学温度 T 的关系式为：

$$\chi_m = \frac{9\,500}{T+1} \times 4\pi \times 10^{-9} \ (\text{m}^3 \cdot \text{kg}^{-1}) \tag{B14.9}$$

2）仪器结构与使用方法

FD-FM-A 型古埃磁天平如图 B14.2 所示。它是由电磁铁、稳流电源、数字式毫特斯拉计和数字式电流表、分析天平等构成。该仪器主要技术指标如下：

磁极直径：40 mm；

气隙宽度：6~40 mm；

磁感应强度：0~0.85 T（间隙宽度 20 mm）连续可调；

磁场稳定度：优于 0.01 h^{-1}；

励磁电流工作范围：0~10 A；

励磁电流工作温度：<60 ℃；

功率总消耗：约 300 W；

磁场：仪器的磁场由电磁构成，磁极材料用软铁。在励磁线圈中无电流时，剩磁为最小，数字显示为 ±0.000 0。磁极极端为双截锥的圆锥体，极的端面须平滑均匀，使磁极中心磁场强度尽可能相同。磁极间的距离连续可调，便于实验操作。

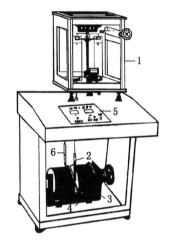

图 B14.2 古埃磁天平
1—分析天平；2—样品管；3—电磁铁；
4—霍尔探头；5—毫特斯拉计；6—温度计

稳流电源：励磁线圈中的励磁电流由稳流电源供给。磁天平的电路框图如图 B14.3 所示。电源线路设计时，采用了电子反馈技术，可获得很高的稳定度，并能在较大幅度范围内任意调节其电流强度。

分析天平：常配以半自动电光天平，需作些改装，将天平左边盘底托盘拆除，改装一根细铁丝。在铁丝中点系一根细的尼龙线，线从天平左边托盘处孔口穿出，在下端连接一只和样品管口径相同的橡皮塞，用以连接样品管。

样品管：由硬质玻璃管制成，直径为 0.6~1.2 cm，高度大于 16 cm，一般样品露在磁场外的长度应为磁极间隙的 10 倍或更大，样品管底部用喷灯封成平底，要求样品管圆而均匀。测量时，将上述橡皮塞紧紧塞入样品管中，样品管将垂直悬挂于天平盘下。注意样品管底部应处于磁场中部。样品管为逆磁性，可以校正，并注意受力方向。

样品：金属或合金物质可做成圆柱体直接在磁天平上测量，液体样品则装入样品管测量，固体粉末状物质要研磨后再均匀紧密地装入样品管中测量。古埃磁天平不能进行气体样品的测量。微量的铁磁性杂质对测量结果影响很大，故制备和处理样品时要特别注意防止杂质的沾染。

毫特斯拉计：FD-FM-A 型毫特斯拉计和电流均为数字式显示，同装在一块面板上，面板如图 B14.4 所示，其操作步骤如下：

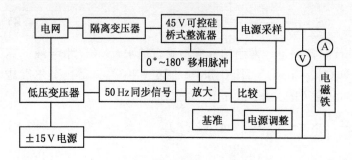

图 B14.3　古埃磁天平电路框图

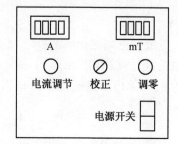

图 B14.4　磁天平面板示意图

（1）检查两磁头间的距离在 20 mm 处，试管尽可能在两磁头间的正中。
（2）将"电流调节"（多圈电位器）逆时针旋至最小，使得在接通电源时电流为零。
（3）接通电源。此时 A 表应显示 0000，mT 表显示值不一定是全零，待预热约 5 min 以后，调节"调零"电位器使 mT 表处于正或负的全零值。
（4）校正 mT 表：调节"电流调节"电位器，使 A 表显示 10.00 值（10.00 A），观察 mT 表的值应在 850±50 个字。要是误差较大可检查磁头间距，若的确在 20 mm 处，则检查探头是否调整在磁场最强处。若上述两项正常，误差仍较大时可用小螺丝刀转动校正电位器使数值达到要求。然后复位到全零或再作一次电流与毫特斯拉计的对应操作。

使用磁天平的注意事项：
① 磁天平总机架必须放在水平位置，分析天平应作水平调整。
② 吊绳和样品管必须与其他物件相距至少 3 mm。
③ 励磁电流的变化应平稳、缓慢。
④ 测试样品时，应关闭仪器玻璃门，避免仪器振动。
⑤ 霍尔探头两边的有机玻璃螺丝可使其调节到最佳位置。在某一励磁电流下，打开特斯拉计，然后稍微转动探头使特斯拉计的读数在最大值，此即为最佳位置。将有机玻璃螺丝拧紧。如发现特斯拉计读数为负值，只需将探头转动 180° 即可。

2　ZJ-2C 型磁天平

ZJ-2C 型磁天平的基本原理与 FD-FM-A 型磁天平相同，改用电子天平，外形如图 B14.5 所示，操作面板如图 B14.6 所示。励磁电流显示窗显示设定的励磁电流（A），磁场强度显示窗显示测量的磁场强度（磁感应强度，mT）。励磁电流调节旋钮用于调节励磁电流。

性能指标：输入电压为 220（1±10%）V，电磁铁中心最大磁场为 800 mT，磁极直径 ϕ 为 40 mm，磁隙宽度为 0~40 mm。磁场强度（磁感应强度）测量装置（高斯计），测量范围为 0~2 000 mT，分辨率为 0.1 mT。励磁电源最大输出电流为 10 A，分辨率为 0.1 A。

仪器使用方法如下：
（1）检查磁天平是否水平，通过调节旋钮调整。将励磁电流旋钮逆时针旋至最小，接通电源，预热 5 min。通过照明开关开启磁天平内照明。

（2）磁极间距调整：磁天平两磁极的间距大于或小于 20 mm 时，前后转动磁极距离调节器，调整两磁极的间距至 20 mm。

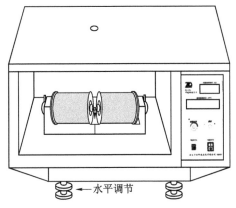

图 B14.5　ZJ-2C 型磁天平

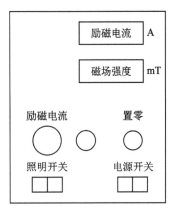

图 B14.6　操作面板

（3）将"励磁电流"旋钮旋至 0 A 时，按下"置零"按键，磁场强度（磁感应强度）显示为 0 mT。

（4）旋动"励磁电流"旋钮，将励磁电流调节到实验所需的电流或磁场强度。

（5）调节励磁电流时，应以平稳的速率缓慢升降。

（6）特斯拉计传感器位置调节：先将传感器探头支架用专用扳手固定在电磁铁两线圈中间位置。若特斯拉计传感器不在两个电极中间附近和传感器平面没有平行于电极端面时，松开传感器支架上的紧固螺丝，调节传感器位置。调节好后，上紧传感器支架上的紧固螺丝。特斯拉计传感器是易损元件，调整位置时应小心操作。

（7）关闭电源时，先调节励磁电源电流为零，再关闭电源。

（8）特别注意：在开启、关闭磁天平电源时，必须先将"励磁电流"旋钮逆时针旋到底（励磁电流为零），否则极易损坏磁天平。

B15　稳流电源

在物理化学实验中，许多情况下使用稳流电源比使用稳压电源更安全。这里介绍两种稳流电源。

1　HY1791-10S 型稳定电源

HY1791-10S 型稳定电源如图 B15.1 所示，系单路直流稳压（CV）稳流（CC）电源，其功能齐全，稳压、稳流、连续可调、不怕短路、数字显示、输出读数清晰、使用方便。其稳压、稳流两种工作状态，可随负载的变化能自动转换。

当恒压工作时，电压比较放大器对调整管处于

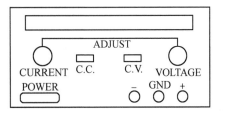

图 B15.1　HY1791-10S 型稳定电源

优先控制状态。当输出电压由于输入电压或负载的变化而使其偏离原来的电压值时，以变化了的电压量，经取样电阻，送入比较放大器的反相输入端，与同相输入端设定的基准电压进行比较放大后，经与门，去控制调整管，使其输出电压趋于原来的数值，从而达到稳压目的。

电路恒流工作时，电流比较放大器处于控制优先，控制过程和恒压工作时完全相同。

电路工作状态可自动转换，当负载在额定值范围内变动时，电路工作在稳压状态，当负载超过额定值，或输出端短路时，电路失去稳压作用，自动转到稳流状态；若负载轻到额定值或是开路时，电路又自动转到稳压状态。

仪器电路工作在稳压状态时，稳流部分即为限流保护电路；电路工作在稳流状态时，稳压部分又起到限压作用。

HY1791-10S 型稳定电源主要技术指标：输入电压为 220 V±10%，50 Hz±5%；输出调节电压为 0～32 V；输出调节电流为 0～11 A；输出控制电压为 3～30 V；输出控制电流为 1～10 A；要求环境温度为 0 ℃～40 ℃。

面板控制功能说明：

电源开关（POWER）：整机电源控制；

调压旋钮（VOLTAGE）：调节输出电压值；

调流旋钮（CURRENT）：调节稳流（限流）电流值；

指示表头：分别指示输出稳压电压值和稳流（限流）电流值；

稳压指示灯（CV）：当本机处于稳压状态时，此灯亮；

稳流指示灯（CC）：当本机处于稳流状态时，此灯亮；

输出工作方式：

稳压：在额定电压范围内任意连续调节，此时稳流只作限流作用；

稳流：在额定电流范围内任意连续调节，此时稳压只作限压作用。

HY1791-10S 型稳定电源的使用方法：

（1）将调压旋钮（VOLTAGE）和调流旋钮（CURRENT）逆时针方向调至最小。

（2）接好负载，插上电源插头，打开电源开关。

（3）根据需要，调节调压旋钮（VOLTAGE）和调流旋钮（CURRENT）至所需值。

2　YP-2B 型精密稳流电源

YP-2B 型精密稳流电源如图 B15.2 所示，其精度高，体积小，具有很高的电流输出稳定度。

主要技术指标：电源电压为 220 V，50 Hz；输出电流为 0～2 A；最大输出电压为 16 V；要求环境温度为 -10 ℃～40 ℃。

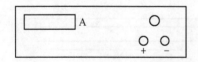

图 B15.2　YP-2B 型精密稳流电源

YP-2B 型精密稳流电源的使用方法：

（1）将"输出细调"旋钮按逆时针方向调至最小。

（2）接好负载，插上电源插头，打开电源开关。

（3）调节"输出细调"，至表头显示所需电流值。

B16 精密电容测量仪

PCM-1A 型精密电容测量仪,采用集成电路、单片机控制,采用四位半 LED 数字显示,体积小、质量轻。仪器量程为 200 pF,分辨率为 0.01 pF。仪器前面板如图 B16.1 所示。

使用方法:

(1) 接上电源线,打开电源开关,预热 20 min。

(2) 每台仪器配有两根两头接有莲花插头的屏蔽线,将这两根线分别插至仪器上标有"电容池"和"电容池座"字样的莲花插座内,屏蔽线的另一端暂时不插入电容池和电容池座的插座。保持两根屏蔽线不要短路和接触其他导电体。

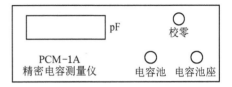

图 B16.1　PCM-1A 型精密电容测量仪

(3) 按下"校零"按钮,数字表头指示为零。

(4) 将两根屏蔽线的另一头分别插入电容池和电容池座上的莲花插座内。这时数字表头指示的便为空气电容值。

(5) 在电容池内加入待测液体,便可从数字表头上读出有介质时的电容值。用移液管加样品,每次加入的样品量必须严格相同。

(6) 更换样品时,用吸管吸出电容池内的液体样品,并用洗耳球对电容池吹气,使电容池内液体样品全部挥发完后再加入新样品。

(7) 注意事项:测量屏蔽线要可靠连接,电容池及电容池座应水平放置。

精密电容测定仪与电容池连接测量电容时,实测电容 C' 实际上是电容池两极间的电容 C 和整个测试系统中的分布电容 C_d 的并联值,即:

$$C' = C + C_d \tag{B16.1}$$

C_d 对仪器而言是定值,称为仪器的本底值,测量时需求出仪器的 C_d,然后予以扣除。通常通过实测一已知介电常数 $\varepsilon_{标}$ 的标准物的电容 $C'_{标}$ 来求得 C_d。

$$C'_{空气} = C_{空气} + C_d \qquad C'_{标} = C_{标} + C_d \qquad \varepsilon_{标} = \frac{C_{标}}{C_{空气}}$$

由上面三式可得

$$C_d = C'_{空气} - \frac{C'_{标} - C'_{空气}}{\varepsilon_{标} - 1} \tag{B16.2}$$

仪器自检和校正:

仪器自检:在打开电源开关前按下"校零"按钮,然后打开电源开关,再松开"校零"按钮,仪器进入自检程序。在仪器自检过程中,显示窗口逐步显示 1111, 2222, …, 9999。结束后进入正常工作状态。注意在显示过程中,不要按"校零"按钮,否则会进入校正程序。

当仪器使用一段时间后或发现仪器不准时,可用标准样品对仪器进行校正:

(1) 用待校仪器按通常方法测量标准样品,确定待测仪器测量值偏大或偏小,以备校正。

(2) 不改变测量接线和样品,关掉仪器电源。

(3) 按下"校零"按钮,打开电源开关。使仪器进入自检状态。根据仪器测量值偏大或偏小,选择在显示窗显示 1111,2222,3333,4444 或 5555,6666,7777,8888 时按下"校零"按钮,分别进入减小和增大校正状态。松开校零按钮。

(4) 在减小/增大程序中,每按一次校零按钮,显示减小/增加一个字,按住校零按钮不放,显示数值连续减小/增加。调节好后,关闭仪器电源,并重新开机。

(5) 如果过度调节,可重复上述过程,改为相反调节即可。

B17 金相显微镜

金相显微镜(MT2200T 型)为精密光学仪器,如图 B17.1 所示。使用方法如下:

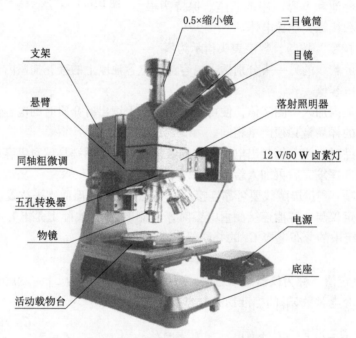

图 B17.1 MT2200T 型金相显微镜

(1) 屈光度。将右目镜筒中右目镜的屈光度调节圈安置在零度处,用右眼通过右目镜观察图像,此时边观察边调焦,直到获得清晰的像。用左眼通过左目镜观察图像,调节左目镜的屈光度调节圈,使获得的图像与右目镜图像同样清晰。

(2) 光瞳距。扳动调节三目镜筒上的左右两目镜筒间距,使两视场图像合二为一。

(3) 视场光阑。视场光阑限制了被观察样品表面的照明范围,转动视场光阑的调节手轮,改变其大小。通常情况下,将视场光阑的大小调节到与目镜视场边缘相切(内切或外切)为最佳,反之使照明的杂散光进入光学系统而降低了图像的衬度。

(4) 调节视场光阑的中心:将样品放在活动载物台上,用 5×物镜对其进行调焦。调节屈光度、光瞳距。用专用工具(内六角起子)调节,使视场光阑像落在视场中心。改变视场光阑大小,使其粗略地与视场相一致。再次进一步调节视场光阑的像,使其中心与视场中心相吻合。

（5）孔径光阑。孔径光阑用来调节照明系统的数值孔径，从而改变图像的亮度和杂散光的控制，转动孔径光阑的调节手轮，改变其大小。如孔径光阑太小，则减少了杂散光，但图像的亮度降低，反之，就增加了杂散光，图像亮度得到提高。

（6）孔径光阑中心的调节：将三目镜筒的右目镜筒上的目镜取出，直接从右目镜筒观察孔径光阑像的中心位置，按图示用内六角起子调节，使其像落在中心。

（7）照明光源。仪器使用的是 12 V/50 W 的卤素灯，其灯丝应准确地落在照明系统的中心，其准确与否直接影响视场照明的均匀。直接在右目镜筒观察灯丝的中心位置，分别调节三个旋钮使灯丝像落在孔径光阑的中心。

（8）安装和更换灯泡：关闭电源箱开关，将电源箱的电源线从室内电源插座上拔出，等灯泡和灯室完全冷却，以免灼伤。取出灯座，戴手套（避免玷污灯泡表面）将原来的灯泡取出，换上新的灯泡，然后将灯座安装原位，用螺钉固定。

（9）滤色片。插入不同的滤色片和检光片，使眼睛不易疲劳，又能方便地对样品进行检测。

（10）活动载物台。活动载物台用来承载被检样品，并可作纵横两方向移动，便于操作。分别调节位于移动手轮间的松紧调节圈，使移动平稳，旋转时松紧适宜。

（11）清洁滤色片和镜片。别让镜片积结灰尘，留下指纹等。镜片上的污迹会严重影响观察。镜片有污迹时应按以下方法清洁：用吹尘器吹掉。如无法吹干净，可使用一把软刷轻轻刷一下，或用一片纱布小心抹除。只有当镜片积有指纹或油迹时，才需用略微点过无水酒精的干净软纱布轻轻抹掉污迹。

C
实　　验

C1　恒温槽性能测试和温度计示值校正

1　实验目的及要求

（1）了解恒温槽的构造及其工作原理。
（2）测绘恒温槽的灵敏度曲线。
（3）掌握温差仪的使用方法。
（4）绘制温度计读数校正曲线。

2　实验原理

许多化学反应及物理化学数据的测定，必须在恒定温度时进行，这就需要恒温装置。恒温槽控温是利用电子调节系统，对加热器、制冷器进行自动调节，使恒温介质的温度不变。恒温介质一般使用液体，最常用的是水。恒温槽的结构原理和使用方法参见本书 B1-8 部分。

恒温槽灵敏度是恒温槽的主要性能指标，灵敏度 t_E 与最高温度 t_1、最低温度 t_2 的关系式为：$t_E = \pm \dfrac{t_1 - t_2}{2}$，$t_E$ 值越小，恒温槽的性能越好。

实验室普遍使用玻璃缸恒温槽和 CS501 型超级恒温槽。玻璃缸恒温槽是将研究体系置于恒温介质中，便于观察。CS501 型超级恒温槽已由生产厂将各个部件合起来制成一个整体，且安装有制冷器，恒温精度高，搅拌器同时起循环水泵的作用，研究体系既可以置于恒温介质中，也可以将恒温水泵出，进入置于恒温槽外的研究体系中。本实验要求测试这两种恒温槽的温度波动曲线，求得恒温槽的灵敏度。

水银温度计是实验室最常用的测温仪器，种类、规格挡次较多。普通水银温度计由于毛细管不均匀、水银和玻璃膨胀系数的非线性关系造成读数误差，应进行校正。校正方法是选用二级标准温度计与待测温度计作比较，绘制被校温度计读数校正曲线。二级标准温度计一套共七支，刻度范围各为：-30 ℃~20 ℃，0 ℃~50 ℃，50 ℃~100 ℃，100 ℃~150 ℃，150 ℃~200 ℃，200 ℃~250 ℃，250 ℃~300 ℃。

3　仪器与试剂

玻璃缸恒温槽　　　　　　CS501 型恒温槽
精密电子温差仪　　　　　水银温度计（0.1 ℃）
秒表　　　　　　　　　　二级标准温度计
待校正温度计

4　实验步骤

（1）实验装置如图 C1.1 所示。

（2）将去离子水灌入 CS501 型恒温槽中，调节恒温水浴至 25 ℃（或高于室温 5 ℃），待恒温水浴温度接近设定的温度时，打开冷却水开关，调节冷却水流量，使加热时间与不加热时间大约相等（根据加热指示灯判断）。

（3）将精密电子温差仪的测温探头插入恒温水浴中合适的位置。将标准温度计与待校正温度计悬入恒温槽水浴中，两水银球应在同一水平面尽量能接近的位置。

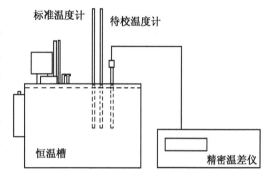

图 C1.1　实验装置

（4）待恒温水浴达到指定温度，温度稳定 10 min 后，定时记录精密电子温差仪的读数。定时读数的时间间隔根据温度变化情况确定，要求能作出比较光滑的时间-温度曲线，尽量读出最高与最低温度值。读取的数据要求能作出至少 5 个周期的曲线，由此确定读数的持续时间。

（5）记录标准温度计与待校温度计的读数。

（6）将恒温槽调节到几个指定的温度。在每个指定的温度，参照上述步骤，定时记录精密电子温差仪的读数，记录标准温度计与待校温度计的读数。

（7）使用玻璃缸恒温槽，将恒温槽调节在几个指定的温度，参照上述步骤，定时记录精密电子温差仪的读数，用于作时间-温度曲线。

5　数据处理

（1）绘制 CS501 型恒温槽和玻璃缸恒温槽的灵敏度曲线（时间-温度），计算灵敏度。根据灵敏度曲线和灵敏度，对两种恒温槽的性能进行评价。

（2）将被校温度计读数作横坐标，相应的标准温度计读数为纵坐标作图，即得被校温度计读数校正曲线。使用时用内插法即可查得各校正值。

6　注意事项

（1）仪器设备要可靠接地，注意用电安全。

（2）往恒温槽内补水时，切不可补加自来水。

（3）应尽量同时读取待校温度计与标准温度计的读数。

7 思考题

(1) 在使用恒温槽时,如何调节恒温槽冷却水的流量?
(2) 在调节恒温槽的温度时,如何操作才能使恒温槽尽快达到设定温度?

C2 硫酸铜水合焓测量

1 实验目的及要求

(1) 学习掌握一种测量热效应的方法。
(2) 应用盖斯定律求出硫酸铜水合焓。

2 实验原理

(1) 盖斯定律:定压下化学反应过程的摩尔焓变仅与参加反应物质的种类和始、终态有关,而与其变化的途径无关。

对于下面的反应,直接测量该反应的热效应是比较困难的。

$$CuSO_4(s) + 5H_2O(l) \xrightarrow{\Delta_{hyd}H_m} CuSO_4 \cdot 5H_2O(s) \tag{C2.A}$$

一般来说,在溶液中发生反应的热效应比较容易测得。对于上述反应,反应物或产物均可以溶于水形成水溶液,通过设计实验方案,可以使反应物和产物分别与水形成组成相同的水溶液。

$$CuSO_4(s) + 5H_2O(l) + aH_2O(l) \xrightarrow{\Delta_{sol}H_{m,1}} CuSO_4(水溶液) \tag{C2.B}$$

$$CuSO_4 \cdot 5H_2O(s) + aH_2O(l) \xrightarrow{\Delta_{sol}H_{m,2}} CuSO_4(水溶液) \tag{C2.C}$$

根据盖斯定律,可得:

$$\Delta_{hyd}H_m = \Delta_{sol}H_{m,1} - \Delta_{sol}H_{m,2} \tag{C2.1}$$

$\Delta_{hyd}H_m$ 为定压下、温度 T 时,$CuSO_4(s)$ 与 $5H_2O(l)$ 生成 $CuSO_4 \cdot 5H_2O(s)$ 的水合反应摩尔焓变,称为摩尔水合焓。

$\Delta_{sol}H_{m,1}$ 为定压下、温度 T 时,$CuSO_4(s)$ 与水形成一定组成水溶液的摩尔焓变;

$\Delta_{sol}H_{m,2}$ 为定压下、温度 T 时,$CuSO_4 \cdot 5H_2O(s)$ 与水形成一定组成水溶液的摩尔焓变;

要由式(C2.1)求 $CuSO_4(s)$ 的摩尔水合焓,在定压(大气压)下、室温 T 时,可先求反应(C2.B)、反应(C2.C)的焓变值:$\Delta_{sol}H_{m,1}$ 和 $\Delta_{sol}H_{m,2}$。

首先测得量热计系统(一定量水、试剂、容器、搅拌器、温度计等参加热平衡的全部装置)的定压热容 C_p,再分别测得反应(C2.B)、反应(C2.C)在量热计系统中带来的温度变化 ΔT,即可计算出反应的热效应。根据盖斯定律,计算反应(C2.A)的摩尔水合焓。

量热计的种类很多,本实验采用比较简单的仪器装置,如图 C2.1 所示。

(2) 量热系统 C_p 的测定。

① 标准物质法。使用已知标准摩尔反应焓 $\Delta_r H_m$ 的标准物质,使其在量热系统中,定压

下进行反应,测得系统温度变化值为 ΔT,则 $\Delta_r H_m = C_p \Delta T$,量热系统的平均定压热容为:

$$C_p = \Delta_r H_m / \Delta T \quad (C2.2)$$

② 电能法。在量热系统中放一加热器,在一定电压 E 下通过电流 I,持续通电时间为 t,系统温度升高为 ΔT,则:

$$C_p = \frac{EIt}{\Delta T} \quad (C2.3)$$

本实验采用电能法测定量热系统的 C_p。

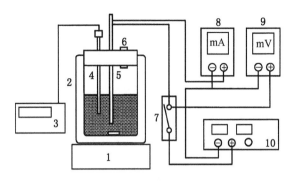

图 C2.1 量热实验装置示意图

1—电磁搅拌器;2—杜瓦瓶;3—精密温差仪;
4—温差仪探头;5—电热管;6—加样口;7—电路开关;
8—毫安表;9—毫伏表;10—直流稳压电源

(3) 温度的校正。量热计理论上应该完全绝热,但是,由于热漏不可避免,且热传导、蒸发、对流、辐射所引起的热交换和搅拌器运转所引入的功等因素都对 ΔT 有影响。这些影响因素很复杂,一般情况下,采用雷诺图解法对 ΔT 进行温度校正。

用雷诺图校正温度 ΔT:如图 C2.2(a)所示。将所测系统的温度随时记录并对时间作图。联成 $abcd$ 曲线,b 点相应于反应起始温度,c 点相应于反应终结温度,ab 为反应前系统与环境交换热量引起的温度变化规律,cd 为反应后的温度变化规律,bc 为反应中的温度变化情况。

过 b、c 点分别作平行于横轴的二平行线交纵轴于 T_1、T_2,过 $T_1 T_2$ 的中点作平行于横轴的直线,交曲线于 O 点。过 O 点作垂直于横轴之直线分别交 ab 和 cd 之延长线于 E 和 F 点,线段 EF 代表校正后真正的温度改变值 ΔT。这样就用前期 ab 的温度变化规律得出了反应前半期 bO 的温度校正值 EE_1,并予以扣除;用 cd 的温度变化规律得出了反应后半期 Oc 的温度校正值 FF_1,并予以补偿。因此,E 和 F 两点的温差就客观地表示了系统中的反应所引起的温度变化。

有时量热计绝热情况良好,热交换小,但由于搅拌不断引进少量能量,使溶解后最高点不出现,如图 C2.2(b)所示,这时 ΔT 仍可按相同原理校正。

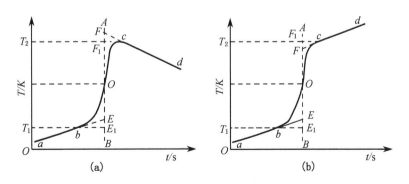

图 C2.2 雷诺图校正温度

(4) 测定 $\Delta_{sol} H_{m,1}$ 和 $\Delta_{sol} H_{m,2}$,计算 $\Delta_{hyd} H_m$。

在室温和定压（大气压）下，在已知热容的量热计（水量与测热容时相同）中，加入 m_1 的无水 $CuSO_4(s)$，测得溶解过程的温度变化为 ΔT_1（经校正后），由下式求得 $\Delta_{sol}H_{m,1}$。

$$\Delta_{sol}H_{m,1} = \frac{-C_p \Delta T_1 M_1}{m_1} \tag{C2.4}$$

式中，M_1 为 $CuSO_4$ 的摩尔质量。

同理，在同一量热计（水量与测热容时相同）中，加入 m_2 的 $CuSO_4 \cdot 5H_2O$（s），测得溶解过程温度变化为 ΔT_2（经校正后），由下式求得 $\Delta_{sol}H_{m,2}$：

$$\Delta_{sol}H_{m,2} = \frac{-C_p \Delta T_2 M_2}{m_2} \tag{C2.5}$$

式中，M_2 为 $CuSO_4 \cdot 5H_2O$ 的摩尔质量。

然后由式（C2.1）可求得硫酸铜的 $\Delta_{hyd}H_m$。

3 仪器与试剂

杜瓦瓶　　　　　　　加料漏斗
精密温差测量仪　　　电磁搅拌器
搅拌子　　　　　　　电加热管
直流稳压电源　　　　电压表
电流表　　　　　　　量筒（500 mL）
导线　　　　　　　　接线控制板
天平（0.01 g）　　　 称量瓶
秒表　　　　　　　　药勺
干燥器　　　　　　　$CuSO_4$（A.R.）
$CuSO_4 \cdot 5H_2O$（A.R.）

4 实验操作

（1）按图 C2.1 接好线路，注意开始接线路时要使仪器的电源开关和接线板的开关处于"关"的状态，接好线路经指导教师检查后方可接通电源。

（2）量热计平均热容的测定：

① 洗净杜瓦瓶，放入搅拌子，在室温下用量筒量取 500 mL 去离子水，装入杜瓦瓶中，置于磁力搅拌器上，盖好杜瓦瓶的盖子。开动搅拌器，中速搅拌。打开直流电源的电源开关，调节输出电压为 5~6 V。打开温差仪的计时开关，按一下"置零"按钮，每 30 s（温差仪每鸣响一次）记录一次温度。

② 待温度稳定（或稳定变化）时间超过 3 min 后，在某一次读温度的同时接通接线板上的加热开关，通电加热 5 min，在加热期间记录一次电流、电压值。并继续每 30 s 记录一次温度。通电加热 5 min 后，断开接线板上的开关。注意通电加热 5 min 计时要准确，可以温差仪每 30 s 鸣响一次来计时，或使用秒表。

③ 停止加热后，继续每 30 s 记录一次温度，至温度稳定（或稳定变化）时间超过 3 min。停止搅拌。杜瓦瓶中的水不要倒掉，用于后面的实验。

注意：应在①②③整个过程中计时读温度，计时不得中断或暂停，记录的数据要足够用于作出完整的雷诺校正图。

(3) $CuSO_4 \cdot 5H_2O(s)$ 水合反应温差测定：称取 $CuSO_4 \cdot 5H_2O(s)$ 8.67 g 备用。上一步操作中，在杜瓦瓶中的 500 mL 去离子水继续用于下面的操作。开动搅拌器，中速搅拌。打开温差仪的记时开关，按一下"置零"按钮，每 30 s 记录一次温度。待温度稳定（或稳定变化）时间超过 3 min 后，将称好的硫酸铜样品加入，并继续每 30 s 记录一次温度，继续读取温度至温度稳定（或稳定变化）时间超过 3 min。注意观察确定样品全部溶解。注意在整个操作过程中，计时不得中断或暂停，记录的数据要足够作出完整的雷诺校正图。

(4) $CuSO_4(s)$ 水合反应温差测定：称取 $CuSO_4(s)$ 5.54 g 备用，注意 $CuSO_4(s)$ 易吸水，应存放于干燥器中，称量操作要迅速，称好后要注意防潮。洗净杜瓦瓶，放入搅拌子，在室温下用量筒量取 500 mL 去离子水，装入杜瓦瓶中，置于磁力搅拌器上，盖好杜瓦瓶的盖子。开动搅拌器，中速搅拌。打开温差仪的记时开关，按一下"置零"按钮，每 30 s 记录一次温度。待温度稳定（或稳定变化）时间超过 3 min 后，将称好的 $CuSO_4(s)$ 样品加入，并继续每 30 s 记录一次温度，定时读取温度至温度稳定（或稳定变化）时间超过 3 min。注意观察确定样品全部溶解。在整个操作过程中，计时不得中断或暂停，记录的数据要足够用于作出完整的雷诺校正图。

5　数据记录及处理

(1) 本实验记录的数据比较多，事先针对记录格式做好准备。注意记录室温和大气压。
(2) 在坐标纸上绘出时间-温度曲线，用雷诺图校正法求出 ΔT、ΔT_1、ΔT_2。
(3) 计算 $\Delta_{hyd}H_m$。

6　注意事项

(1) $CuSO_4$ 有吸湿性，注意防潮。
(2) 结束记录温度后，打开量热计盖子观察，看样品是否完全溶解，否则需重做。
(3) 搅拌速度要均匀，不能太快。
(4) 加入样品后要迅速盖好盖子。

7　思考题

(1) 为什么不用 $CuSO_4$ 与水直接反应测定 $CuSO_4 \cdot 5H_2O$ 的水合焓？
(2) 绝热情况良好与绝热情况不良的温度校正图有什么不同？

C3　燃烧热测量

1　实验目的及要求

(1) 掌握有关热化学实验的基本知识和测量技术，了解氧弹式量热计的原理、构造及使用方法。
(2) 用氧弹式量热计测定萘的燃烧热，了解燃烧热的定义、恒压燃烧热与恒容燃烧热的区别及相互关系。

（3）学习用雷诺图解法校正温度改变值。

2 实验原理

1 mol 的有机物在 $p^{\ominus}$ 时完全燃烧所放出的热量称为有机化合物的标准摩尔燃烧焓，通常称为燃烧热。所谓完全燃烧，对燃烧产物有明确的规定，金属如银等元素变为游离状态，$H_2 \to H_2O(l)$，$S \to SO_2(g)$，$N \to N_2(g)$，$Cl \to HCl(aq)$，$C \to CO_2(g)$，碳氧化为 CO 不能认为是完全燃烧。

量热法是热力学的一个基本实验方法，燃烧热可在恒容或恒压条件下测定。由热力学第一定律可知：在不做非体积功的情况下，恒容热 $Q_V = \Delta U$，恒压热 $Q_p = \Delta H$。在氧弹式量热计中测得的燃烧热为 Q_V，而一般热化学计算常用 Q_p，若将反应物和生成物中的气相都作为理想气体处理，由 $\Delta H = \Delta U + \Delta(PV)$，$Q_p$ 与 Q_V 可通过下式进行换算：

$$Q_p = Q_V + \sum_B v_B RT \tag{C3.1}$$

式中，$\sum_B v_B$ 为反应方程式中气体物质的化学计量数之和；R 为摩尔气体常数；T 为反应温度。

在盛有定量水的容器中，放入内装有一定量的样品和氧气的密闭氧弹，然后使样品完全燃烧，放出的热量传给水及仪器，引起温度上升，则有：

$$\frac{m_{样}}{M_{样}} Q_V = \left(C_{p,\,m,\,水} \frac{m_{水}}{M_{水}} + C_{仪} \right) \Delta T \tag{C3.2}$$

式中，$m_{样}$ 为样品的质量；$M_{样}$ 为样品的摩尔质量；$C_{p,m,水}$ 为水的摩尔定压热容；$m_{水}$ 为水的质量；$M_{水}$ 为水的摩尔质量；$C_{仪}$ 为仪器的热容，常称为水当量，即仪器（不包括水）升高单位温度所需的热量；ΔT 为燃烧前后系统温度之差。计算样品摩尔恒容燃烧热 Q_V 的公式为：

$$Q_V = \frac{M_{样}}{m_{样}} \left(C_{p,\,m,\,水} \frac{m_{水}}{M_{水}} + C_{仪} \right) \Delta T \tag{C3.3}$$

不同仪器的 $C_{仪}$ 是不同的，用已知燃烧热的物质（如苯甲酸）放在量热计中燃烧，测其始、末温度，按式（C3.3）计算 $C_{仪}$。若每次水量相同，合并仪器与水的热容为 $C_{总}$，则式（C3.3）简化为：

$$Q_V = \frac{M_{样}}{m_{样}} C_{总} \Delta T \tag{C3.4}$$

在较精确的实验中，辐射热、铁丝的燃烧热、温度计的校正等都应予以考虑。氧弹式量热计如图 C3.1 所示，氧弹如图 C3.2 所示。

量热计中，反应系统与环境完全绝热是难以做到的。热交换难以避免，当反应系统温度高于环境温度（室温）时，会有热量传递到环境，也就是说，反应系统产生的热量没有完全用来使系统温度升高，因此，需要用雷诺图来校正温差 ΔT，详细内容参见本书实验 C2 硫酸铜水合焓测量。

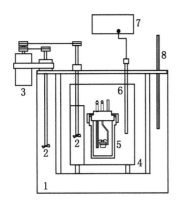

图 C3.1　氧弹式量热计

1—恒温夹套；2—搅拌器；3—电动机；4—盛水桶；
5—氧弹；6—测温探头；7—精密温差仪；8—温度计

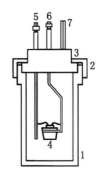

图 C3.2　氧弹

1—弹体；2—弹盖螺旋；3—弹盖；4—燃烧皿；
5—进气管兼电极；6—电极；7—出气管

3　仪器与试剂

氧弹式量热计　　　　　氧气钢瓶
万用表　　　　　　　　数字式精密温差测量仪
苯甲酸（A.R.）　　　　萘（A.R.）

4　实验步骤

(1) 将量热计及其全部附件加以整理并洗净。

(2) 压片：取约 16 cm 长的燃烧丝绕成小线圈。放在干的燃烧皿中称量。另称取0.7~0.8 g 的苯甲酸，把燃烧丝放在苯甲酸中，在压片机中压成片状（不能压得太紧，太紧会压断燃烧丝或点火后不能燃烧）。将此样品放在燃烧皿中称量，从而可得到样品的质量 m。

(3) 充氧气：把氧弹的弹头放在弹头架上，将装有样品的燃烧皿放在燃烧架上，把燃烧丝的两端分别紧绕在氧弹头中的两根电极上，用万用表测量两电极间的电阻值（两电极与燃烧皿不能相碰或短路）。把弹头放入弹杯中，用手将其拧紧。再用万用表检查两电极之间的电阻，若变化不大，则充氧。

(4) 使用高压钢瓶时必须严格遵守操作规则（参见本书 B2-5 部分）。开始先充少量氧气（约 0.5 MPa），再开启出口，以赶出弹中空气，然后充入氧气（1.5 MPa）。充好氧气后，再用万用表检查两电极间电阻，变化不大时，将氧弹放入内筒。

(5) 调节水温：取 3 000 mL 以上自来水，调节水温，使其低于外筒水温 1 ℃左右。用容量瓶取 3 000 mL 已调温的水注入内筒，水面盖过氧弹（两电极应保持干燥），如有气泡逸出，说明氧弹漏气，寻找原因，排除。装好搅拌头（搅拌时不可有金属摩擦声），把电极插头插紧在两电极上，盖上盖子；将温差测量仪探头插入内筒水中，探头不可碰到氧弹。

(6) 点火：检查控制箱的开关，注意"振动、点火"开关应拨在振动挡，旋转"点火电源"旋钮到最小。打开总电源开关，打开搅拌开关，待电动机运转 2~3 min 后，每隔 0.5 min 读取水温一次（精确至±0.002 ℃），直至连续五次水温有规律微小变化，把"振动、点火"开关由"振动"挡拨至"点火"挡，旋转"点火电源"旋钮，逐步加大电流，当数字显示开始明显升温时，表示样品已燃烧。把"振动、点火"开关拨至"振动"，将"点火"电源旋钮转至最小。燃烧皿内样品一经燃烧，水温很快上升，每 0.5 min 记录温度一次，当温度升至最高点后，再记录至少 10 次，然后停止实验。

（7）实验停止后，取出温差测量仪探头，取出氧弹，打开氧弹出气口放出余气，最后旋下氧弹盖，检查样品燃烧结果。若弹中没有燃烧残渣，表示燃烧完全，若留有许多黑色残渣表示燃烧不完全，实验失败。

（8）用水冲洗氧弹及燃烧皿，倒去内桶中的水，把各物件用纱布一一擦干，待用。

（9）测量萘的燃烧热：称取 0.4~0.5 g 萘，代替苯甲酸，重复上述实验。

5　数据处理

（1）用雷诺图解法求出苯甲酸、萘燃烧前后的温度差 ΔT。

（2）计算量热计的 $C_{仪}$ 或 $C_{总}$，已知苯甲酸在 298.2 K 的燃烧热为：$Q_p = -3\,226.8$ kJ/mol。

（3）计算萘的燃烧热。

6　注意事项

（1）待测样品需干燥，受潮样品不易燃烧且称量有误。

（2）注意压片的紧实程度，太紧不易燃烧。燃烧丝需压在片内，如浮在片表面会引起样品熔化而脱落，不发生燃烧。

（3）在燃烧第二个样品时，应重新调节内筒水水温。

7　思考题

（1）在本实验中，如何划分系统和环境？实验过程中有无热损耗？这些热损耗对实验结果有何影响？

（2）加入内桶中的水的水温为什么要选择比外筒水温低？低多少为合适？为什么？

（3）分析产生实验误差的主要因素，提出提高实验精度的设想。

C4　溶解热测量

1　实验目的及要求

（1）了解电热补偿法测定热效应的基本原理。

（2）用电热补偿法测定硝酸钾在水中的积分溶解热，通过计算或作图求出硝酸钾在水中的微分溶解热、积分冲淡热和微分冲淡热。

（3）掌握用微机采集数据、处理数据的实验方法和实验技术。

2　实验原理

物质在溶解过程中的热效应称为溶解热，物质溶解过程包括晶体点阵的破坏、离子或分子的溶剂化、分子电离（对电解质而言）等过程，这些过程热效应的代数和就是溶解过程的热效应，溶解热包括积分（或变浓）溶解热和微分（或定浓）溶解热。把溶剂加到溶液中使之稀释，其热效应称为冲淡热，包括积分（或变浓）冲淡热和微分（或定浓）冲淡热。

溶解热 Q：在恒温、恒压下，物质的量为 n_2 的溶质溶于物质的量为 n_1 的溶剂（或溶于某浓度的溶液）中产生的热效应。$n_1/n_2=n_0$。

积分溶解热 Q_s：在恒温、恒压下，1 mol 溶质溶于物质的量为 n_1 的溶剂中产生的热效应。

微分溶解热 $\left(\dfrac{\partial Q}{\partial n_2}\right)_{n_1}$：在恒温、恒压下，1 mol 溶质溶于某一确定浓度的无限量的溶液中产生的热效应。

冲淡热：在恒温、恒压下，物质的量为 n_1 的溶剂加入到某浓度的溶液中产生的热效应。

积分冲淡热 Q_d：为某两浓度的积分溶解热之差，在恒温、恒压下，把原含 1 mol 溶质和 n_{02} mol 溶剂的溶液冲淡到含溶剂为 n_{01} mol 时的热效应。

微分冲淡热 $\left(\dfrac{\partial Q}{\partial n_1}\right)_{n_2}$ 或 $\left(\dfrac{\partial Q_s}{\partial n_0}\right)_{n_2}$：在恒温、恒压下，1 mol 溶剂加入到某一确定浓度的无限量的溶液中产生的热效应。

它们之间的关系可表示为：

$$\mathrm{d}Q = \left(\dfrac{\partial Q}{\partial n_1}\right)_{n_2} \mathrm{d}n_1 + \left(\dfrac{\partial Q}{\partial n_2}\right)_{n_1} \mathrm{d}n_2 \tag{C4.1}$$

上式在比值 $\dfrac{n_1}{n_2}$ 恒定下积分，得：

$$Q = \left(\dfrac{\partial Q}{\partial n_1}\right)_{n_2} n_1 + \left(\dfrac{\partial Q}{\partial n_2}\right)_{n_1} n_2 \tag{C4.2}$$

全式除以 n_2 得：

$$\dfrac{Q}{n_2} = \left(\dfrac{\partial Q}{\partial n_1}\right)_{n_2} \dfrac{n_1}{n_2} + \left(\dfrac{\partial Q}{\partial n_2}\right)_{n_1} \tag{C4.3}$$

$\dfrac{Q}{n_2}=Q_s$，令：

$$\dfrac{n_1}{n_2} = n_0 \tag{C4.4}$$

即 $Q=n_2 Q_s$，$n_1=n_2 n_0$，则：

$$\left(\dfrac{\partial Q}{\partial n_1}\right)_{n_2} = \left[\dfrac{\partial(n_2 Q_s)}{\partial(n_2 n_0)}\right]_{n_2} = \left(\dfrac{\partial Q_s}{\partial n_0}\right)_{n_2} \tag{C4.5}$$

将式（C4.4）、式（C4.5）代入式（C4.3）得：

$$Q_s = \left(\dfrac{\partial Q}{\partial n_2}\right)_{n_1} + n_0 \left(\dfrac{\partial Q_s}{\partial n_0}\right)_{n_2} \tag{C4.6}$$

$$Q_d = (Q_s)_{n_{01}} - (Q_s)_{n_{02}} \tag{C4.7}$$

式（C4.6）、式（C4.7）可以用图 C4.1 表示，积分溶解热 Q_s 由实验直接测定，其他三种

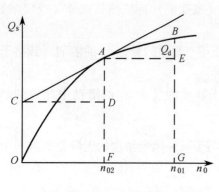

图 C4.1 Q_s-n_0 图

热效应则可通过 Q_s-n_0 曲线求得，在 Q_s-n_0 图上，不同 n_0 点的切线斜率为对应于该浓度溶液的微分冲淡热，即 $\left(\dfrac{\partial Q_s}{\partial n_0}\right)_{n_2} = \dfrac{AD}{CD}$。该切线在纵坐标上的截距为 OC，即为相应于该浓度溶液的微分溶解热 $\left(\dfrac{\partial Q}{\partial n_2}\right)_{n_1}$。

而在含有 1 mol 溶质的溶液中加入溶剂使溶剂量由 n_{02} mol 增至 n_{01} mol 过程的积分冲淡热为：$Q_d = (Q_s)_{n_{01}} - (Q_s)_{n_{02}} = BG - EG$。

由图可知，积分溶解热随 n_0 而变化，当 n_0 很大时，积分溶解热 Q_s 趋于不变。随 n_0 的增加，微分冲淡热 $\left(\dfrac{\partial Q_s}{\partial n_0}\right)_{n_2}$ 减小，微分溶解热 $\left(\dfrac{\partial Q}{\partial n_2}\right)_{n_1}$ 增加。当 $n_0 \to \infty$ 时，微分冲淡热为 0，微分溶解热为 Q_s。

欲求溶解过程的各种热效应，应先测量各种浓度下的积分溶解热。可采用累加的办法，先在纯溶剂中加入溶质，测出热效应，然后在这溶液中再加入溶质，测出热效应，根据先后加入溶质的总量可计算 n_0，根据各次热效应总和计算该浓度下的积分溶解热。本实验测量硝酸钾溶解在水中的溶解热，是一个溶解过程中温度随反应的进行而降低的吸热反应，故采用电热补偿法测定。先测定体系的起始温度 T，当反应进行后温度不断降低时，由电加热法使体系复原至起始温度，根据所耗电能求出其热效应 Q。

$$Q = I^2 Rt = IUt \tag{C4.8}$$

式中，R 为电热丝的电阻；I 为通过电热丝的电流；U 为电热丝两端所加的电压；t 为通电时间。

本实验利用反应热数据采集接口系统，通过微机采集测量温度、电流、电压、时间等数据，绘制 $Q_s \sim n_0$ 图，计算积分溶解热、微分溶解热、微分冲淡热、积分冲淡热等数据。实验装置如图 C4.2 所示。

在数据采集接口装置中，仪器的前面板上有 3 个输入通道（温度传感器、电压输入、电流输入），即实验中微机需要的三个信号（加热器上的电流信号、电压信号和温度传感器的温度信号）。仪器的后面板上有电源开关、保险丝座和串行口接口插座。在精密稳流电源前面板上有直流电源输出接头、输出调节旋钮，后面板上有电源开关。

将稳流电源输出正端（+）与接口装置电压输入正端（+）相接，再与加热器一端相接。加热器另一端接入接口装置电压输入负端（−），再与接口装置电流输入正端（+）相接。接口装置电流输入负端（−）接稳流电源输出负端（−），如图 C4.2 所示。

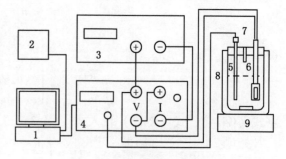

图 C4.2 实验装置示意图

1—微机；2—打印机；3—稳流电源；4—数据采集接口；
5—测温探头；6—电热管；7—气孔；
8—杜瓦瓶；9—电磁搅拌器

温度传感器用于测温,插入杜瓦瓶中。

将串行通信线缆一端接接口装置后面板上的串行口接口插座,另一端接微机的串行口一。

实验软件系统对仪器的电流、电压进行标定,通过串口采集电压、电流、温度、温差值,每秒记录一次原始数据,包括时间、温差、加热电流、加热电压。在测量窗口显示温差值,并图示温差随时间的变化,直观地反映在溶解过程中,吸热使温度下降,电加热使温度回升,即补偿法量热原理。软件系统判断消除温差测量的干扰信号。由于在加热过程中,加热功率往往难以恒定,实验软件实时显示加热功率,根据每一时刻的功率计算热量并累计,在测量窗口显示加热时间并显示加热热量累计值。在溶解过程中,软件逐步提示加入下一份溶质,至全部溶解完成后,软件将测量数据存盘保存。

溶解热测量实验数据处理过程比较复杂,实验软件提供由易到难的三种方案供学生选择:

C 方案,由测量软件自动处理数据、打印实验结果。

B 方案,根据溶解每份硝酸钾对应的热量数据,学生自己做 Q_s-n_0 图,求算特定点的切线斜率、切线截距等,并计算结果。

A 方案,得到一个数据电子文件,包括每秒钟的温差、加热电流、加热电压等数据,学生自己用通用软件(如 excel、origin 等)计算每份硝酸钾对应的热量,做 Q_s-n_0 图,求算特定点的切线斜率、切线截距等,并计算实验结果。

学生选择不同的数据处理方案,会得到不同的成绩。学生既可以选择其中一种方案,也可以几种方案全选,即先选择难度最低的方案进行实验,然后在课后练习用难度更大的方案处理数据。

实验软件菜单及功能如表 C4.1 所示。测量界面如图 C4.3 所示。

表 C4.1 软件菜单及其功能

一级菜单	二级菜单	功　能
文件	新建	新建文件,输入并存储学生信息,记录实验数据
	打开	打开已有文件。实验出现意外而中断了实验操作时,可重启溶解热测量实验软件,打开原来的文件,继续进行实验
	退出	退出软件系统
实验	溶解硝酸钾	逐份溶解硝酸钾,实时采集、记录、显示实验数据
	录入数据	录入每份硝酸钾的质量、溶剂(水)质量
	处理数据	处理实验数据,计算实验结果。可以显示 Q_s-n_0 图,显示数据与实验结果,打印图、实验数据与实验结果。提供 3 种方案,可以单选,也可以全选
帮助	内容	帮助内容,包括软件菜单功能说明、实验操作提示、实验原理、实验线路连接图示
	标定	标定实验系统。安装溶解热测量实验软件后,或更换了溶解热接口装置时,需要先进行标定,然后才能进行测量实验。有标定操作提示和标定连线图示

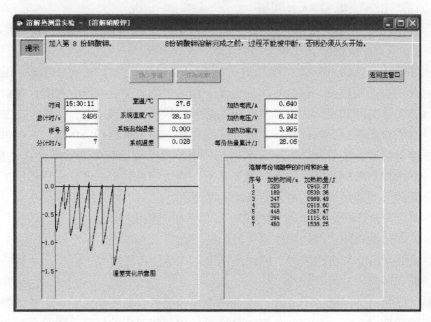

图 C4.3 测量界面

3 仪器与试剂

反应热测量数据采集接口装置：NDRH-1 型，温度测量范围为 0 ℃~40 ℃，温度测量分辨率为 0.001 ℃；电压测量范围为 0~20 V，电压测量分辨率为 0.01 V；电流测量范围为 0~2 A，电流测量分辨率为 0.01 A。

精密稳流电源。

微机、打印机。

量热计（包括杜瓦瓶，搅拌器，加热器，搅拌子）。

称量瓶 8 只，研钵。

KNO_3(A.R.)。

4 实验步骤

（1）将 8 个称量瓶编号。

（2）将硝酸钾（已烘干处理、多于 26 g）进行研磨。

（3）分别称量约 2.5 g、1.5 g、2.5 g、3.0 g、3.5 g、4.0 g、4.0 g、4.5 g 硝酸钾，放入 8 个称量瓶中。称量方法：首先用 0.1 g 精度的电子天平（去皮法），在每个称量瓶中加入需要量的硝酸钾；然后在 0.000 1 g 精度的电子天平上，分别称量每份样品（硝酸钾+称量瓶）的精确重量；称好后放入干燥器中备用。在将硝酸钾加入到水中时，不必将硝酸钾完全加入，称量瓶中残留的少量硝酸钾通过称量予以去除。

（4）使用 0.1 g 精度天平称量 216.2 g 去离子水，放入杜瓦瓶内。将杜瓦瓶置于电磁搅拌器上。将加热器放入已盛水的杜瓦瓶中，使加热器的电热丝部分全部位于液面以下。

（5）按图 C4.2 检查连接实验装置线路。

（6）先启动微机，后接通熔解热测定数据采集接口装置和稳流电源，否则会发生干扰现象，实验系统不能工作。接通稳流电源之前，应检查电流调节旋钮是否逆时针转到底（电流输出零位置）。

（7）启动溶解热测量软件，实验操作过程中，溶解热测量实验界面窗口不要最小化，也不要被其他视窗覆盖。

（8）执行"文件"→"新建"命令，新建一个文件。

（9）执行"实验"→"溶解硝酸钾"命令，溶解硝酸钾。首先将测温探头从杜瓦瓶中拿出，测量室温，并确认。

（10）打开电磁搅拌器电源，调节合适的搅拌速度。将温度传感器置于已盛水的杜瓦瓶中，调节加热器功率。等待杜瓦瓶中水温高于室温 0.5 ℃ 后，将 8 份硝酸钾逐份溶解，过程中间不能停止，否则只能从第一份重新开始溶解过程。

（11）溶解硝酸钾的过程完成后，将稳流电源调节旋钮逆时针调到底（电流输出为零），关闭电磁搅拌器。

（12）在 0.000 1 g 精度的电子天平上，称量空的称量瓶（包括残留的少量硝酸钾）的重量，计算每份样品中溶解的硝酸钾的重量。

（13）执行"实验"→"录入数据"命令，录入每份硝酸钾的质量、溶剂（水）质量。

5 数据处理

执行"实验"→"处理数据"命令，计算实验结果。实验有 3 种数据处理方案，选择不同的数据处理方案，得到不同的成绩。可单选，也可多选。

6 注意事项

（1）本实验应确保样品充分溶解，因此实验前加以研磨。
（2）实验时需有合适的搅拌速度。
（3）实验结束后，杜瓦瓶中不应存在硝酸钾的固体。

7 思考题

实验设计在体系温度高于室温 0.5 ℃ 时加入第一份 KNO_3，为什么？

C5 综合热分析

1 实验目的及要求

（1）掌握差热和热重分析基本原理，了解数据处理方法。
（2）对样品进行差热、热重分析，作出差热、热重分析谱图，并给予定性解释。
（3）熟悉差热热重综合热分析仪的使用方法。

2 实验原理

热分析技术是在程序温度（指等速升温、等速降温、恒温、步级升温等）控制下，测量物质的性质随温度的变化情况。用于研究物质在某一特定温度时发生的某些参数的变化，进一步研究物质的结构和性能之间的关系，研究反应规律，制定工艺条件等。在本实验中，学习差热分析（DTA）和热重分析（TG）。

差热分析（Differential Thermal Analysis，简称 DTA），可确定物质相变温度、热效应大小，鉴别物质，进行相的定性和定量分析，获得一些动力学参数等。

物质发生状态变化时（包括化学变化及相变），常伴随有吸热、放热效应，如熔化、晶形转变、分解等。观察物质在加热或冷却过程中，在什么温度范围有较大热量得失，可鉴别物质是否发生了状态变化，并能确定变化的起始温度，如冷却曲线法。但冷却曲线方法使用样品量较大，对热效应很小的过程难以检出。这种情况下，需用较灵敏的方法进行研究。差热分析就是较灵敏的方法之一。

差热分析是在加热或冷却过程中，一方面记录样品或基准物质的温度-时间曲线，同时记录样品和基准物质的温度差-时间曲线（差热曲线），如图 C5.1 所示，图中 1 为基准物质温度曲线，2 为样品温度曲线，3 为差热曲线。将样品和热稳定的基准物质同置于等速升温的电炉中，如样品无变化时，样品与基准物温度相同，二者温差为零。在 ΔT 对时间 t 的差热曲线上显示水平线段（AB）。当样品发生相变或化学变化时，伴随有吸热或放热，样品与基准物质间产生了温度偏离，样品温度会低于（吸热时）或高于（放热时）基准物质温度，在差热曲线上就出现峰（一般规定放热峰为正）或谷（吸热为负峰即称谷），如图中 BCD 线所示，直到变化结束，温差逐渐消失，又复现水平线 DE。

差热谱图以温度差 ΔT 为纵坐标，时间 t 为横坐标表示。差热峰的起始温度即代表变化（相变化或化学变化）的起始温度，峰的面积与热效应成正比，峰的形状与反应的动力学性质有关。

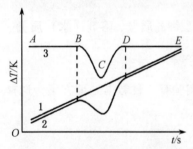

图 C5.1　差热分析曲线示意图

但实际差热曲线，常因样品与基准物（或反应产物与初始样品）的热容、热导率等的差异或测量仪器的灵敏度等复杂原因导致曲线上各转折点变圆滑，且基线漂移而不与时间轴平行，确定反应起始温度较困难，如图 C5.2 所示。在漂移不严重的情况下，可用下述方法确定：反应起始于 A 点，峰顶点为 B，由峰前坡取斜率最大的一点作切线与 A 点切线相交于 E 点（称为外延起始点），E 点对应温度为 T_{e0}。国际热分析协会（ICTA）对共同试样的测定结果，确认 T_{e0} 最接近热力学平衡温度，它受实验条件影响较小，重复性较好，且与其他方法测定的起始反应温度一致，所以国际热分析协会推荐用 T_{e0} 表示转变温度。

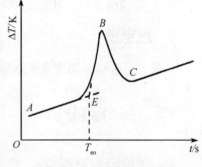

图 C5.2　实际差热曲线

差热分析是在升温（或降温）条件下进行的动态测定。随升温（或降温）速率的不同，反应起始温度稍有变化。速率越小，差热曲线峰越小，峰出现温度越近于平衡温度，为求正确相变温度，加热速率应小些好。但为定性检验样品有无变化，加热速率应大些，效果明显好。加热速率还与实验装置、样品管的形状大小、感温元件的迟滞时间等因素有关。最适合的加热速率通常在 0.3~10 ℃/min 范围。如相变时有过冷、过热现象发生，峰（或谷）的形状会尖锐一些。

热重（TG）分析法，是在程序温度控制下，测量试样的重量随温度变化情况的一种技术，可以用来测定物质的脱水、分解和煤的组分等。通过热天平连续、自动地记录试样重量随温度变化情况，得到热重曲线，如图 C5.3 所示。热重曲线的横坐标为温度，纵坐标为质量（或质量分数）。从热重曲线可以得到试样中某些成分的质量分数及转变温度。在热天平仪器中常常附有微分计算单元，对热重曲线进行求导，得到微分热重（DTG）曲线，如图 C5.3

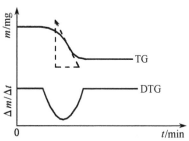

图 C5.3　TG 和 DTG 曲线

所示。通过微分热重曲线，可以比较明显地判定起始转变温度和转变速率，曲线的峰顶是试样质量变化速率的最大值，该点对应的温度是试样失重速率最快点的温度。

综合型的热分析仪，例如 ZRY-2P 综合热分析仪，将差热分析和热重分析结合，对试样执行一次程序温度过程，微型计算机同时记录温度及温差、质量数据，得到 DTA、TG、DTG 曲线。并可对曲线分别进行处理，得到有关数据。

3　仪器与试剂

综合热分析仪　　　　　　$CuSO_4 \cdot 5H_2O$(A.R.)
$BaCl_2 \cdot 2H_2O$(A.R.)　　$(NH_4)_2CO_3$(A.R.)
$C_{10}H_8$(萘)(A.R.)　　　C_6H_5COOH(A.R.)
$CaC_2O_4 \cdot H_2O$(A.R.)　　$\alpha\text{-}Al_2O_3$(基准物)
SiO_2(基准物)

4　实验步骤

(1) 熟悉综合热分析仪的基本结构和操作使用方法，参见本书 B12 部分，熟悉操作软件的使用方法。

(2) 根据教师指定的实验样品，设计控温程序，包括开始温度、升温速率、终止温度、保温时间、气体流速等，也可以设计分段控温程序，在不同的温度范围有不同的升温速率。设计的控温程序需经教师认可。

(3) 按照设计的控温程序运行控温程序，对样品进行热分析操作，实时采集数据。在微机上观察有关参数及绘出的曲线。

(4) 控温程序结束后，让加热炉降温。在微机上处理数据，打印图谱和有关数据。

5　数据处理

按照教师的要求，对图谱进行分析，打印图谱和有关数据。

6　思考题

(1) 差热分析与简单热分析（冷却曲线）有何异同？
(2) 在热重分析过程中，样品的重量为什么会发生变化？样品的重量有可能增加吗？

C6 凝固点降低法测量摩尔质量

1 实验目的及要求

（1）用凝固点降低法测量萘的摩尔质量。
（2）掌握精密电子温差仪的使用方法。

2 实验原理

非挥发性溶质二组分溶液，其稀溶液具有依数性，凝固点降低就是依数性的一种表现。根据凝固点降低的数值，可以求溶质的摩尔质量。对于稀溶液，如果溶质和溶剂不生成固溶体，固体是纯的溶剂，在一定压力下，固体溶剂与溶液成平衡的温度叫作溶液的凝固点。溶剂中加入溶质时，溶液的凝固点比纯溶剂的凝固点低，其凝固点降低值 ΔT_f 与溶质的质量摩尔浓度 b 成正比。

$$\Delta T_f = T_f^0 - T_f = K_f b \tag{C6.1}$$

式中，T_f^0 为纯溶剂的凝固点；T_f 为浓度为 b 的溶液的凝固点；K_f 为溶剂的凝固点降低常数。

若已知某种溶剂的凝固点降低常数为 K_f，并测得溶剂和溶质的质量分别为 m_A，m_B 的稀溶液的凝固点降低值 ΔT_f，则可通过下式计算溶质的摩尔质量 M_B。

$$M_B = \frac{K_f}{\Delta T_f} \frac{m_B}{m_A} \tag{C6.2}$$

式中，K_f 的单位为 $K \cdot kg \cdot mol^{-1}$。

凝固点降低值的大小，直接反映了溶液中溶质有效质点的数目。如果溶质在溶液中有离解、缔合、溶剂化和配合物生成等情况，这些均影响溶质在溶剂中的表观相对分子量。因此凝固点降低法也可用来研究溶液的一些性质，例如电解质的电离度、溶质的缔合度、活度和活度系数等。

纯溶剂的凝固点为其液相和固相共存的平衡温度。若将液态的纯溶剂逐步冷却，在未凝固前温度将随时间均匀下降，开始凝固后因放出凝固热而补偿了热损失，体系将保持液-固两相共存的平衡温度而不变，直至全部凝固，温度再继续下降。其冷却曲线如图 C6.1 中 1 所示。但实际过程中，当液体温度达到或稍低于其凝固点时，晶体并不析出，这就是所谓的过冷现象。此时若加以搅拌或加入晶种，促使晶核产生，则大量晶体会迅速形成，并放出凝固热，使体系温度迅速回升到稳定的平衡温度；待液体全部凝固后温度再逐渐下降。冷却曲线如图 C6.1 中 2 所示。

溶液的凝固点是该溶液与溶剂的固相共存的平衡温度，其冷却曲线与纯溶剂不同。当有溶剂凝固析出时，剩余溶液的浓度逐渐增大，因而溶液的凝固点也逐渐下降。因有凝固热放出，冷却曲线的斜率发生变化，即温度的下降速度变慢，如图 C6.1 中 3 所示。本实验要测定已知浓度溶液的凝固点。如果溶液过冷程度不大，析出固体溶剂的量很少，对原始溶液浓度影响不大，则以过冷回升的最高温度作为该溶液的凝固点，如图 C6.1 中 4 所示。

确定凝固点的另一种方法是外推法，如图 C6.1 中的 5 和图 C6.2 所示，首先记录绘制纯溶剂与溶液的冷却曲线，作曲线后面部分（已经有固体析出）的趋势线并延长使其与曲线的前面部分相交，其交点就是凝固点。

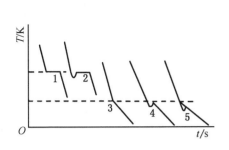

图 C6.1 纯溶剂和溶液的冷却曲线

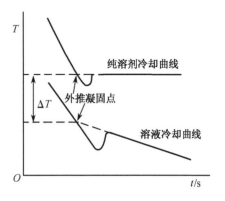

图 C6.2 外推法求纯溶剂和溶液的凝固点

3 仪器与试剂

样品管	样品管塞
外套管	小搅拌杆
大搅拌杆	水浴缸
精密电子温差仪	水浴缸盖
温度计	移液管（25 mL）
洗耳球	天平（0.000 1 g）
锤子	毛巾
滤纸	冰块
环己烷（A.R.）	萘（A.R.）
电动搅拌凝固点实验装置	

4 实验步骤

可以采用三种方法测得凝固点降低值 ΔT_f。

方法一：手动搅拌通过观察温度回升最高点确定凝固点。

(1) 参见本书 B1-5 部分，熟悉精密电子温差仪的使用方法。

(2) 安装实验装置。实验装置如图 C6.3 所示，检查测温探头，要求洁净。冰水浴槽中准备好冰和水，温度最好控制在 3.5 ℃ 左右。用移液管取 25.00 mL（或称量 20.00 g 左右）分析纯的环己烷注入已洗净干燥的样品管中。注意冰水浴高度要超过样品管中环己烷的液面，将精密电子温差仪的测温探头擦干并插入样品管中，注意测温探头应位于环己烷的中间位置，检查搅拌杆，使之能顺利上下搅动，不与测温探头和管壁接触摩擦。

(3) 环己烷凝固点的测定。先粗测凝固点，将样品管直接浸入冰水浴中，平稳搅拌使之冷却，当开始有晶体析出时，放入外套管中继续缓慢搅拌，待温度较稳定、温差仪的示值变化不大时，按温差仪的"设定"按钮。此时温差仪显示为"0.000"，也就是环己烷的近似凝固点。取出样品管，用手微热，使结晶完全熔化（不要加热太快太高）。然后将样品管

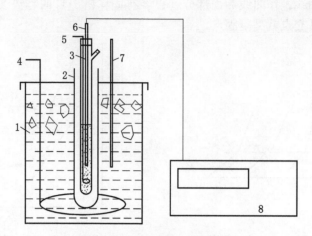

图C6.3　手动搅拌实验装置
1—玻璃缸；2—外套管；3—样品管；4，5—搅拌器；
6—温差仪探头；7—冰水浴温度计；8—精密温差仪

放入冰水浴中，均匀搅拌。当温度降到比近似凝固点高0.5 K时，迅速将样品管从冰水浴中拿出，擦干，放入外套管中继续冷却到比近似凝固点低0.2~0.3 K，开始轻轻搅拌，此时过冷液体因结晶放热而使温度回升，此稳定的最高温度即为纯环己烷的凝固点。使结晶熔化，重复操作，直到取得三个偏差不超过±0.005 K的数据为止。

(4) 溶液凝固点的测定。用分析天平称量压成片状的萘0.10~0.12 g，小心地从凝固点支管加入样品管中，搅拌使之全部溶解。同步骤(3)先测定溶液的近似凝固点，再准确测量精确凝固点，注意最高点出现的时间很短，需仔细观察。测定过程中冷度不得超过0.2 K，偏差不得超过0.005 K。

方法二：手动搅拌作步冷曲线确定凝固点。

(1) 检查测温探头，要求洁净，可以用环己烷清洗测温探头并晾干。准备冰块，将冰从容器中取出(如何取)，用布包好，用木槌砸成碎块备用。准备冰水浴。按图C6.3所示将仪器安装好。

(2) 纯溶剂环己烷凝固点的测定：用移液管取25.00 mL(或称量20.00 g左右)分析纯的环己烷放入洗净干燥的样品管中，将精密温差仪的测温探头插入样品管中，注意测温探头应位于环己烷液体的中间位置。将样品管直接放入冰水浴中，均匀缓慢地搅拌，1~2 s一次为宜。观察温度变化，当温度显示基本不变或变化缓慢时，说明此时液相中开始析出固相，按精密温差仪的"设定"按钮，此时温差仪显示为"0.000"，也就是环己烷的近似凝固点。

(3) 将样品管从冰水浴中拿出，用毛巾擦干管外壁的水，用手温热样品管使结晶完全熔化，至精密温差仪显示为6 ℃~7 ℃时，将样品管放入作为空气浴的外套管中，均匀缓慢搅拌，1~2 s一次为宜。定时读取并记录温度，温差仪每30 s鸣响一次，可依此定时读取温度值。当样品管里面液体中开始出现固体时，再继续操作、读数约10 min。注意：判断样品管中是否出现固体，不是直接观察样品管里面，而是从记录的温度数据上判断，即温度由下降较快变为基本不变的转折处。重复本步骤一次。

(4) 溶液凝固点的测定：精确称取萘 0.100 0~0.120 0 g，小心加入到样品管中的溶剂中，注意不要让萘粘在管壁，并使其完全溶解。注意在使萘溶解时，不得取出测温探头，溶液的温度不得过高，以免超出精密温差测量仪的量程。

(5) 待萘完全溶解形成溶液后，将样品管放入作为空气浴的外套管中，均匀缓慢搅拌，1~2 s 一次为宜。定时读取记录温度，温差仪每 30 s 鸣响一次，可依此定时读取温度值。当样品管里面液体中开始出现固体（思考：是什么？）时，再继续操作、读数约 10 min。注意：判断样品管中是否出现固体，不是直接观察样品管里面，而是从记录的温度数据上判断，即温度由下降较快变为下降较慢的转折处。重复本步骤一次。

(6) 实验完毕后，将环己烷溶液倒入回收瓶。

方法三：电动搅拌作步冷曲线确定凝固点。

(1) 电动搅拌凝固点实验装置如图 C6.4 所示。由冰水浴缸、特制的外套管、样品管、管塞、电动搅拌器、电子精密温差仪组成完整的凝固点测量实验装置。样品用电动搅拌，两挡速度可调。插拔电动搅拌器的插头，一定要将电源开关置于断的位置。

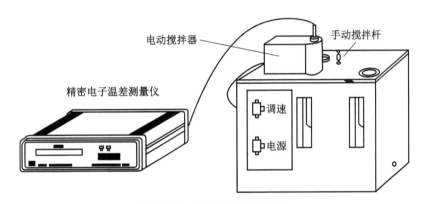

图 C6.4　电动搅拌实验装置

(2) 冰水浴用手动搅拌，实验过程中，应经常搅拌冰水浴。

(3) 将冰块放入冰水浴缸内，加水。将外套管放入冰水浴中。

(4) 测量纯溶剂（环己烷）的步冷曲线。

(5) 称量 20.00 g 左右分析纯的环己烷放入洗净干燥的样品管中，将电动搅拌器及精密温差仪测温探头插入样品管中，注意测温探头应位于环己烷液体的中间位置。电动搅拌杆与测温探头不要接触。开启电子精密温差仪。

(6) 将样品管直接放入冰水浴中，开启电动搅拌。观察温差仪读数变化，开始下降较快，当样品管中有固体析出时，下降变得很慢，此时可以将样品管从冰水浴中取出，可观察到样品管中有固体析出，此时，将温差仪置零，也就在环己烷凝固点附近，让温差仪显示为 0。

(7) 将样品管从冰水浴中拿出，擦干样品管外壁的水，用手握住样品管使固体完全熔化。至温差显示为 5 ℃~7 ℃时，将样品管放入冰水浴中的外套管中。

(8) 定时读取并记录温度，温差仪每 30 s 鸣响一次，可依此定时读取。

(9) 观察分析记录的温度数据，当温度由下降较快变为基本不变或变化很小后，再继续读数约 10 min。将样品管拿出外套管，应观察到有固体析出。

（10）重复（7）～（9）步骤一次。

（11）测量溶液步冷曲线。

（12）称取萘 0.100 0～0.120 0 g，小心加入到样品管的溶剂中，注意不要让萘粘在管壁，并使其完全溶解。注意在使萘溶解时，不得取出测温探头，溶液的温度不得过高，以免超出精密温差测量仪的量程。

（13）待萘完全溶解形成溶液后，将样品管放入冰水浴中的外套管中，定时读取记录温度。

（14）观察分析记录的温度数据，当温度由下降较快变为变化较小后，再继续读数约 10 min。将样品管拿出外套管，应观察到有固体析出。

（15）用手握住样品管使固体完全熔化。重复（13）～（14）步骤一次。

5　数据记录与处理

（1）计算室温 t ℃时环己烷的密度。计算公式为

$$\rho/(\mathrm{g}\cdot\mathrm{cm}^{-3}) = 0.797\ 1 - 0.887\ 9 \times 10^{-3} t/℃$$

（2）方法一，根据测得的环己烷和溶液的凝固点，计算萘的摩尔质量。

（3）方法二、三，列表记录时间-温度数据，并画出纯溶剂和溶液的步冷曲线，用外推法求凝固点（见图 C6.2）。然后求出凝固点降低值 ΔT_f，计算萘的摩尔质量。

6　注意事项

（1）测温探头应擦干后再插入样品管。不使用时注意妥善保护测温探头。

（2）加入固体样品时要小心，勿粘在壁上或撒在外面，以保证量的准确。

（3）熔化样品和溶解溶质时切勿升温过高，以防超出温差仪量程。

7　思考题

（1）如溶质在溶液中离解、缔合和生成配合物，对摩尔质量测定值有何影响？

（2）加入溶质的量太多或太少有何影响？

（3）为什么会有过冷现象产生？

C7　双液系沸点-组成图测绘

1　实验目的及要求

（1）在大气压下，测定环己烷-乙醇体系气、液平衡相图（沸点-组成图）。

（2）掌握阿贝折光仪的测量原理和使用方法。

2　实验原理

一个完全互溶的双液系，两个纯液体组分，在所有组成范围内完全互溶。在定压下，完全互溶的双液系的沸点-组成图可分为三类，如图 C7.1 所示。

如图 C7.1（a）所示溶液的沸点介于两纯组分沸点之间，如苯-甲苯体系；

如图 C7.1（b）所示溶液有最低恒沸点，如环己烷-乙醇体系；

如图 C7.1（c）所示溶液有最高恒沸点，如丙酮-氯仿体系。

如图 C7.1（b）、（c）所示两类溶液在最高或最低恒沸点时气、液两相组成相同，加热蒸发只能使气相总量增加，气、液相组成及溶液沸点保持不变，此温度称为恒沸点，相应组成称为恒沸组成。

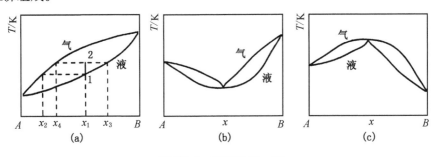

图 C7.1　双液系 T-x 图

下面以图 C7.1（a）为例，简单说明绘制沸点-组成图的原理。加热总组成为 x_1 的溶液，体系的温度上升，达到液相线上的 1 点时溶液开始沸腾，组成为 x_2 的气相开始生成，但气相量很少（趋于 0），x_1，x_2 二点代表达到平衡时液、气两相组成。继续加热，气相量逐渐增多，沸点继续上升，气、液二相组成分别在气相线和液相线上变化，当达某温度（如 2 点）并维持温度不变时，则 x_3，x_4 为该温度下液、气两相组成，气相、液相的量之比按杠杆规则确定。从相律 $f=c-p+2$ 可知：当外压恒定时，在气、液两相共存区域自由度等于 1；当温度一定时，则气、液两相的组成也就确定，总组成一定，由杠杆规则可知两相的量之比也已确定。因此，在一定的实验装置中，全回流的加热溶液，在总组成、总量不变时，当气相的量与液相的量之比也不变时（达气-液平衡），则体系的温度也就恒定。分别取出气、液两相的样品，分析其组成，得到该温度下气、液两相平衡时各相的组成。改变溶液总组成，得到另一温度下，气、液两相平衡时各相的组成。测得溶液若干总组成下的气、液平衡温度及气、液相组成，分别将气相点用线连接即为气相线，将液相点用线连接即为液相线，得到沸点-组成图。

气相、液相的成分分析采用折光率法：先绘出折光率-组成（n-x）的等温线，方法是在定温下测定已知各种组成（x）溶液的折光率（n），绘出 n-x 等温线。对于未知组成的样品，取出各相样品后，迅速测出该温度下的折光率（n），便可以从 n-x 线查出其相应组成。

3　仪器与试剂

折光仪	恒温槽
温度计（数字式）	电热套
沸点仪	锥形瓶（具塞）
量筒	移液管
吸管	洗耳球
橡皮塞	镜头纸

标签纸　　　　　　　　　环己烷（A.R.）
无水乙醇（A.R.）

4　实验步骤

本实验绘制环己烷-乙醇双液系的沸点-组成图。一般精确测定气、液平衡温度是相当困难的，因液相易发生过热现象，气相中又有冷凝过程。采用沸点仪是减少这些误差的方法之一。沸点仪种类很多，如图 C7.2 所示，是一支带有回流冷凝管的长颈圆底烧瓶。冷凝管底部有一凹槽，用以收集气相冷凝下来的样品。液相样品则通过烧瓶上的支管抽取。用电热套加热，用数字温度计测温。

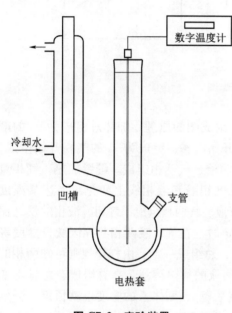

图 C7.2　实验装置

实验中改换不同组成的溶液的方法一般有三种：第一种是使用 10 个磨口塞锥形瓶和 1 个沸点仪，首先配制组成大致平均分布的 10 种溶液（再多几种更好），存于磨口塞锥形瓶中，依次将每种溶液倒入沸点仪进行测量，然后全部倒出，再更换另一种溶液，使用过的溶液其他组同学还可以继续使用，或继续使用前对组成进行调整；第二种方法是使用 10 个沸点仪，在每个沸点仪中分别装好组成大致平均分布的 10 种溶液，分别安装温度计与电热套进行测量，沸点仪中的溶液被使用几次后应对其组成进行调整。第三种方法是使用一个沸点仪，首先装入某一纯组分，然后逐步取出少许，添加另一组分。下面以第一种方法为例介绍其实验操作步骤。

（1）检查折光仪与恒温槽的恒温水连接管路，调节恒温槽至 20.0 ℃ 或 25.0 ℃。熟悉折光仪的使用方法，折光仪使用方法参见本书 B4 部分，在本实验中，因为用折光仪测量的样品是无水乙醇和环己烷，均易挥发，因此测量一种样品后，用洗耳球将测量棱镜处留下的液体吹干净，而不须用其他溶剂去清洗。

（2）在 10 个 50 mL 具塞锥形瓶中分别配制不同组成的溶液，组成比例如表 C7.1 所示。

（3）在沸点仪中，加入约 30 mL 第一组液体，放入沸石。按图 C7.2 所示装好温度计及电热套。

（4）将冷却水通入沸点仪冷凝管中。

（5）沸点仪冷凝管上端口不能加塞子（思考：为什么？），烧瓶上端口和取样支管口要塞紧塞子，防止漏气。

（6）打开电热套电源开关，调节加热功率，开始加热样品。注意加热速度不要过快，以免出现危险。沸点仪冷凝管中的冷却水要充足，不能让蒸气溢出。

（7）注意观察温度变化及液体沸腾情况。当冷凝管下端凹槽内冷凝液充满后溢回，且温度稳定数分钟不变时，记下温度，即为沸点。停止电热套加热，将电热套从沸点仪下部移开。

(8) 用一支比较长的干净吸管从冷凝管上端伸入凹槽取冷凝液,另一支干净吸管从烧瓶支管取液相液体,立即分别进行折光率测定。

(9) 将沸点仪内液体(用移液管)全部取出,装入原锥形瓶中,不得废弃,可留给其他同学使用。

(10) 将另一组成的液体加入到沸点仪中。参照上面步骤进行操作,测定冷凝液和液相液体的折光率。更换样品时,温度计探头上及沸点仪内残留液体不需要进行吹干处理(为什么?)。

(11) 同样的方法,测定其他组成溶液沸点、冷凝液和液相液体的折光率。

5 数据记录与处理

(1) 记录大气压值。

(2) 根据测定的折光率,在折光率(n)-组成(x)等温线上查出对应的组成,填入表 C7.1 中。

(3) 以温度为纵坐标,组成为横坐标,绘出沸点-组成图,并由图找出恒沸温度及恒沸组成。

表 C7.1　实验数据

序号	体积比		沸点/℃	气相冷凝液分析		液相分析	
	环己烷	乙醇		折光率	组成	折光率	组成
1	0	100					
2	9	91					
3	24	76					
4	44	56					
5	60	40					
6	69	31					
7	77	23					
8	88	12					
9	97	3					
10	100	0					

6 注意事项

(1) 无水乙醇易燃!小心着火!在加入、取出溶液时,将电热套从沸点仪下移开,避免沸点仪破裂,乙醇泄漏,引起火灾。

(2) 10 种组成的液体都测完后,如果发现 10 个样品的组成分布不均匀,不便作图,可以再配制、测量几组样品。

(3) 冷凝管上端不能加塞子,冷却水要充足。烧瓶上端及支管塞子要塞紧,以防止漏气,否则两相不易达平衡,使温度不稳定。

(4) 温度计探头要放在液体中间位置,否则温度指示不准。

(5) 要待温度稳定即体系达气、液平衡，停止加热后，才能取样测折光率。

7 思考题

(1) 本实验过程中，如何判断气、液相是否已达平衡？
(2) 本实验体系中，恒沸组成的蒸气压比拉乌尔定律所预测的蒸气压大还是小？
(3) 收集气相冷凝液的凹槽的大小对实验结果有无影响？
(4) 蒸馏是一次分离环己烷-乙醇的有效方法吗？为什么？

C8 二组分固液相图的测绘

1 实验目的及要求

(1) 了解热分析法测绘相图的原理。
(2) 学习用步冷曲线确定相变点温度的方法，绘制 Pb-Sn 相图。

2 实验原理

相平衡研究复相单组分和多组分体系的相变化规律，其主要研究方法有：

(1) 热力学方法。应用热力学原理去探索相平衡的本质，揭示相平衡的规律性，具有简明、定量化的特点，如吉布斯相律、克拉贝龙方程等。

(2) 几何方法。即以图形表示相平衡时体系中共存相的聚集态形式、数目，及这些相态和相数如何随条件（温度、压力、组成）变化的关系，这种关系图也称为相图。它具有直观性和整体性的特点，是研究多相平衡的工具。虽然相图也可从理论上得到，但生产科研中常用的相图一般由实验绘制。

实验绘制二组分相图的常用方法有溶解度法、热分析法。溶解度法常用于水盐相图，而热分析法则更多地用于合金相图。

热分析法绘制相图的原理是根据物系在加热或冷却过程中温度随时间的变化关系来判断有无相变化的发生。其中，差热分析法通过测量在程序控温条件下，温差与温度（时间）的关系曲线而得到有关的相变温度。该方法具有灵敏度高、样品用量少、快速等特点。热分析法（冷却曲线法）的原理则是将一定组成的固相体系加热熔融成一均匀液相，然后让其缓慢冷却，记录系统的温度随时间的变化，便可绘制温度时间曲线，即步冷曲线。当体系内没有相变时，步冷曲线是连续变化的。当体系内有相变发生时，步冷曲线上将会出现转折点或水平部分，这是因为相变时的热效应使温度随时间的变化率发生变化。因此，根据步冷曲线的斜率变化便可确定体系的相变点温度。测定几个不同组分的步冷曲线，找出各相应的相变温度，最后绘制相图。

对于简单二组分凝聚系统，步冷曲线有三种形式，分别如图 C8.1 中的 a、b、c 三条线。a 线是纯 A 的步冷曲线。在冷却过程中，当体系温度达到 A 凝固点 H 时，固相开始析出，体系发生相变释放出相变热，建立单组分两相平衡，温度维持不变，在步冷曲线上出现平台，当液相全部转化为固相后，温度继续下降。平台的温度即为 A 的凝固点。纯 B 的步冷曲线 e 的形状与 a 相似。b 线是二组分混合物质的步冷曲线。该组分属于 A 物质含量高于低共熔点处 A 含量的混合组分，因含有 B，则在低于纯 A 凝固点温度的 G 点开始析出固体 A，曲线在此出现转折。随着固体 A 的析出，使得液相中 B 的浓度不断增大，凝固点逐渐降低，直到 F 点时，A、B 两种固体共同析出，此时固、液相组成不变（最低共熔组成），建立三相平衡，温度不随时间变化，体系释放出相变热，使得曲线上出现平台，直至液体全部凝固，温度继续下降。如果液相中 B 组分含量比共熔点处 B 的含量高，则先析出纯 B，且转折点温度不同，而步冷曲线形状与此相同，如 d 线。c 线是二组分低共熔混合物的步冷曲线，形状与 a 类似。当冷却过程无相变发生时，体系温度随时间均匀下降，当达到 E 点温度时，A、B 两种固体按液相组成同时析出，建立三相平衡（$f=0$），步冷曲线出现平台，当液体全部凝固时，温度继续下降。

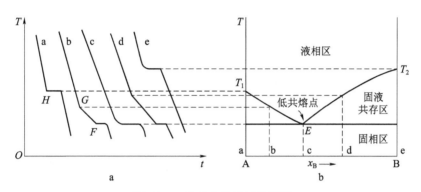

图 C8.1　步冷曲线法测绘相图

在测绘相图时，可选择最低共熔组分的含量（已知）作为测定样品之一，绘制相图。也可不选择最低共熔组分（未知），选择其他含量的样品，利用塔曼三角法（见图 C8.2）来确定最低共熔点的组成。各样品总质量相等，冷却条件相同时，保持温度的时间与析出最低共熔混合物的质量成正比。首先做出等温线 de，此线与横坐标平行，然后在相当于样品的组成点做 de 的垂线，同时在各垂线上分别截取相应的平台长度（可预先从步冷曲线上量取），并将各截点及 d、e 点连接起来，其交点 f 即为最低共熔组成。

在冷却过程中，常出现过冷现象，即温度下降到相变点以下，而后又出现回升，步冷曲线在转折处出现起伏，如图 C8.3 所示。遇此情况可延长 FM 交曲线 BD 于点 G，此点即为正常转折点，如平台出现过冷也可用同样方法进行处理，延长 EF 交于 H 点，则平台长度为 HE。

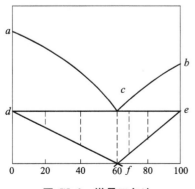

图 C8.2　塔曼三角法

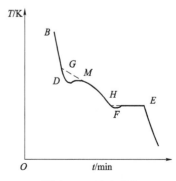

图 C8.3　过冷现象

对于液相完全互溶的二组分体系，在凝固时，分为完全互溶、部分互溶和完全不互溶三种情况。三种典型的相图如图 C8.4 所示。

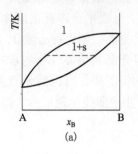 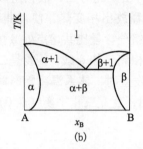 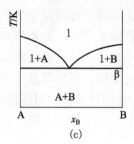

图 C8.4　典型的二组分固液相图

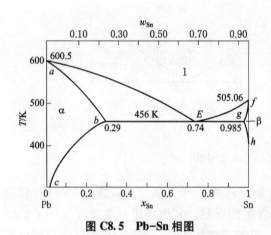

图 C8.5　Pb-Sn 相图

本实验研究的 Pb-Sn 二组分体系属于液相完全互溶、固相部分互溶的体系。相图如图 C8.5 所示，有着三个两相区和一条三相共存线。但在两侧各有一个固溶区，以 Pb 为主要成分的常称为 α 区，以 Sn 为主的则称为 β 区。如果作步冷曲线，在析出固相时将是 α（而不是纯 Pb）或 β（而不是纯 Sn）。本实验用步冷曲线只能绘制出其相图的一部分，类似于完全不互溶相图。要得到完整的 Pb-Sn 二组分相图，需采用其他的方法，例如金相显微镜、X 射线衍射以及化学分析等。

铅锡混合物的熔点如表 C8.1 所示。

表 C8.1　铅锡混合物的熔点

质量分数	Pb	1	0.9	0.8	0.7	0.6	0.5	0.4	0.3	0.2	0.1	0
	Sn	0	0.1	0.2	0.3	0.4	0.5	0.6	0.7	0.8	0.9	1
熔点/℃		326	295	276	262	240	220	190	185	200	216	232

本实验采用金属相图实验装置（JX-3DA 型）测绘相图，实验装置包括加热电炉、控制器（含热电偶）、微机等，如图 C8.6 所示。加热电炉用于加热金属样品，可同时加热 4 个样品管。控制器按照预设加热保温冷却程序控制加热电炉对样品加热、保温、冷却，控制器利用热电偶可同时测量显示 4 个样品的温度，微机采集记录样品温度随时间的变化，绘制相图。

3　仪器与试剂

仪器：金属相图实验装置（JX-3DA 型）
不锈钢样品管
铅、锡

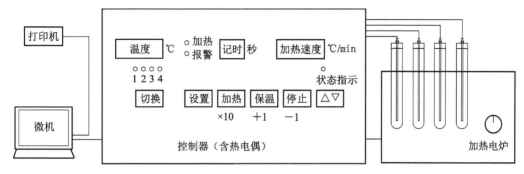

图 C8.6　金属相图实验装置

4　实验步骤

（1）配制样品，用精度为 0.01 g 的天平配制 Pb-Sn 混合物 6 份，每份 100 g，含 Sn 质量分数分别为 0.00、0.20、0.40、0.70、0.80、1.00，分别装入 6 个不锈钢样品管中，并在样品上覆盖一薄层石墨粉以防金属样品氧化。

（2）先启动微机，再接通控制器电源。通过加热电炉的选择旋钮选择同时加热 2 个或 4 个样品管。

（3）控制器"温度"窗口显示温度。"切换"按钮切换 5 种显示状态，即"温度"窗口分别显示 4 个温度探头的温度，相应探头指示灯亮，和自动循环显示 4 个温度探头的温度。"设置"按钮使控制器进入设置状态，"状态指示"灯亮。"加热"按钮使加热电炉以加热功率开始加热，在设置状态下将数值乘以 10。"保温"按钮使加热电炉以保温功率开始加热，在设置状态下将数值加 1。"停止"按钮使加热电炉停止加热，在设置状态下将数值减 1。"△▽"按钮控制时钟开启与关闭，在设置状态下调整时钟计时时间。"记时"窗口显示时间。"加热速度"窗口显示加热速度。

（4）启动实验软件，设置串口。

（5）按"设置"按钮进入设置状态，"加热速度"窗口显示"o"，设置目标温度，并显示在"加热速度"窗口，通过"+1"、"-1"、"×10"调整。目标温度可调范围为：100 ℃~500 ℃，默认值为 500 ℃。

（6）再按"设置"按钮，"加热速度"窗口显示"b"，设置保温功率，并显示在"加热速度"窗口，通过"+1"、"-1"、"×10"调整。保温功率可调范围为：1~50 W，默认值为 40 W。

（7）再按"设置"按钮，"加热速度"窗口显示"c"，设置加热速度，并显示在"加热速度"窗口，通过"+1"、"-1"、"×10"调整。

（8）在设置状态，"△▽"按钮用于调整时钟计数在 0~99 之间。

（9）再按"设置"按钮，退出设置状态。

（10）设置完成后，将装好样品的样品管分别放入加热电炉的加热孔中。将控制器热电偶测温探头分别放入样品管中。按"加热"按钮，加热电炉开始加热。

（11）单击菜单"操作"→"开始"，实验软件显示温度随时间变化。1、2、3、4 探头的温度分别用红、绿、蓝、紫表示。

（12）冷却过程完成后，单击菜单"操作"→"结束"，输入保存实验数据的文件名。保存本次实验数据。按控制器上"停止"按钮。

（13）重复操作，测定其他组成的样品。

5　数据记录及处理

（1）查看绘制步冷曲线。可先按"坐标设定"按钮设置步冷曲线的温度范围及时间长度。可重复添加多条步冷曲线。
（2）从步冷曲线上读出拐点温度及水平温度。
（3）绘制相图。按"相图绘制"按钮，输入相关数据，绘制相图。
（4）打印实验结果。

6　注意事项

（1）被测体系必须时时处于非常接近相平衡状态。因此体系冷却时，冷却速度必须适当慢，以保证体系近似相平衡状态。
（2）被测体系的组成不应发生任何变化。因此，应保证样品各处均匀并严防氧化，可在样品上覆盖一层石墨粉将金属与空气隔开。

7　思考题

（1）不同组成混合物的步冷曲线，水平段长度有什么不同？
（2）用加热曲线是否可以作相图？

C9　液体饱和蒸气压测量

1　实验目的及要求

（1）测量乙酸乙酯在不同温度下的饱和蒸气压。
（2）求出所测温度范围内乙酸乙酯的平均摩尔气化焓。

2　实验原理

在一定温度下，纯物质与其气相达到平衡时的蒸气压称为纯物质的饱和蒸气压。纯物质的饱和蒸气压与温度有关。将气相视为理想气体时，对有气相的两相平衡（气-液、气-固），可用 Clausius-Clapeyron 方程表示为：

$$d[\ln(p/\text{Pa})]/dT = \Delta_{vap}H_m/(RT^2) \tag{C9.1}$$

如果温度变化范围小，$\Delta_{vap}H_m$ 可近似看作常数，对上式积分得：

$$\ln(p/\text{Pa}) = -\Delta_{vap}H_m/(RT) + C \tag{C9.2}$$

由上式可知，$\ln(p/\text{Pa})$ 与 $1/T$ 为直线关系：由实验测出 p、T 值，以 $\ln(p/\text{Pa})$ 对 $1/T$ 作图得一直线，从直线斜率可求出所测温度范围内液体的平均摩尔气化焓。

本实验使用等压计来直接测定液体在不同温度下的饱和蒸气压。

等压计是由相互连通的三管组成，如图 C9.1 所示。A 管及 B、C 管下部为待测样品的液体，C 管上部接冷凝管并与真空系统和压力计相通，如图 C9.2 所示。将 A、B 管上部的空气驱除干净，使 A、B 管上部全部为待测样品的蒸气，则 A、B 管上部的蒸气压为待测样品的饱和蒸气压。当 B、C 两管的液面相平时，A、B 管上部与 C 管上部压力相等。由压力计直接测出 C 管上部的压力，它等于 A、B 管上部的压力，并可求得该温度下液体的饱和蒸气压。

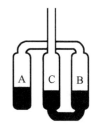

图 C9.1　等压计示意图

3　仪器与试剂

数字式差压计（见本书 B2-4 部分）　　大气压计
玻璃缸恒温槽（见本书 B1-8 部分）　　冷阱
真空泵　　　　　　　　　　　　　　缓冲罐
等压计　　　　　　　　　　　　　　乙酸乙酯（A.R.）

4　实验步骤

（1）参照图 C9.2 熟悉实验装置，掌握真空泵、差压计、恒温水槽的操作使用方法和注意事项。

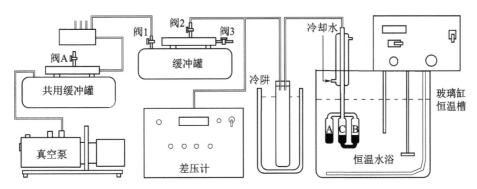

图 C9.2　纯液体饱和蒸气压测量示意图

（2）本实验中使用机械旋片式真空泵，要特别注意预先了解这种真空泵的使用方法：启动真空泵时，先使真空泵通大气，然后接通真空泵电源，再使真空泵与测量系统相通；要关闭真空泵时，必须先使真空泵与大气相通，然后切断真空泵电源。如果在真空泵只与测量系统相通时关闭真空泵电源，真空泵停止运转，真空泵中的工作油会被吸入到测量系统中。本实验几组同学共用一个真空泵，真空泵在实验过程中一直运转，直到几组同学全都操作结束，通过阀 A 通大气，再切断真空泵电源。

（3）缓冲罐上通真空泵的为阀 1，通差压计与系统的为阀 2，通大气的为阀 3。缓冲罐上的阀门手柄与管路垂直为关闭，平行为打开。本实验几组同学共用一个真空泵，真空泵开启，开始实验后，缓冲罐上的阀 1（通真空泵）与阀 3（通大气）不能同时处于打开状态，否则影响其他组的实验操作。

（4）真空管路连接处的密封可用真空脂。

（5）在等压计中装入乙酸乙酯，并使其在 A、B、C 管中合理分布。使等压计全部（包括 A、B 管之间的连接管）浸入水中。

（6）装置系统检漏：将等压计上面的冷凝管通冷却水。关闭阀 1，打开阀 2，打开阀 3，使系统通大气，将压力表显示数置零。关闭阀 3，缓慢打开阀 1，使系统减压。当压力表读数为 $-40\sim-50$ kPa 时，关闭阀 1，封闭系统。观察压力表读数，如 5 min 内有明显变化，说明装置漏气，需分段检查，并进行密封处理。如果压力表变化很小，则认为系统密封符合要求，打开阀 3，使系统通大气。

（7）从大气压计读取并记录此时大气压值。

（8）调节恒温水浴至第一个设定温度（例如 35 ℃）。

（9）关闭阀 3，观察等压计的同时缓慢打开阀 1，使系统减压抽气。使等压计 A、B 管之间的空气通过等压计 B、C 管之间的液体呈气泡状溢出。继续缓慢减压，使等压计 A 管中的液体气化，随空气一起溢出，当待测液体的蒸气通过冷凝管时被冷凝回流。通过调节阀 1 和阀 3 控制抽气的速度。

（10）抽气几分钟后，关闭阀 1，缓慢打开阀 3，使空气缓慢进入系统，通过开关阀 1 和阀 3 调节两管液面在同一水平，从差压计上读取压力值。同样的方法，再抽气 1~2 min，再调节等压计 B、C 管中的液面达同一水平，再从压力表上读取压力值。直至相邻两次的压力值相同或相差很小，则表示等压计 A、B 管上面的空间完全被乙酸乙酯的蒸气充满。记录此温度下的压力值，最后一次读取的数据视为该温度下的压力值。

（11）调节恒温水浴升温至第二个温度。

（12）同样的方法测定第二个温度下的压力值。

（13）重复操作，取得 6~10 组的数据。根据乙酸乙酯的沸点，最高温度不宜超过 70 ℃。

（14）实验结束时。再次读取大气压值。使系统与大气相通，关冷却水。

（15）几组同学全都操作结束，通过阀 A 通大气，再切断真空泵电源。

5 数据记录与处理

（1）本实验中压力表显示的是待测系统压力与大气压的差值，系统压力值等于大气压值加压力表读数值。

（2）将数据列表，见表 C9.1。

表 C9.1 实验数据

大气压1：	大气压2：	平均大气压：	室温：		
序号	压力表读数	饱和蒸气压	ln (p/Pa)	水浴温度	1/ (T/K)
1					
2					
3					
4					
5					
6					

续表

大气压1：		大气压2：	平均大气压：	室温：	
序号	压力表读数	饱和蒸气压	ln(p/Pa)	水浴温度	1/(T/K)
7					
8					

(3) 以 ln(p/Pa) 对 1/(T/K) 作图，从直线斜率求乙酸乙酯的平均摩尔气化焓及正常沸点。

(4) 建议使用微机进行数据处理。

6 注意事项

(1) 注意按正确的方法操作真空泵。

(2) 实验过程中始终要防止空气倒灌，即不能让等压计 C 管上面的气体进入 B、A 管上部。

7 思考题

(1) 实验装置中缓冲罐的作用是什么？

(2) 为什么要将等压计中的空气驱除干净？如何判断等压计中空气已经被驱除干净？为什么要防止空气倒灌？

C10 偏摩尔体积测量

1 实验目的及要求

(1) 配制不同浓度的 NaCl 水溶液，测量各溶液的密度。

(2) 计算溶液中各组分的偏摩尔体积。

(3) 学习用比重管测定液体的密度。

2 实验原理

根据热力学概念，体系的体积 V 为广度性质，其偏摩尔量则为强度性质。设体系有二组分 A、B，体系的总体积 V 是温度、压力 n_A 和 n_B 的函数，即：

$$V = f(n_A, n_B, T, P) \tag{C10.1}$$

组分 A、B 的偏摩尔体积定义为：

$$V_A = \left(\frac{\partial V}{\partial n_A}\right)_{T,P,n_B} \qquad V_B = \left(\frac{\partial V}{\partial n_B}\right)_{T,P,n_A} \tag{C10.2}$$

在恒定温度和压力下：

$$dV = \left(\frac{\partial V}{\partial n_A}\right)_{T,P,n_B} dn_A + \left(\frac{\partial V}{\partial n_B}\right)_{T,P,n_A} dn_B \tag{C10.3}$$

$$dV = V_A dn_A + V_B dn_B \tag{C10.4}$$

偏摩尔量是强度性质，与体系浓度有关，而与体系总量无关。体系总体积由式（C10.4）积分而得：

$$V = n_A V_A + n_B V_B \tag{C10.5}$$

在恒温恒压条件下对式（C10.5）微分：

$$dV = n_A dV_A + V_A dn_A + n_B dV_B + V_B dn_B$$

与式（C10.4）比较，可得吉布斯-杜亥姆（Gibbs-Duhem）方程为：

$$n_A dV_A + n_B dV_B = 0 \tag{C10.6}$$

在 B 为溶质、A 为溶剂的溶液中，设 V_A^* 为纯溶剂的摩尔体积；$V_{\phi,B}$ 定义为溶质 B 的表观摩尔体积，则：

$$V_{\phi,B} = \frac{V - n_A V_A^*}{n_B} \tag{C10.7}$$

$$V = n_A V_A^* + n_B V_{\phi,B} \tag{C10.8}$$

在恒定 T、P 及 n_A 条件下，将式（C10.8）对 n_B 偏微分，可得：

$$V_B = \left(\frac{\partial V}{\partial n_B}\right)_{T,P,n_A} = V_{\phi,B} + n_B \left(\frac{\partial V_{\phi,B}}{\partial n_B}\right)_{T,P,n_A} \tag{C10.9}$$

由式（C10.5）、式（C10.8）得：

$$V_A = \frac{1}{n_A}(n_A V_A^* + n_B V_{\phi,B} - n_B V_B) \tag{C10.10}$$

将式（C10.9）代入式（C10.10）得：

$$V_A = V_A^* - \frac{n_B^2}{n_A}\left(\frac{\partial V_{\phi,B}}{\partial n_B}\right)_{T,P,n_A} \tag{C10.11}$$

b_B 为 B 的质量摩尔浓度（$b_B = n_B/(n_A M_A)$）；$V_{\phi,B}$ 为 B 的表观摩尔体积；ρ、ρ_A^* 为溶液及纯溶剂 A 的密度；M_A、M_B 为 A、B 二组分的摩尔质量。可得：

$$V_{\phi,B} = \frac{1}{b_B}\left(\frac{1 + b_B M_B}{\rho} - \frac{1}{\rho_A^*}\right) \tag{C10.12}$$

$$V_{\phi,B} = \frac{\rho_A^* - \rho}{b_B \rho \rho_A^*} + \frac{M_B}{\rho}$$

本实验测定 NaCl 水溶液中 NaCl 和水的偏摩尔体积，根据德拜-休克尔（Debye-Huckel）理论，NaCl 水溶液中 NaCl 的表观偏摩尔体积 $V_{\phi,B}$ 随 $\sqrt{b_B}$ 变化呈线性关系，因此作如下变换：

$$\left(\frac{\partial V_{\phi,B}}{\partial n_B}\right)_{T,P,n_A} = \frac{1}{n_A M_A}\left(\frac{\partial V_{\phi,B}}{\partial b_B}\right)_{T,P,n_A}$$

$$= \frac{1}{n_A M_A}\left(\frac{\partial V_{\phi,B}}{\partial \sqrt{b_B}} \cdot \frac{\partial \sqrt{b_B}}{\partial b_B}\right)_{T,P,n_A} \tag{C10.13}$$

$$= \frac{1}{2\sqrt{b_B} n_A M_A}\left(\frac{\partial V_{\phi,B}}{\partial \sqrt{b_B}}\right)_{T,P,n_A}$$

将式（C10.13）代入式（C10.11）和式（C10.9），可得：

$$V_A = V_A^* - \frac{M_A b_B^{\frac{3}{2}}}{2}\left(\frac{\partial V_{\phi,B}}{\partial \sqrt{b_B}}\right)_{T,P,n_A} \quad \text{(C10.14)}$$

$$V_B = V_{\phi,B} + \frac{\sqrt{b_B}}{2}\left(\frac{\partial V_{\phi,B}}{\partial \sqrt{b_B}}\right)_{T,P,n_A} \quad \text{(C10.15)}$$

配制不同浓度的 NaCl 溶液，测定纯溶剂和溶液的密度，求不同 b_B 时的 $V_{\phi,B}$，作 $V_{\phi,B}$-$\sqrt{b_B}$ 图，可得一直线，从直线求得斜率 $\left(\frac{\partial V_{\phi,B}}{\partial \sqrt{b_B}}\right)_{T,P,n_A}$。由式（C10.14）、式（C10.15）计算 V_A、V_B。

3 仪器与试剂

分析天平　　　　　　　　恒温槽
烘干器　　　　　　　　　比重管（或比重瓶）
磨口塞锥形瓶（50 mL）　　烧杯（50 mL，250 mL）
洗耳球　　　　　　　　　量筒（50 mL）
药勺　　　　　　　　　　滤纸
NaCl（A. R.）　　　　　　无水乙醇（A. R.）

4 实验步骤

（1）调节恒温槽至设定温度，如 25 ℃，恒温槽水温至少应比室温高 5 ℃。

（2）配制不同组成的 NaCl 水溶液：用称量法配制质量百分比约为 1%、4%、8%、12% 和 16% 的 NaCl 水溶液，先称锥形瓶（注意带盖），然后小心地加入适量的 NaCl 再称量，用量筒加入所需蒸馏水（约 40 mL）后再称量；用减量法分别求出 NaCl 和水的质量，并求出它们的百分浓度。各溶液所需 NaCl 和水的量，应在实验前估算好。

（3）参见本书 B7 部分，了解用密度瓶测液体密度的方法。洗净、干燥密度瓶，将密度瓶先用自来水洗涤，再用去离子水洗涤，然后用无水乙醇涮洗，用洗耳球吹干。在分析天平上称量空密度瓶（注意带盖）。

（4）将密度瓶装满去离子水，放好瓶塞，放入恒温槽内恒温 10 min。用吸水纸吸去瓶塞上毛细管口溢出的液体。擦干密度瓶外部，在分析天平上再称量。重复本步骤一次。

（5）将已进行步骤（4）操作的密度瓶用待测 NaCl 水溶液涮洗 3 次（或干燥），再装满 NaCl 水溶液，放好瓶塞，放入恒温槽内恒温 10 min。用吸水纸吸去瓶塞上毛细管口溢出的液体。擦干密度瓶外部，在分析天平上称量。重复本步骤操作一次。

（6）用上述步骤（5）的方法对其他浓度 NaCl 溶液进行测量。

5 数据记录及处理

（1）从手册查得实验温度下纯水的密度，计算各浓度 NaCl 溶液的密度。

（2）计算各浓度 NaCl 溶液的 $\sqrt{b_B}$，计算各浓度 NaCl 溶液的 $V_{\phi,B}$，作 $V_{\phi,B}$-$\sqrt{b_B}$ 图，求直线的斜率 $\left(\frac{\partial V_{\phi,B}}{\partial \sqrt{b_B}}\right)_{T,P,n_A}$。

（3）根据式（C10.14）、式（C10.15）计算各浓度 NaCl 溶液的 V_A、V_B。计算时应该从 $V_{\phi,B} - \sqrt{b_B}$ 图上求相应 b_B 对应的 $V_{\phi,B}$。

（4）本实验记录的数据和计算步骤较多，应将数据和计算结果列表，如表 C10.1 所示。可以通过计算机编程处理数据，建议直接使用工具软件（例如 Excel）处理数据。

表 C10.1 实验数据

溶液序号	1	2	3	4	5	备注
溶液质量分数						
室温						
恒温槽温度						
水的密度						
NaCl 摩尔质量						
水的摩尔质量						
NaCl 质量						
（NaCl+水）的质量						
密度管质量						
（密度管+水）的质量						
（密度管+溶液）的质量						
溶液密度						
溶液质量摩尔浓度						
$\sqrt{b_B}$						
NaCl 表观摩尔体积						
直线斜率						作图
校正后 NaCl 表观摩尔体积						
水的偏摩尔体积						
NaCl 的偏摩尔体积						

6 注意事项

（1）掌握使用密度管测定液体密度的方法。
（2）应将水煮沸除气处理后再使用。

7 思考题

（1）偏摩尔体积有可能小于零吗？
（2）在实验操作中如何减小称量误差？

C11　配合物组成和稳定常数测量

1　实验目的及要求

（1）了解连续变化法测定配合物组成及稳定常数的原理。
（2）测量 Fe^{3+} 与钛铁试剂形成配合物的组成及稳定常数。
（3）掌握分光光度计的使用方法。

2　实验原理

溶液中金属离子 M 和配位体 L 形成配合物 ML_n，其反应式为：

$$M + nL = ML_n \tag{C11.A}$$

当达到络合平衡时有：

$$K_稳 = \frac{c_{ML_n}}{c_M (c_L)^n} \tag{C11.1}$$

式中，$K_稳$ 为配合物稳定常数；c_{ML_n}、c_M、c_L 分别为配合物、金属离子和配位体的平衡浓度；n 为配位数。

用 $c_{0,M}$、$c_{0,L}$ 表示在未形成配合物时金属离子及配位体的原始浓度，在维持 $c_{0,M}+c_{0,L}$ 不变的情况下，配制一系列不同 $c_{0,M}/c_{0,L}$ 比值的溶液，测定形成的配合物的浓度 c_{ML_n}，则当比值 $c_{0,M}/c_{0,L}=1/n$ 时，配合物浓度达到最大，由此时的比值 $c_{0,M}/c_{0,L}$ 确定配合物的组成（n）。

根据朗伯-比耳定律，$A=Kcl$，使用同样规格的比色皿（l 为常数），吸光度 A 与吸光物质的浓度 c 成正比。如果在某一波长下，形成的配合物 ML_n 有强烈吸收，而金属离子 M 及配位体 L 几乎不吸收，则在此波长下，吸光度 A 与形成的配合物的浓度成正比，只需找出吸光度最大时溶液的组成，即可求得配合物组成（n）。

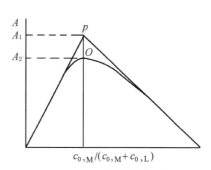

图 C11.1　连续变化法

在维持 $c_{0,M}+c_{0,L}$ 不变的条件下，配制一系列不同组成的溶液，测定 $c_{0,M}=0$，$c_{0,L}=0$，$c_{0,M}/c_{0,L}=1$ 的溶液的 A-λ 数据。找出形成的配合物 ML_n 有强烈吸收，而金属离子 M 及配位体 L 几乎不吸收的波长 λ，则该 λ 值极接近于配合物 ML_n 的最大吸收波长。然后固定在该波长下，测定一系列组成的溶液的吸光度 A，作 A-$c_{0,M}/(c_{0,M}+c_{0,L})$ 图，则曲线存在极大值，此处 $c_{0,M}/c_{0,L}=1/n$，如图 C11.1 所示。

如果金属离子 M 及配位体 L 实际存在着一定程度的吸收，因此所测定的吸光度 A 并不是完全由配合物 ML_n 的吸收引起，应加以校正：

在 A-$c_{0,M}/(c_{0,M}+c_{0,L})$ 曲线上，过 $c_{0,M}=0$，$c_{0,L}=0$ 两点作直线 CD，则直线上所表示的不同组成的吸光度数值 A_J，可认为是由于 M 及 L 的吸收所引起的。因此，校正后的吸光度

A 应等于曲线上的吸光度数值 A_K 减去相应组成下直线上的吸光度数值 A_J，即 $A=A_K-A_J$，如图 C11.2 所示。然后作校正后的 $A-c_{0,M}/(c_{0,M}+c_{0,L})$ 曲线，在曲线极大值处，$c_{0,M}/c_{0,L}=1/n$，如图 C11.3 所示。

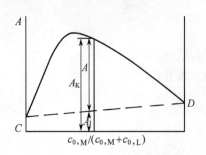

图 C11.2　校正吸光度曲线

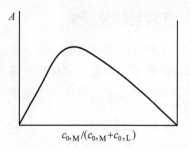

图 C11.3　校正后吸光度曲线

当配合物中的 n 确定后，如图 C11.1 所示还可计算配合物稳定常数 $K_稳$。配合反应存在平衡，配合物总有部分解离，曲线上极大值实际上是在 O 点。配合物离解度越大，O 点与 P 点距离越大。若 P 点对应吸光度为 A_1，O 点对应吸光度为 A_2，则配合物解离度 α 可表示为：

$$\alpha = (A_1 - A_2)/A_1 \tag{C11.2}$$

当 A 为极大值时，$c_{0,M}/c_{0,L}=1/n$，溶液中的平衡及各组分的浓度为：

	M	+	nL	=	ML$_n$
开始	$c_{0,M}$		$nc_{0,M}$		0
平衡	$\alpha c_{0,M}$		$n\alpha c_{0,M}$		$(1-\alpha)c_{0,M}$
假设全形成配合物	0		0		$c_{0,M}$

$$K_稳 = \frac{c_{ML_n}}{c_M(c_L)^n} = \frac{1-\alpha}{\alpha(n\alpha c_{0,M})^n} \tag{C11.3}$$

3　仪器与试剂

分光光度计 722 型、比色皿　　　　　容量瓶（100 mL，1 000 mL）
移液管（25 mL）　　　　　　　　　　烧杯（1 000 mL）
酸式滴定管（50 mL）　　　　　　　　滴定架
药勺　　　　　　　　　　　　　　　滤纸
镜头纸　　　　　　　　　　　　　　洗耳球
乙酸铵（A.R.）　　　　　　　　　　冰醋酸（A.R.）
FeNH$_4$(SO$_4$)$_2$ 溶液 0.005 mol·dm^{-3}　　钛铁试剂溶液 0.005 mol·dm^{-3}

4　实验步骤

（1）称取 100 g 乙酸铵溶于约 500 mL 水中，加入 100 mL 冰醋酸，稀释至 1 L。作为缓冲溶液备用。

（2）按表配制溶液，均用去离子水稀释至 100 mL 备用。Fe^{3+} 溶液即 0.005 mol·dm^{-3} 的 FeNH$_4$(SO$_4$)$_2$ 溶液，钛铁试剂溶液即 0.005 mol·dm^{-3} 的钛铁试剂溶液。

(3) 取 6 号溶液（或颜色最深的溶液）于 1 cm 比色皿中，用分光光度计测定波长为 400～700 nm 的吸光度曲线，波长间隔 50 nm 测量一次，在吸光度最大值附近间隔 10 nm 测量一次。注意每次改变波长后，要重新调"0"和调"100"。列表记录 A-λ 数据，找出最大吸收峰值所对应的波长 λ_{max}，即为测试用波长。分光光度计测试原理及使用方法见本书 B8-1 部分。

(4) 用 1 cm 比色皿，在波长为 λ_{max} 下测定各溶液吸光度 A，记入表 C11.1 中。

表 C11.1 实验数据

溶液编号	1	2	3	4	5	6	7	8	9	10	11
Fe^{3+} 溶液 V/mL	0	1	2	3	4	5	6	7	8	9	10
钛铁试剂溶液 V/mL	10	9	8	7	6	5	4	3	2	1	0
缓冲溶液 V/mL	25	25	25	25	25	25	25	25	25	25	25
A											

5 数据记录及处理

(1) 列表记录 6 号样品各波长下吸光度 A，找出最大吸光度下的波长。
(2) 列表记录各组溶液吸光度 A。
(3) 以 $c_{0,M}/(c_{0,M}+c_{0,L})$ 为横坐标，以吸光度 A 为纵坐标绘制曲线。根据 $c_{0,M}=0$，$c_{0,L}=0$ 时的 A 值，确定是否进行配合物吸光度校正。找出最大值 A_2 及所对应的 $c_{0,M}/c_{0,L}$，确定配合物组成，即配位数 n。
(4) 沿曲线上两直线部分，作外延线，交于 P 点，对应吸光度 A_1。
(5) 计算离解度 α。
(6) 计算 $K_{稳}$。

6 注意事项

若在测量波长下 M、L 有吸收，应对吸光度 A 进行校正后，再作 A-$c_{0,M}/(c_{0,M}+c_{0,L})$ 曲线。

7 思考题

(1) 为什么配合反应必须在缓冲溶液中进行？
(2) 使用分光光度计应注意什么？

C12 紫外光谱法测量盐对萘在水中溶解度的影响

1 实验目的及要求

(1) 学习测量溶液的紫外可见吸收光谱图。
(2) 掌握 TU-1901 双光束紫外可见分光光度计的使用方法。

(3)测量萘在水中和在不同盐的水溶液中的紫外吸收光谱。

2 实验原理

1)盐溶、盐析效应及盐效应系数

非电解质在水中溶解形成饱和溶液时,加入盐或盐溶液,会使非电解质在水中重新进行分配,使其在水中的溶解度发生变化,这种现象称为盐效应。盐的加入使非电解质的溶解度增加时,这种效应称为盐溶;反之,如果加入的盐使非电解质的溶解度降低,这种效应称为盐析。盐效应的不同,体现了非电解质分子与水分子之间、离子与水分子之间、非电解质分子与离子之间相互作用的相对强弱。一般情况,当离子与水分子之间的作用(主要是静电作用)强于非电解质分子与离子之间的作用(主要是色散力)时,则产生盐析效应。

对盐效应的定量描述,是1889年Setschenon提出的盐效应经验公式:

$$\lg \frac{c_0}{c} = K c_s \quad (\text{C}12.1)$$

式中,c_0为非电解质在水中的溶解度;c为非电解质在加入盐后的水溶液中的溶解度;K称为盐效应系数;c_s为所加入的盐的浓度。

当$c_0 > c$时,即盐的加入使非电解质的溶解度降低,这是盐析效应,盐效应系数K为正值;当$c_0 < c$时,即盐的加入使非电解质的溶解度增大,这是盐溶效应,盐效应系数K是负值。因此,盐效应系数K值的正负,可以区分不同的盐所产生的不同的盐效应。而对同类盐效应而言,K的数值相当于单位浓度的盐溶液产生的盐效应,代表不同的盐对同一种非电解质在水中溶解度影响的大小程度。

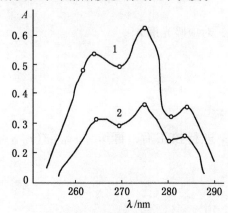

图 C12.1 萘的吸收光谱示意图
1—萘的水溶液;2—萘的盐水溶液

2)萘的盐效应系数的测定

在非电解质萘溶于水形成的饱和溶液中,加入浓度为c_s的盐溶液,由于存在盐效应,会使萘的溶解度发生变化。通过测定萘在水中的溶解度c_0和在盐水溶液中的溶解度c的比值c_0/c,则可由式(C12.1)计算盐效应系数K。

3)萘的紫外吸收光谱

本实验分别测定萘的水溶液和萘的盐水溶液的紫外吸收光谱,求得萘在水中和在盐水溶液中的溶解度之比值c_0/c。萘的水溶液和萘的盐水溶液的紫外吸收光谱如图 C12.1 所示,即萘的水溶液和在硫酸钠溶液中的紫外吸收光谱。

从图中可以看出,萘在水溶液中和在盐水溶液中,都是在波长$\lambda = 267$,275,283 nm处出现三个波峰,吸收光谱图形几乎相同。说明硫酸钠的加入并不影响萘的吸收光谱图形,萘在两种溶液中的吸光系数是相同的。

根据朗伯-比耳定律(式(B8.1)),在相同的测定条件下,得到萘的水溶液和在盐水溶液的吸光度A_0和A,即可确定萘在两种溶液中的浓度比c_0/c,从而由式(C12.1)计算盐效应系数K。用这种方法可以测定不同盐对萘在水中溶解度的影响。

3 仪器与试剂

TU-1901 双光束紫外可见分光光度计　　容量瓶（50 mL，25 mL）
锥形瓶（25 mL）　　移液管（25 mL，10 mL）
萘（A.R.）　　去离子水
硫酸钠溶液（1.0~1.5 mol·dm^{-3}）　　硫酸铵溶液（1.0~1.5 mol·dm^{-3}）
硫酸锌溶液（1.0~1.5 mol·dm^{-3}）　　氯化锌溶液（1.0~1.5 mol·dm^{-3}）
磷酸钠溶液（1.0~1.5 mol·dm^{-3}）　　氯化钠溶液（1.0~1.5 mol·dm^{-3}）

4 实验步骤

（1）配制待测溶液。由于萘在水中溶解度较小，所以，需在实验前预先配制萘的水溶液和盐水溶液。分别配制萘在纯水中的饱和溶液和在浓度范围为 1.0~1.5 mol·dm^{-3} 的硫酸钠、硫酸铵、硫酸锌、氯化锌、磷酸钠、氯化钠溶液中的饱和溶液 50 mL。

（2）开启仪器，进入 TU-1901 光谱分析控制软件，仪器开始初始化。

认真阅读 TU-1901 双光束紫外可见分光光度计说明书，了解仪器工作原理、操作方法及注意事项。掌握正确开、关主机和微机的顺序。特别提醒：退出操作控制软件后，才能关主机电源，否则，先关主机电源时，容易造成微机死机。

（3）设定紫外吸收光谱参数。执行"配置"→"参数"命令，设置扫描参数：波长（nm）开始栏输入300.0，结束栏输入250.0；扫描速度：快速；光度方式：Abs；纵坐标范围：低：0.000 0，高：0.800 0（1.000 0）；光谱带宽：2 nm；采样间隔：0.2。

（4）测定紫外吸收光谱。

① 取干净的石英比色皿加入水作为参比液，放入内侧样品池，进行空白扫描，存储数据。

② 取另一只石英比色皿加入萘在水中的饱和溶液，放入外侧样品池，进行样品扫描，存储光谱。读取三个吸收峰的波长和吸光度值。

③ 用同浓度的盐溶液作为参比液，分别测定萘在浓度相同的不同盐的水溶液中的光谱图，读取三个吸收峰的波长和吸光度值。

④ 测定萘在不同浓度的硫酸钠溶液中的光谱图。硫酸钠溶液的浓度 c_s/mol·dm^{-3} 为：0.4，0.8，1.2，1.5。

5 数据处理

（1）打印萘的水溶液和在硫酸钠溶液中的紫外吸收光谱。

（2）计算所测定的每种盐的盐效应系数 K，并记录于表 C12.1 中。

表 C12.1　实验数据记录（一）

盐	A	c_0/c	$\lg(c_0/c)$	$K/[K]$

（3）以萘在不同浓度 c_s 的硫酸钠溶液的吸光度，计算 c_0/c 值，作 $\lg(c_0/c)$-c_s 图，求出盐效应系数 K，并记录于表 C12.2 中。

表 C12.2　实验数据记录（二）

c_s/(mol·dm^{-3})	A_0	A	c_0/c	$\lg(c_0/c)$

6　实验注意事项

（1）一定要确保萘在水中的饱和溶液和萘的盐水饱和溶液的饱和度，可以使用振荡器，使溶解充分达到饱和。

（2）TU-1901 双光束紫外可见分光光度计属于贵重仪器，小心使用，一定要避免化学试剂污染仪器。

7　思考题

（1）对比使用石英比色皿和普通玻璃比色皿测定的紫外光谱，分析差异产生的原因。

（2）实验中的盐均为强电解质，按正、负离子的同异分类，比较正、负离子产生盐效应的作用大小。

C13　电导法测量难溶盐的溶度积

1　实验目的及要求

（1）掌握电导法测量难溶盐溶度积的原理和方法。
（2）巩固溶液电导、电导率及摩尔电导率概念。
（3）学会使用电导率仪测量溶液电导。
（4）准确测定 BaSO$_4$ 在 298 K 时的溶度积及溶解度。

2　实验原理

常见的微溶或难溶盐如 BaSO$_4$、PbSO$_4$、AgCl 等在水中溶解度很小，溶度积的值很小，定量准确测定较难。但是，这些微溶或难溶盐一旦溶解在水中，可以达到完全电离，因此，可以通过准确测定其饱和溶液的电导率，计算得到其溶度积和溶解度。

1）有关电导 G、电导率 κ 及摩尔电导率 Λ_m 公式

电导 G 即电阻的倒数，电导率 κ 即电阻率的倒数，指单位体积电解质溶液的电导。摩尔电导率 Λ_m 指单位浓度电解质溶液的电导率。当采用电导池或电导电极进行测定时，电解质溶液浓度 c、电导 G、电导率 κ 与摩尔电导率 Λ_m 的关系为：

$$\kappa = \frac{l}{A}G = K_{\text{cell}}G \tag{C13.1}$$

$$\Lambda_m = \frac{\kappa}{c} \tag{C13.2}$$

其中，$K_{\text{cell}} = l/A$，称为电导池常数，它是两极间距 l 与电极表面积 A 之比。但常用的电导电极是在 Pt 片电极表面镀有絮状铂黑以增大比表面并降低极化，因此，电导池常数 l/A 不能

直接测量，需要用电导测定方法确定电导池常数。方法是：先将已知电导率 κ 的标准 KCl 溶液装入电导池中，测定其电导 G，由已知电导率 κ，根据式（C13.1）计算得出 K_{cell} 值。（不同温度时不同浓度的 KCl 溶液的 κ 值参见附录）。

2）电导测定得到难溶盐溶解积原理

一般难溶盐的溶解度很小，其饱和溶液可近似作为无限稀释溶液，则将其饱和溶液的摩尔电导率 Λ_m 与无限稀释溶液中的摩尔电导率 Λ_m^∞ 近似相等。即 $\Lambda_m \approx \Lambda_m^\infty$。$\Lambda_m^\infty$ 可根据科尔劳施（Kohlrausch）离子独立运动定律，由无限稀释离子摩尔电导率相加而得。

Λ_m 可从手册数据获得，κ 通过使用电导率仪测得，c 便可从式（C13.2）求得。

实验测定必须注意到，难溶盐由于在水中的溶解度极小，浓度很小，其饱和溶液的电导率 $\kappa_{溶液}$ 实际上是盐的正、负离子的电导率，值很小，因而需考虑溶剂 H_2O 解离的正、负离子即 H^+、OH^- 的电导，则测定得到的溶液电导率应为溶质盐与溶剂水的共同电导率，即：

$$\kappa_{溶液} = \kappa_{盐} + \kappa_{水} \tag{C13.3}$$

因此，在测定电导率 $\kappa_{溶液}$ 之前，还首先需要测定配制溶液所用水的电导率 $\kappa_{水}$。

得到 $\kappa_{盐}$ 后，根据式（C13.2）得到该温度下难溶盐在水中的饱和浓度 C，计算得到溶度积。

关于电导与电导率的测量方法，请参阅本书实验技术与仪器部分有关章节。

3　仪器与试剂

恒温槽　　　　　　　　　　　　电导率仪
电导电极（镀铂黑）　　　　　　带盖塑料瓶（150 mL 或 200 mL）
电导水　　　　　　　　　　　　$BaSO_4$(G. R.)
KCl 溶液（0.02 mol/L 或根据查到的电导率值的对应浓度由实验室统一配制）

4　实验步骤

（1）调节恒温槽温度在（25±0.2）℃范围内。

（2）提前制备 $BaSO_4$ 饱和溶液：在干净带盖塑料瓶 200 mL 中加入少量 $BaSO_4$，用 100 mL 电导水洗涤 3 次。每次洗涤需剧烈振荡，待溶液澄清后，倾去溶液再加电导水洗涤，洗 3 次以除去可溶性杂质。加入 100 mL 电导水浸泡溶解 $BaSO_4$，置于（25±0.2）℃恒温槽内，使溶液尽量澄清。难溶盐的溶解较慢，为保证充分溶解，可选择在实验开始时提前进行。使用时取上部澄清溶液。

（3）测定电导水的电导率 $\kappa_{水}$：依次用蒸馏水、电导水洗电极及测定用塑料容器各 3 次，在塑料瓶中装入电导水，在 25 ℃恒温测定电导得到水的电导率 $\kappa_{水}$。测量 3 次，记录并取平均值。

（4）测定饱和 $BaSO_4$ 溶液的电导率 $\kappa_{溶液}$：将测定过水的电导电极和塑料瓶用少量 $BaSO_4$ 饱和溶液洗涤 3 次。将澄清的 $BaSO_4$ 饱和溶液装入塑料瓶，插入电导电极，电极应浸入液面以下。在 25 ℃恒温充分，测定电导得到 $\kappa_{溶液}$。测量 3 次，记录并取平均值。

（5）测定 KCl 溶液的电导，计算电导电极的电导池常数 K_{cell}。

取配制的 KCl 溶液，用同一支电导电极测定 KCl 溶液的电导。测量 3 次，记录并取平均值。

(6) 实验完毕后，洗净塑料瓶。在塑料瓶中装入电导水，将电导电极浸入水中保存。

5 数据记录及处理

（1）记录实验数据，见表 C13.1。

表 C13.1　实验数据　　实验温度：25 ℃（298 K）

编号	G_{H_2O}/S	$G_{溶液}/S$	G_{KCl}/S	$\kappa_{H_2O}/(S\cdot m^{-1})$	$\kappa_{BaSO_4}/(S\cdot m^{-1})$
1					
2					
3					
平均值					

（2）数据处理。

由查到的 κ_{KCl} 和测定的 G_{KCl}，根据公式 $\kappa=\dfrac{l}{A}G=K_{cell}G$ 计算得到 K_{cell} 值。

由 $\kappa_{H_2O}=K_{cell}G_{H_2O}$ 计算得到水的电导率。

由 $\kappa_{溶液}=K_{cell}G_{溶液}$ 计算 $BaSO_4$ 饱和溶液电导率。

由 $\kappa_{BaSO_4}=\kappa_{溶液}-\kappa_{H_2O}$ 可求得 κ_{BaSO_4}。

查得 Ba^{2+} 和 SO_4^{2-} 在 25 ℃时无限稀释的摩尔电导率，计算得到 $\Lambda_{m(BaSO_4)}$。

根据式（C13.2）计算得到 $BaSO_4$ 的浓度 c，计算出溶度积 K_{sp}。

$$c_{BaSO_4}=\kappa_{BaSO_4}/\Lambda_m$$

$$K_{sp(BaSO_4)}=(c/c^\ominus)^2$$

对于溶解度的计算。设溶液的体积是 $1\ m^3$，因溶液极稀，设溶液密度近似等于水的密度。

$$b(BaSO_4)/mol=c\times V$$

常用溶解度是指单位质量溶剂溶解的溶质的质量。因此，

溶解度（$BaSO_4$）= $b(BaSO_4)\times M(BaSO_4)$

注意单位：$BaSO_4$ 的浓度 $c(mol\cdot m^{-3})$，及溶解度（$kg\cdot kg^{-1}$）。

6 注意事项

（1）配制溶液需用电导水（电导率小于 $1\ \mu S\cdot cm^{-1}$）。处理方法是，向蒸馏水中加入少量高锰酸钾，用石英玻璃烧瓶进行蒸馏。

（2）制备饱和溶液时，一定要将可溶性盐洗净。取溶液测量电导率时要取澄清溶液。

（3）测定溶液电导率时，一定要用待测溶液洗涤塑料瓶及电极，以保证浓度的准确。并注意恒温，一般需恒温 15~20 min。

（4）测定电导率时，电极应浸入液面以下。不使用时应浸入蒸馏水中，以免干燥后难以洗净铂吸附的杂质，又可避免干燥电极插入溶液时，因表面的不完全浸润引起小气泡，使表面状态不稳定影响测定结果。

(5) 铂黑电极上黏附的溶液只能用滤纸吸,不能用滤纸擦,以免破坏电极表面。

7 思考题

(1) 电导率、摩尔电导率与电解质溶液的浓度有何规律?

(2) H^+ 和 OH^- 的无限稀释摩尔电导率为何比其他离子的无限稀释离子摩尔电导率大很多?

(3) 处理数据时为什么 $\Lambda_{m(BaSO_4)} \approx \Lambda_{m(BaSO_4)}^{\infty}$?

C14 电池电动势的测量及应用

1 实验目的及要求

(1) 掌握用电位差计测定电池电动势的方法。
(2) 熟悉几种常用电极的使用方法。
(3) 测定 KI(含 I_2) 溶液的活度 a_{I_2}。

2 实验原理

本书在 B3-1 部分介绍了电池电动势的测量方法,本实验实际测量两组电池的电动势,并由电动势求得有关物理量。

(1) 用一个电极电势与氢离子活度有关的电极作指示电极,与另一参比电极一起,插入待测 pH 的溶液中组成电池,测该电池电动势,由所测电动势计算溶液 pH。

pH 是从操作上定义的(参见本书 B3-4 部分)。用玻璃电极作为 H^+ 指示电极,与参比电极(甘汞电极)一起,插入待测溶液中组成电池,如图 C14.1 所示。

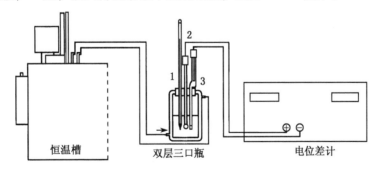

图 C14.1 电池与实验装置示意图
1—温度计;2—玻璃电极;3—甘汞电极

电池式为:

$Hg(l) | Hg_2Cl_2(s) | KCl(饱和) \| 溶液(x) | 玻璃 | H^+, Cl^- | AgCl(s) | Ag(s)$

测定该电池的电动势 E_x。然后将溶液(x)换成已知 pH 的标准溶液(s),测得其电动势为 E_s,标准溶液(s)一般使用 0.05 mol·kg^{-1} 的邻苯二甲酸氢钾水溶液,在 25 ℃时 pH = 4.005。然后用下式计算待测溶液(x)的 pH。

$$\mathrm{pH}(x) = \mathrm{pH}(s) + (E_s - E_x)F/(RT\ln 10) \tag{C14.1}$$

（2）利用 Ag-AgI 电极与碘电极组成电池，如图 C14.2 所示，测定其电动势并求得含有 I_2 的 KI 溶液之 a_{I_2}。其电池式为：

$$\mathrm{Ag} \mid \mathrm{AgI(s)} \mid \mathrm{KI, I_2} \mid \mathrm{Pt}$$

电极反应为：$2\mathrm{Ag(s)} + 2\mathrm{I}^- (\mathrm{aq}) = 2\mathrm{AgI(s)} + 2e^-$

$$\mathrm{I_2} + 2e^- = 2\mathrm{I}^- (\mathrm{aq})$$

电池反应为：$2\mathrm{Ag(s)} + \mathrm{I_2} = 2\mathrm{AgI(s)}$

25 ℃时该电池电动势 E 与溶液活度的关系为：

$$E = E^{\ominus}_{\mathrm{I}^-/\mathrm{I_2, Pt}} - E^{\ominus}_{\mathrm{I}^-/\mathrm{AgI, Ag}} - \frac{RT}{2F}\ln\frac{1}{a_{I_2}}$$

$$= 0.5345 + 0.1519 + 0.0295\lg a_{I_2} \tag{C14.2}$$

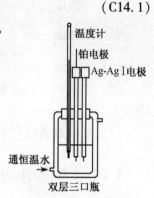

图 C14.2　电池示意图

测得电池电动势 E，便可由上式求得 a_{I_2}。

3　仪器与试剂

电位差计
恒温槽
双层三口瓶
玻璃电极
铂电极
饱和甘汞电极

标准溶液：0.05 mol·kg^{-1} 邻苯二甲酸氢钾溶液，25 ℃时 pH = 4.005
溶液 A：10 mL 0.2 mol·dm^{-3} 的 HAc 和 10 mL 0.2 mol·dm^{-3} 的 NaAc 组成的溶液
溶液 B：5.7 mL 0.2 mol·dm^{-3} Na$_2$HPO$_4$ 和 14.30 mL 0.1 mol·dm^{-3} 柠檬酸组成的溶液
溶液 C：7.00 mL 0.05 mol·dm^{-3} 的 Na$_2$B$_4$O$_7$·10H$_2$O 溶液和 3 mL 0.1 mol·dm^{-3} 的 HCl 溶液的混合液
溶液 D：KI（含 I$_2$）溶液

4　实验步骤

（1）参见本书 B3-3 部分有关章节内容，熟悉电位差计的操作方法和注意事项。

（2）用玻璃电极和饱和甘汞电极组成电池测定溶液 A、B、C 的 pH。

① 在洗净、干燥的可通恒温水的双层三口瓶内装入溶液，插入玻璃电极、饱和甘汞电极组成电池，并插入温度计。

② 接好线路，恒温十几分钟后，用电位差计测定该电池的电动势。待电动势稳定后，测定三次取平均值得 E_x。

③ 洗净电极与容器，加入标准溶液，按上述方法测定电池电动势 E_s。

（3）用 Ag-AgI 电极与碘电极（铂电极插入含有 I$_2$ 的 KI 溶液中）组成电池，测定电动势。

① 在洗净、干燥的可通恒温水的双层三口瓶内装入含有 I$_2$ 的 KI 溶液（溶液 D），插入 Ag-AgI 电极和铂电极组成电池，测定电池的电动势。

② 接好线路，恒温十几分钟后，用电位差计测定电动势。待电动势稳定后测定 3 次，取平均值。

5 数据记录及处理

（1）记录室温、大气压。将实验测得数据及计算结果列成表。
（2）计算溶液 A、B、C 的 pH。
（3）计算 KI（含 I_2）溶液的活度 a_{I_2}。

6 注意事项

预先调节好恒温槽温度，一定要在温度恒定 10 min 后再进行电动势测定。

7 思考题

（1）用对消法（补偿法）测电动势的原理是什么？为什么不能用伏特计测电池电动势？
（2）什么样的电极才能作为参比电极？

C15 电动势法测量化学反应的 $\Delta_r G_m$，$\Delta_r H_m$，$\Delta_r S_m$

1 实验目的及要求

（1）学习电动势的测量方法。
（2）掌握用电动势法测量化学反应热力学函数值的原理和方法。

2 实验原理

在恒温、恒压、可逆条件下，电池反应的 $\Delta_r G_m$ 与电动势的关系如下：

$$\Delta_r G_m = -nEF \tag{C15.1}$$

式中，n 为电池反应得失电子数；E 为电池的电动势；F 为法拉第常数。

根据吉布斯-亥姆霍兹（Gibbs-Helmholtz）公式

$$\Delta_r G_m = \Delta_r H_m + T\left(\frac{\partial \Delta_r G_m}{\partial T}\right)_p \tag{C15.2}$$

又

$$\Delta_r G_m = \Delta_r H_m - T\Delta_r S_m \tag{C15.3}$$

由上面二式得：

$$\Delta_r S_m = -\left(\frac{\partial \Delta_r G_m}{\partial T}\right)_p \tag{C15.4}$$

将式（C15.1）代入式（C15.4）得：

$$\Delta_r S_m = nF\left(\frac{\partial E}{\partial T}\right)_p \tag{C15.5}$$

式中 $\left(\dfrac{\partial E}{\partial T}\right)_p$ 称为电池电动势的温度系数。将式（C15.5）代入式（C15.3），变换后可得：

$$\Delta_r H_m = \Delta_r G_m + T\Delta_r S_m = -nEF + nTF\left(\frac{\partial E}{\partial T}\right)_p \tag{C15.6}$$

因此，在恒定压力下，测得不同温度时可逆电池的电动势，以电动势 E 对温度 T 作图，从曲线上可以求任一温度下的 $\left(\dfrac{\partial E}{\partial T}\right)_p$，然后用式（C15.5）计算电池反应的热力学函数 $\Delta_r S_m$、用式（C15.6）计算 $\Delta_r H_m$、用式（C15.3）计算 $\Delta_r G_m$。

本实验测定下面反应的热力学函数：

$$C_6H_4O_2 + 2HCl + 2Hg = Hg_2Cl_2 + C_6H_4(OH)_2$$
醌（Q） 　　　　　　　　　　对苯二酚

用饱和甘汞电极与醌氢醌电极将上述化学反应组成电池：

$$Hg(l) \mid Hg_2Cl_2(s) \mid KCl(饱和) \parallel H^+, C_6H_4(OH)_2, C_6H_4O_2 \mid Pt$$

醌氢醌是等分子的醌（Q）和氢醌（H_2Q 对苯二酚）所形成的化合物，在水中依下式分解：

$$C_6H_4O_2 \cdot C_6H_4(OH)_2 = C_6H_4O_2(醌) + C_6H_4(OH)_2(氢醌)$$

醌氢醌在水中溶解度很小，加少许即可达饱和，在此溶液中插入一光亮铂电极即组成醌氢醌电极。再插入甘汞电极（见本书 B3-8 部分），即组成电池。

电池中电极反应为：

$$2Hg + 2Cl^- - 2e^- = Hg_2Cl_2$$
$$C_6H_4O_2 + 2H^+ + 2e^- = C_6H_4(OH)_2$$

测得该电池电动势的温度系数，便可计算电池反应的 $\Delta_r G_m$、$\Delta_r H_m$、$\Delta_r S_m$。

3 仪器与试剂

恒温槽	电子电位差计
双层三口瓶	温度计（0.1 ℃）
铂电极	饱和甘汞电极
Na_2HPO_4 溶液（0.2 mol·dm^{-3}）	柠檬酸溶液（0.1 mol·dm^{-3}）
醌氢醌（A.R.）	KCl（A.R.）

4 实验步骤

（1）实验装置参见图 C14.1 所示。参见本书 B3-1 部分，预习对消法测量电池电动势的原理，熟悉数字式电位差计的操作使用方法。

（2）打开恒温槽，调节温度至设定温度（比室温高 2 ℃~3 ℃）。

（3）配制电池溶液：称取磷酸氢二钠（Na_2HPO_4）0.003 mol 和柠檬酸（$C_6H_8O_7$）0.003 mol 放入 100 mL 烧杯中，加入 50 mL 去离子水使其溶解。加入适量醌氢醌（米粒大小的量），搅拌溶解于该溶液中，形成醌氢醌的饱和溶液。注意在加入醌氢醌时，应每次少量，多次加入，充分搅拌。将电池溶液装入可通恒温水的双层瓶内，插入铂电极和饱和甘汞电极，即组成了电池，如图 C15.1 所示。

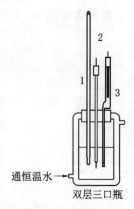

图 C15.1 电池示意图
1—温度计；2—铂电极；
3—甘汞电极

（4）恒温 20~30 min，用电位差计测定该电池的电动势，测量几次，各次测定之差应小于 0.000 2 V，取三次以上平均值。

（5）改变实验温度，温度由双层三口瓶中的温度计读出。第一个温度控制在比室温高 2 ℃~3 ℃，以后每次升高约 3 ℃，每次均需恒温 20~30 min 再进行电动势测定，这样测定的结果较稳定。每个温度下测量几次，取三次以上平均值。

（6）测定 5 个不同温度下的电动势。

5 数据记录及处理

（1）记录室温、大气压、电池在不同温度 T 时电动势 E 的各次测定值。

（2）以 E 对 T 作图，求 $T=298$ K 时的斜率。

（3）计算 298 K 时各反应的热力学函数 $\Delta_r G_m$、$\Delta_r H_m$ 和 $\Delta_r S_m$ 值。

6 注意事项

（1）在测定电池电动势的温度系数时，一定要使体系达到热平衡，恒温时间至少 20 min。

（2）在等待升温的过程中，应将电位差计的"调零/测量"选择旋钮置于"调零"位置。

7 思考题

（1）用本实验中的方法测定电池反应热力学函数时，为什么要求电池内进行的化学反应是可逆的？

（2）能用于设计电池的化学反应应具备什么条件？

C16 电势-pH 曲线测量

1 实验目的及要求

（1）掌握测量电势-pH 曲线的原理和方法。

（2）测定 Fe^{3+}/Fe^{2+}-EDTA 体系的电势-pH 图。

2 实验原理

在一个电化学体系中，根据 Nernst 公式，平衡电极电势与溶液活度的关系为：

$$E = E^{\ominus} + \frac{2.303RT}{zF} \lg \frac{a_{ox}}{a_{re}}$$

$$= E^{\ominus} + \frac{2.303RT}{zF} \lg \frac{c_{ox}}{c_{re}} + \frac{2.303RT}{zF} \lg \frac{\gamma_{ox}}{\gamma_{re}} \quad \text{(C16.1)}$$

式中，a_{ox}、c_{ox} 和 γ_{ox} 分别为氧化态的活度、浓度和活度系数；a_{re}、c_{re} 和 γ_{re} 分别为还原态的活度、浓度和活度系数。在恒温及溶液离子强度保持定值时，式中 $\frac{2.303RT}{zF} \lg \frac{\gamma_{ox}}{\gamma_{re}}$ 项为一常

数，用 b 表示之，则：

$$E = (E^{\ominus} + b) + \frac{2.303RT}{zF}\lg\frac{c_{ox}}{c_{re}} \tag{C16.2}$$

在一定温度下，体系的电势与溶液中氧化态、还原态浓度比值的对数呈直线关系，体系的电极电势与电极反应中氧化态的浓度有关，如果电极反应的氧化态中含有 H^+，则电极电势与 H^+ 浓度有关，即与溶液的 pH 有关。

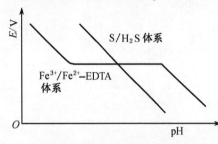

图 C16.1 电势–pH 曲线示意图

很多氧化还原反应都有 H^+（或 OH^-）参与，电极电势与溶液的 pH 有关，随溶液的 pH 而变化。对于这样的体系，有必要考察其电极电势与 pH 变化的关系。在一定浓度的溶液中，改变其酸碱度，同时测定电极电势和溶液的 pH，然后以电极电势 E 对 pH 作图，这样就制作出体系的电势–pH 曲线，称为电势–pH 图，如图 C16.1 所示。

对于 Fe^{3+}/Fe^{2+}–EDTA 络合体系，以 Y^{4-} 代表 EDTA 酸根离子 $(CH_2)_2N_2(CH_2COO)_4^{4-}$。在不同的 pH 范围内，电极反应有所不同。

在低 pH 时，Fe^{2+} 与 EDTA 生成 $FeHY^-$ 型的含氢络合物，电极反应为：

$$FeY^- + H^+ + e^- = FeHY^-$$

电极电势为：

$$E = (E_1^{\ominus} + b_1) + \frac{2.303RT}{F}\lg\frac{c_{FeY^-}}{c_{FeHY^-}} - \frac{2.303RT}{F}pH \tag{C16.3}$$

在 EDTA 过量的情况下，所生成的络合物的浓度就近似地等于配制溶液时相应的铁离子浓度，即 $\frac{c_{FeY^-}}{c_{FeHY^-}} = \frac{c_{Fe^{3+}}^0}{c_{Fe^{2+}}^0}$，这里 $c_{Fe^{3+}}^0$ 和 $c_{Fe^{2+}}^0$ 分别代表 Fe^{3+} 和 Fe^{2+} 的配制浓度，所以式（C16.3）变成：

$$E = (E_1^{\ominus} + b_1) + \frac{2.303RT}{F}\lg\frac{c_{Fe^{3+}}^0}{c_{Fe^{2+}}^0} - \frac{2.303RT}{F}pH \tag{C16.4}$$

E 与 pH 呈线性关系，如图 C16.1 中曲线左段所示。

在特定的 pH 范围内，电极反应为：

$$FeY^- + e^- = FeY^{2-}$$

电极电势为：

$$E = (E_2^{\ominus} + b_2) + \frac{2.303RT}{F}\lg\frac{c_{FeY^-}}{c_{FeY^{2-}}} \tag{C16.5}$$

同理，在 EDTA 过量情况下有：

$$E = (E_2^{\ominus} + b_2) + \frac{2.303RT}{F}\lg\frac{c_{Fe^{3+}}^0}{c_{Fe^{2+}}^0} \tag{C16.6}$$

由式（C16.6）可知，电极电势随溶液中的 $c_{Fe^{3+}}^0/c_{Fe^{2+}}^0$ 比值变化，而与溶液的 pH 值无关。对具有某一定的 $c_{Fe^{3+}}^0/c_{Fe^{2+}}^0$ 比值的溶液而言，其电势–pH 曲线应表现为水平线，如图 C16.1 中曲线中段所示。

在高 pH 时，Fe^{3+} 能与 EDTA 生成 $Fe(OH)Y^{2-}$ 型的羟基络合物。电极反应为：
$$Fe(OH)Y^{2-} + e^- = FeY^{2-} + OH^-$$
电极电势为：
$$E = \left(E_3^\ominus + b_3 - \frac{2.303RT}{F}\lg K_w\right) + \frac{2.303RT}{F}\lg\frac{c_{Fe(OH)Y^{2-}}}{c^0_{FeY^{2-}}} - \frac{2.303RT}{F}pH \quad (C16.7)$$

式中，K_w 为水的离子积。在 EDTA 过量情况下有：
$$E = \left(E_3^\ominus + b_3 - \frac{2.303RT}{F}\lg K_w\right) + \frac{2.303RT}{F}\lg\frac{c^0_{Fe^{3+}}}{c^0_{Fe^{2+}}} - \frac{2.303RT}{F}pH \quad (C16.8)$$

E 与 pH 呈线性关系，如图 C16.1 中曲线右段所示。

由式（C16.4）及式（C16.8）可知，在低 pH 和高 pH 时，Fe^{3+}/Fe^{2+}-EDTA 络合体系的电极电势不仅与 $c^0_{Fe^{3+}}/c^0_{Fe^{2+}}$ 的值有关，也和溶液的 pH 有关。在 $c^0_{Fe^{3+}}/c^0_{Fe^{2+}}$ 值不变时，其电势与 pH 呈线性关系。

对于 Fe^{3+}/Fe^{2+}-EDTA 体系，可以用惰性金属（Pt 丝）作导体组成电极，与另一参比电极组合成电池，测其电动势。与此同时，测出体系相应的 pH，即可绘制出电势-pH 曲线。

电势-pH 曲线具有广泛的实用价值。例如在天然气脱硫工艺中，利用电势-pH 图来选择最佳的工艺条件。天然气中含 H_2S，是有害物质，用 Fe^{3+}/Fe^{2+}-EDTA 溶液可以将天然气中的 H_2S 氧化为 S 除去，溶液中 Fe^{3+}-EDTA 络合物被还原为 Fe^{2+}-EDTA 络合物。通入空气可使 Fe^{2+}-EDTA 被氧化为 Fe^{3+}-EDTA，使溶液得到再生，不断循环使用。其反应如下：

$$2FeY^- + H_2S \xrightarrow{脱硫} 2FeY^{2-} + 2H^+ + S\downarrow$$
$$2FeY^{2-} + \frac{1}{2}O_2 + H_2O \xrightarrow{再生} 2FeY^- + 2OH^-$$

脱硫电极反应为
$$FeY^- + e = FeY^{2-}$$
$$H_2S(g) = S + 2H^+ + 2e$$

S/H_2S 电极电势为：
$$E/V = -0.072 - 0.02961\lg(P_{H_2S}/Pa) - 0.0591pH$$

低含硫天然气的 H_2S 含量为 $0.1\sim0.6$ g/m³，在 25 ℃时相应的 H_2S 分压为 $7.3\sim43.6$ Pa，根据上式，可以作出 S/H_2S 的电势-pH 曲线，是一条直线，如图 C16.1 所示。

对一定的脱硫液而言，FeY^-/FeY^{2-} 电极电势与 S/H_2S 电极电势之差值在 FeY^-/FeY^{2-} 电势平台区内，随着 pH 的增大而增大；到平台区的 pH 上限时，两电极电势差值最大；超过此 pH 值时，两电极电势差不再增大，脱硫趋势不再随 pH 增大而增大。由此可知，脱硫液的 pH 应选择在（或高于）脱硫液的电势平台区的上限。

3 仪器与试剂

反应器，双层瓶　　　　　　　　　酸度计
数字电位差计　　　　　　　　　　铂电极
玻璃电极　　　　　　　　　　　　饱和甘汞电极
微量酸滴定管（10 mL）　　　　　　磁力加热搅拌器

量筒（100 mL）	碱式滴定管（50 mL）
恒温槽	称量瓶
$FeCl_3 \cdot 6H_2O$（A.R.）	$FeCl_2 \cdot 4H_2O$（A.R.）
HCl 溶液（4 mol·dm^{-3}）	NaOH 溶液（1 mol·dm^{-3}）
EDTA	

4 实验步骤

(1) 安装仪器：仪器装置如图 C16.2 所示。玻璃电极、甘汞电极、铂电极分别插入可通恒温水的双层四口瓶内，通恒温水。测量体系的 pH 采用 pH 计，测量体系的电势采用数字电位差计。用电磁搅拌器搅拌。

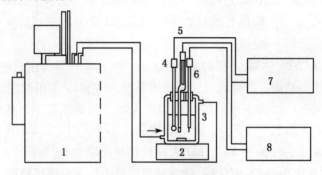

图 C16.2 实验装置图

1—恒温槽；2—电磁搅拌器；3—双层四口瓶；4—玻璃电极；
5—饱和甘汞电极；6—铂电极；7—pH 计；8—电位差计

(2) 配制溶液：称取 7 g EDTA，转移到反应器中。加 40 mL 蒸馏水，加热溶解，最后让 EDTA 溶液冷至 25 ℃。迅速称取 1.72 g $FeCl_3 \cdot 6H_2O$ 和 1.18 g $FeCl_2 \cdot 4H_2O$，立即转移到四口瓶中。总用水量控制在 80 mL 左右。

(3) 电势和 pH 的测定：调节恒温槽水温为 25 ℃，开动电磁搅拌器，用碱滴定管往四口瓶中缓慢滴加 1 mol·dm^{-3} NaOH 直至溶液 pH=8 左右，此时溶液为褐红色，加碱时要防止局部生成 $Fe(OH)_3$ 产生沉淀。测定此时溶液的 pH 和电极电势 E。

(4) 用 10 mL 微量滴定管，往四口瓶中滴入少量 4 mol·dm^{-3} HCl，待搅拌半分钟后，重新测定体系的 pH 及 E 值。如此，每滴加一次 HCl 后（其滴加量以引起 pH 改变 0.3 左右为限），测一个 pH 和 E 值，得出该溶液的一系列电极电势和 pH，直至溶液变浑浊（pH 约等于 2.3 左右）为止。

(5) 由于 Fe^{2+} 易受空气氧化，最好向溶液中通入 N_2 进行保护。

5 数据处理

列出所测得的电池电动势 E 和 pH 数据，作出 Fe^{3+}/Fe^{2+}-EDTA 络合体系的电势-pH 曲线。

6 思考题

(1) 玻璃电极与氢电极各有何特点？

(2) 用 pH 计和电位差计测量电动势，原理上有什么不同？

C17　铁的极化和钝化曲线测量

1　实验目的及要求

（1）掌握一种电化学测量方法（恒电势法）。
（2）测定铁在 H_2SO_4 中的阴极极化、阳极极化和钝化曲线。
（3）求算铁的自腐电势、腐蚀电流和钝化电势、钝化电流。

2　实验原理

当电极上有电流通过时，电极电势偏离于平衡值的现象称为电极的极化。无论是原电池或是电解池，只要有电流通过，就有极化作用发生。通常将描述电流密度与电极电势之间关系的曲线称为极化曲线。测量极化曲线是一种常用的电化学研究方法。

铁在酸性介质中会发生腐蚀现象，例如铁在 H_2SO_4 溶液中，将不断溶解，同时产生 H_2，即

$$Fe + 2H^+ = Fe^{2+} + H_2 \quad (C17.A)$$

$$Fe = Fe^{2+} + 2e^- \quad (C17.B)$$

$$2H^+ + 2e^- = H_2 \quad (C17.C)$$

在 Fe/H_2SO_4 界面上同时进行氧化反应和还原反应，H_2 不断析出（阴极反应），Fe 不断溶解（阳极反应），这就是铁腐蚀的主要原因。图 C17.1 是 Fe 在 H_2SO_4 中的阴极极化、阳极极化和钝化曲线示意图。

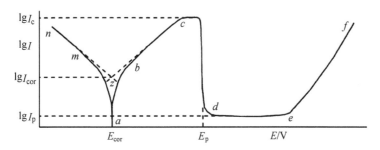

图 C17.1　Fe 的极化、钝化曲线

当对电极进行阴极极化，即使其电极电位更负时，Fe 溶解反应被抑制，电化学过程以 H_2 析出反应为主，可获得阴极极化曲线 amn。

当对电极进行阳极极化，即使其电极电位更正时，H_2 析出反应被抑制，电化学过程以 Fe 的溶解为主要倾向。通过测定对应的极化电势和极化电流，就可得到 Fe/H_2SO_4 体系的阳极极化曲线 abc。

当阳极极化进一步加强，极化电势超过 E_p 时，电流很快下降到 d 点，此后虽然不断增加极化电势，但电流一直维持在一个很小的数值，如图 C17.1 中 de 段所示。直到极化电势超过 e 点时，电流才重新开始增加，如 ef 段所示。

将阴极极化曲线 amn 的直线部分外延，将阳极极化曲线 abc 的直线部分外延，理论上应交于一点 z，则 z 点的纵坐标就是 $\lg I_{cor}$。I_{cor} 即腐蚀电流，而 z 点的横坐标则表示自腐电势 E_{cor}。

在阳极钝化曲线上，bc 段称为活化区，从 c 点到 d 点的范围称为钝化过渡区，从 d 点到 e 点的范围称为钝化区，从 e 点到 f 点称为超钝化区。E_p 称为钝化电势，I_p 称为钝化电流。

铁的钝化现象可作如下解释：图中 bc 段是 Fe 的正常溶解曲线，此时铁处在活化状态。当进一步极化时，Fe^{2+} 离子与溶液中 SO_4^{2-} 离子形成 $FeSO_4$ 沉淀层，阻滞了阳极反应。由于 H^+ 不易达到 $FeSO_4$ 层内部，使 Fe 表面的 pH 增加，Fe_2O_3 开始在 Fe 的表面生成，形成了致密的氧化膜，极大地阻滞了 Fe 的溶解，因而出现了钝化现象。由于 Fe_2O_3 在高电势范围内能够稳定存在，故铁能保持在钝化状态，直到电势超过 O_2/H_2O 体系的平衡电势相当多时，Fe 电极上开始析出氧。电流重新增加。

金属钝化现象有很多实际应用。金属处于钝化状态对于防止金属的腐蚀和在电解中保护不溶性的阳极是极为重要的；而在另一些情况下，钝化现象却十分有害，如在化学电源、电镀中的可溶性阳极等，这时则应尽力防止阳极钝化现象的发生。凡能促使金属保护层破坏的因素都能使钝化后的金属重新活化，或能防止金属钝化。

测定极化曲线，可以采用恒电位法，即控制改变电极的电位，测量对应电极电位下通过电极的电流。也可以采用恒电流法，控制改变通过电极的电流，测量对应电流下电极的电位。

对 Fe/H_2SO_4 体系进行阴极极化或阳极极化，在不出现钝化现象情况下，既可采用恒电流方法，也可以采用恒电势方法，所得到的极化曲线应一致。但要测定钝化曲线，必须采用恒电势方法，如采用恒电流方法，则无法获得完整的钝化曲线。

一般电化学测量仪器设备，其基本原理相近，但仪器控制和测量的精度差别较大。本实验采用电化学综合测量系统，由微型计算机控制，视窗设定测量参数，自动控制、采集、处理数据，如图 C17.2 所示。采用三室电解池，辅助电极室和研究电极室之间采用玻璃砂隔板，研究电极采用纯铁，并加工成 $\phi 2.5 \times 10$ mm 的小圆棒，一端有螺纹，可拧在电极杆末端的螺丝上，参比电极采用饱

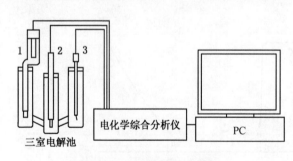

图 C17.2　实验装置示意图
1—参比电极；2—研究电极；3—辅助电极

和甘汞电极，辅助电极采用铂电极。

3　仪器与试剂

电化学分析仪	电解池
铂片辅助电极	饱和甘汞电极
圆柱形铁研究电极	H_2SO_4 溶液（1 mol·dm^{-3}）

4 实验步骤

（1）实验前，参见本书 B3-10 部分，熟悉电化学分析仪的使用操作方法。

（2）按图 C17.2 安装连接仪器。在电解池中放入电解液 H_2SO_4 溶液（$1\ mol\cdot dm^{-3}$）。

（3）工作电极用 200~800 号水砂纸打磨，抛光成镜面。用卡尺测量其外径和长度。将电极固定在电极杆上，擦拭干净后放入乙醇、丙酮中去油。

（4）将去油后的工作电极进一步进行电抛光处理。即将电极放入 $HClO_4$-HAc 的混合液中（按 4∶1 配制）进行电解。工作电极为阳极，Pt 电极为阴极，电流密度为 85 mA/cm^2（铁电极），通电 2 min，取出后用重蒸馏水洗净，用滤纸吸干后，立即放入电解池中。

（5）打开电化学分析仪电源开关，连接电极线路，启动微机，启动电化学分析仪操作软件，选定测量功能为"测量开路电位"，则可测得参比电极对研究电极的开路电势，每 2 min 测量一次，直到两次测量值相差 1~2 mV 为止，即为自腐电势 E_{cor}（相对于参比电极）。

（6）选定测量功能为"线性扫描伏安法"，测定阴极极化曲线。设定相应的测量参数，扫描起始电位均为自腐电势。

（7）阴极极化曲线测定后，等待工作电极恢复至 E_{cor}，约在±5 mV 的范围内。在 20 min 内如果 E_{cor} 值不复原，应更换工作电极和溶液。

（8）测定阳极极化曲线，扫描起始仍从自腐电势开始，设定相应的测量参数，进行阳极极化。

（9）钝化曲线的测定。扫描起始电位仍从自腐电势开始，将扫描结束电位设为+1.8 V，进行阳极极化。测定钝化曲线。

（10）测完之后，应使仪器复原，清洗电极，记录室温。

5 数据处理

（1）在计算机上进行数据处理。

（2）根据阴极极化曲线和阳极极化曲线，求 I_{cor}。

（3）由钝化曲线求钝化电势 E_p、钝化电流 I_p 和钝化电流密度 i_p。

6 思考题

（1）从极化电势的改变，如何判断所进行的极化是阳极极化还是阴极极化？

（2）测定钝化曲线为什么不能采用恒电流法？

C18 希托夫法测量离子的迁移数

1 实验目的及要求

（1）掌握希托夫（Hittorf）法测定离子迁移数的方法，来测定 $CuSO_4$ 溶液中离子的迁移数。

（2）了解电解的一般原理。

2 实验原理

电解质溶液依靠离子的定向迁移而导电。在外电场作用下，电解质溶液中各种离子的运动速率不同，阳、阴离子在溶液中传导电荷的能力也不同。

某离子（B）所运载的电流与总电流之比称为该离子的迁移数，其定义为：

$$t_B = \frac{I_B}{I} \tag{C18.1}$$

用 Q_+、Q_- 分别表示电解质溶液中阳、阴离子输送的电量，Q 表示通过溶液的总电量。阳离子、阴离子的迁移数为：

$$t_+ = Q_+/Q \tag{C18.2}$$

$$t_- = Q_-/Q \tag{C18.3}$$

$$t_+ + t_- = 1 \tag{C18.4}$$

影响离子迁移数的因素有温度、浓度、溶剂等。一般强电解质溶液的浓度增大时，离子相互间引力增大，正、负离子运动速率减慢，若二者价态相同，正、负离子所受影响大致相同，t_+、t_- 变化不大，若二者价态不同，价态高者受影响大。

在指定温度和浓度下，强电解质溶液有确定的离子迁移数，t_+、t_- 可严格测定。而对弱电解质，当一种离子在阴极上析出引起该离子浓度局部减少时，弱电解质将进一步电离以抵消其浓度减少，因而弱电解质的迁移数不可能准确测定。

测定不同情况下离子的迁移数对研究电解质溶液的性质有重要意义，本实验用 Hittorf 法测定强电解质溶液的迁移数。假定：① 电荷的输送者只是电解质的离子，而溶剂（水）不导电；② 离子不水化，否则离子会带水一起运动，而阳、阴离子带水量不一定相同，由于水分子的迁移会改变极区浓度。

在迁移管中（如图 C18.1 所示）装入已知浓度的电解质溶液，人为地将整个电解池分为阳极区、阴极区和中间区三部分。按图接好线路，接通电源让合适的电流通过电解质溶液，正、负离子分别向阴、阳两极迁移，同时在电极上发生电化学反应，致使电极附近离子浓度不断变化，而中部区由于离子的迁移，一定时间内浓度基本不变。通电一段时间后，小心地收集阳极区（或阴极区）的溶液进行称量和分析。根据阳极区（或阴极区）溶液的浓度变化，以及电量计所测的通过溶液的总电量 Q，可算出离子的迁移数。

将已知浓度的 $CuSO_4$ 溶液装入迁移管中，插入两支铜电极，通直流电 1~2 h。串联在电路中的铜电量计的阴极析出铜的质量为 m_{Cu}。小心地放出阳极区（或阴极区）和中部区溶液进行称量和分析测量，求得电极区电解质溶液浓度的变化。计算 Cu^{2+} 和 SO_4^{2-} 的迁移数。

阳极区 Cu^{2+} 离子浓度变化是由两个因素引起的：

① 发生电极反应：$Cu - 2e^- \rightarrow Cu^{2+}$（$Cu^{2+}$ 浓度增加）；

② Cu^{2+} 通过中部区向阴极迁移（Cu^{2+} 浓度减少）。

设 n 为阳极区 Cu^{2+} 的物质的量，则：

通电前，$n_{前}$ 可通过测定原始 $CuSO_4$ 溶液浓度求得。

通电后，$n_{后}$ 可通过测定阳极区 $CuSO_4$ 溶液浓度求得。

通电过程中，$n_{电}$ 根据法拉第定律，由铜电量计中阴极析出的铜的质量（m_{Cu}）算出：

$$n = \frac{2m_{Cu}}{M_{Cu}} \quad (C18.5)$$

显然

$$n_{迁} = n_{前} + n_{电} - n_{后} \quad (C18.6)$$

所以

$$t_+ = \frac{n_{迁}}{n_{电}} \quad (C18.7)$$

$$t_- = 1 - t_+ \quad (C18.8)$$

对于阴极区的 Cu^{2+}：

$$n_{迁} = n_{后} + n_{电} - n_{前} \quad (C19.9)$$

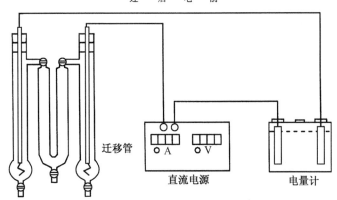

图 C18.1　希托夫法测定离子迁移数实验装置图

3　仪器与试剂

Hittorf 迁移管（带两支铜电极）　　　铜电量计（或库仑计）
直流稳压电源　　　　　　　　　　　不锈钢钳
锥形瓶（250 mL）　　　　　　　　　滴定管
$CuSO_4$ 溶液（0.05 mol·dm^{-3}）　　$Na_2S_2O_3$ 标准溶液（0.0500 mol·dm^{-3}）
HNO_3（约 1 mol·dm^{-3}）　　　　乙酸（1 mol·dm^{-3}）
KI 溶液（10%）　　　　　　　　　　乙醇
淀粉指示剂　　　　　　　　　　　　铜电量计溶液

4　实验步骤

（1）从电量计中取出阴极铜片，用细砂纸磨光，依次用水、HNO_3 溶液、去离子水洗净，乙醇浸洗，以清洁的不锈钢钳夹着，用冷风吹干，称量，准确到 0.1 mg。

（2）在电量计中装入铜电量计溶液（约瓶体积的 2/3），将已称量的铜片挂在阴极，插入溶液中。

（3）用金相砂纸打磨铜电极。将迁移管从支架上取下，检查旋塞是否漏液，必要时涂凡士林。用 $CuSO_4$ 溶液涮洗，装入 $CuSO_4$ 电解液。用 $CuSO_4$ 溶液淋洗两支铜电极，放入迁移管中，将迁移管中液面调至中部 U 形管拐弯口上部位置。

（4）按图 C18.1 所示接好线路，接通电源，调节电流在 18~20 mA，开始电解，持续 1.5~2 h。

（5）将 4 只锥形瓶洗净、干燥、记上标记，称量，精确至 0.1 mg，用以收集、称量中部区、阳极区、阴极区溶液和原液。

（6）滴定分析 $CuSO_4$ 原液：称取（精确至 0.1 mg）20~25 mL $CuSO_4$ 原液，向溶液中加入 10% KI 溶液 10 mL，1 $mol \cdot dm^{-3}$ 乙酸溶液 10 mL，用 $Na_2S_2O_3$ 标准溶液（0.050 0 $mol \cdot dm^{-3}$）滴定，滴至淡黄色，加入 1 mL 淀粉指示剂，再滴至紫色消失。

（7）通电时间到后，关闭直流稳压电源，断开电极连线。先放出中部区的溶液，再分别放出阳极区、阴极区溶液。称量各区溶液。

（8）取下电量计中的铜阴极，先用去离子水清洗，再用乙醇浸洗，冷风吹干，称量。

（9）滴定分析各区溶液。

（10）比较中部区溶液与原溶液分析结果，如果相差较大，说明实验条件、溶液分区比例、电解操作、放液操作、滴定等出了问题，需重做实验。

（11）将铜电量计溶液倒回原瓶，将 $CuSO_4$ 溶液回收，小心地洗净迁移管和电量计。

5 数据记录及处理

（1）将相关数据记录于表 C18.1、表 C18.2 中。

表 C18.1 数据表 1

$Na_2S_2O_3$ 标准溶液浓度/($mol \cdot dm^{-3}$)	
铜电量计阴极铜片通电前质量/g	
铜电量计阴极铜片通电后质量/g	
$n_电$	

表 C18.2 数据表 2

	原液	中部区溶液	阳极区溶液	阴极区溶液
空瓶质量/g				
（空瓶+溶液）的质量/g				
滴定用 $Na_2S_2O_3$ 标准溶液体积/mL				
溶液中 $CuSO_4$ 质量/g				
溶液中水的质量/g				
一定质量水中所含 $CuSO_4$ 质量				
$n_后$	—			
$n_前$	—			
$n_迁$	—			
t_+	—	—		
t_-	—	—		

(2) 根据原液滴定分析数据，计算原液一定质量水中所含 $CuSO_4$ 的质量。

(3) 根据中部区溶液滴定分析数据，计算中部区溶液一定质量水中所含 $CuSO_4$ 的质量，与原液滴定分析结果进行比较。

(4) 计算 $n_{后}$：根据阳极区溶液滴定分析数据，计算通电后阳极区溶液中 $CuSO_4$ 的质量、$n_{后}$，阳极区水的质量。

(5) 计算 $n_{前}$：通电前阳极区溶液浓度与原液浓度及通电前后中部区溶液浓度相同，通电前后阳极区水的质量不变。因此计算出通电前阳极区所含 $CuSO_4$ 的质量、$n_{前}$。

(6) 计算 $n_{电}$：

$$n_{电} = \frac{2(m_{Cu,通前} - m_{Cu,通后})}{M_{Cu}}$$

(7) 根据式（C18.6）计算 $n_{迁}$。根据式（C18.7）计算 t_+。根据式（C18.8）计算 t_-。

(8) 根据阴极区数据及式（C18.9）计算 t_+ 和 t_-，与阳极区计算结果进行比较。

6 注意事项

(1) 为避免通电电解过程中电极上副反应的发生，铜电极要尽量使用纯度较高的精炼铜（纯度为 99.999%）。

(2) 洗净的铜电量计阴极铜片不得用手触及。

(3) 在整个电解过程中，要防止震动，以免三个区溶液相混。

(4) 通电结束后，尽快从迁移管放出溶液。放出溶液时要缓慢，避免各区溶液相混。

7 思考题

(1) 分析称量误差、滴定误差对最终结果的影响。

(2) $0.1\ mol \cdot dm^{-3}$ KCl 与 $0.1\ mol \cdot dm^{-3}$ NaCl 中 Cl^- 迁移数是否相同？

C19 可逆体系的循环伏安研究

1 实验目的及要求

(1) 掌握循环伏安法研究电极过程的基本原理。
(2) 学习使用电化学综合分析仪。
(3) 测定 $K_3Fe(CN)_6$ 体系在不同扫描速率时的循环伏安图。

2 实验原理

1) 循环伏安法概述

循环伏安法（Cyclic Voltammetry）的基本原理是：根据研究体系的性质，选择电位扫描范围和扫描速率，从选定的起始电位开始扫描后，研究电极的电位按指定的方向和速率随时间线性变化，完成所确定的电位扫描范围到达终止电位后，会自动以同样的扫描速率返回到起始电位。在电位进行扫描的同时，同步测量研究电极的电流响应，所获得的电流-电位曲线称为循环伏安曲线或循环伏安扫描图。通过对循环伏安扫描图进行定性和定量分析,可以确定电极上进行的电极过程的热力学可逆程度、得失电子数、是否伴随耦合化学反应及电极过程动力学参数,从而拟定或推断电极上所进行的电化学过程的机理。

循环伏安法是进行电化学和电分析化学研究的最基本和最常用的方法,1922 年由 Jaroslav Heyrovsky 创立的以滴汞电极作为工作电极的极谱分析法(Polarography),可以认为是伏安研究方法的早期形式,是对电化学研究领域的杰出贡献,Heyrovsky 在 1959 年获得诺贝尔化学奖。随着固体电极、修饰电极的广泛使用和电子技术的发展,循环伏安法的测试范围和测试技术、数据采集和处理等方面有显著改善和提高,从而使电化学和电分析化学方法更普遍地应用于化学化工、生命科学、材料科学及环境和能源等领域。

2)循环伏安扫描图

循环伏安法研究体系是由工作电极、参比电极、辅助电极构成的三电极系统,工作电极和参比电极组成电位测量,工作电极和辅助电极组成的回路测量电流。工作电极可选用固态或液态电极,如:铂、金、玻璃石墨电极或悬汞、汞膜电极。常用的参比电极有:饱和甘汞电极(SCE)、银-氯化银电极,因此,循环伏安曲线中的电位值都是相对于参比电极而言。辅助电极可选用固态的惰性电极,如:铂丝或铂片电极、玻碳电极等。电解池中的电解液包括:氧化还原体系(常用的浓度范围:mmol/L)、支持电解质(浓度范围:mol/L)。循环伏安测定方法是:将电化学综合分析仪与研究体系连接,选定电位扫描范围 $E_1 \sim E_2$ 和扫描速率 v,从起始电位 E_1 开始扫描,电位按选定的扫描速率呈线性变化从 E_1 到达 E_2,然后连续反方向再扫描从 E_2 回到 E_1,如图 C19.1 所示,电位随时间的变化呈现的是等腰三角波信号。

在扫描电位范围内,若在某一电位值时出现电流峰,说明在此电位时发生了电极反应。若在正向扫描时电极反应的产物是足够稳定的,且能在电极表面发生电极反应,那么在返回扫描时将出现与正向电流峰相对应的逆向电流峰。典型的循环伏安曲线如图 C19.2 所示,i_{pc} 和 i_{pa} 分别表示阴极峰值电流和阳极峰值电流,对应的阴极峰值电位与阳极峰值电位分别为 E_{pc} 和 E_{pa}。(p 表示峰值,a 表示阳极,c 表示阴极)

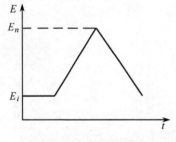

图 C19.1 三角波电压

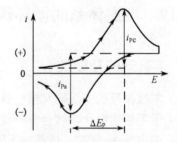

图 C19.2 循环伏安曲线

正向扫描对应于阴极过程,发生还原反应:$O+ze^- \rightarrow R$,得到上半部分的还原波;反向扫描对应于阳极过程,发生氧化反应:$R-ze^- \rightarrow O$,得到下半部分的氧化波。

在实验测定过程中发现,循环伏安扫描图不仅与测量的氧化还原体系有关,还与工作电极、电解液中的溶剂及支持电解质密切相关。对于同一氧化还原体系,不同的电极、不同的溶剂或不同的支持电解质,得到的循环伏安响应也会不一样。因此,必须通过实验选择合适的工作电极和溶剂及支持电解质,才能测得理想的循环伏安曲线。

3) 判断电极过程的可逆性

用电化学综合分析仪进行循环伏安测量时,在测出循环伏安图的同时,通过数据采集和处理系统可以直接读取的有:阳极扫描峰电位 E_{pa} 和阳极峰电流 i_{pa};阴极扫描峰电位 E_{pc} 和阴极峰电流 i_{pc}。判断电极反应的可逆程度常用的方法是:计算阳极峰电位 E_{pa} 与阴极峰电位 E_{pc} 的差值 ΔE_p,比较阳极峰电流 i_{pa} 和阴极峰电流 i_{pc} 数值的相对大小。根据 Nernst 方程,当 ΔE_p 的数值接近 $2.3RT/(zF)$,且 i_{pa} 与 i_{pc} 的数值相等或接近时,电极反应是可逆过程。但是,ΔE_p 值与电位扫描范围、扫描时换向电位等实验条件有关,其值会在一定范围波动。当实验测定温度为 298K,由 Nernst 方程计算得出的 $\Delta E_p/\text{mV} = 59/z$,如果从循环伏安图得出的 $\Delta E_p/\text{mV}$ 的值在 $(55\sim65)/z$ 范围,即可认为电极反应是可逆过程。可逆电极过程的循环伏安曲线如图 C19.3 中 A 所示。对于不同扫描速率时测定的循环伏安曲线,可逆电流峰值电位 E_p 与扫描速率 v 无关,阴、阳极峰电流的值正比于扫描速率的平方根,电流函数 $(i_p/v^{1/2})$ 与扫描速率 v 呈线性关系。对于部分可逆(半可逆或准可逆)电极过程来说,$\Delta E/\text{mV} > 59/z$,数值越大,不可逆程度越高;$\Delta E_p$ 随扫描速率的加快而增大;阴、阳极峰电流的值仍正比于扫描速率的平方根,但有可能产生差异,即 i_{pc}/i_{pa} 值可能等于 1、大于 1 或小于 1;电流函数 $(i_p/v^{1/2})$ 与扫描速率 v 呈线性关系。准可

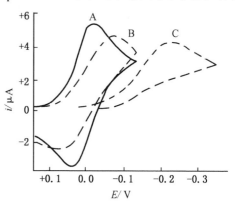

图 C19.3 循环伏安曲线

逆电极电程的循环伏安曲线如图 C19.3 中 B 所示。不可逆电极过程的循环伏安曲线如图 C19.3 中 C 所示,反向电压扫描时不出现阳极峰,电流函数 $(i_p/v^{1/2})$ 与扫描速率 v 呈线性关系。

循环伏安法也是研究电极过程机理的基础,可用于判断电极过程是否属于电化学-化学耦合过程,即在电极反应历程中,包含或伴随耦合化学反应。在不同扫描速率 v 时测定的循环伏安图,其电流函数 $(i_p/v^{1/2})$ 与扫描速率 v 呈非线性关系。

4) $K_3Fe(CN)_6$ 体系的循环伏安测定

$Fe(CN)_6^{3-}$ 与 $Fe(CN)_6^{4-}$ 是典型的可逆氧化-还原体系。其循环伏安测定,用金电极作为工作电极,进行阴极扫描时,发生还原反应:$Fe(CN)_6^{3-} + e^- = Fe(CN)_6^{4-}$;进行阳极扫描时,发生氧化反应:$Fe(CN)_6^{4-} - e^- = Fe(CN)_6^{3-}$。还原与氧化过程中电荷转移的速率很快,得到的循环伏安图中阴极波与阳极波基本上是对称的。

3 仪器与试剂

CHI660 电化学综合分析仪	电子天平
圆盘金电极	容量瓶(100 mL,250 mL)
铂片电极	烧杯(100 mL)
饱和甘汞电极	KNO_3 溶液(0.4 mol/L)

超级恒温槽 　　　　　　　　　　$K_3Fe(CN)_6$ 标准溶液（5.0×10^{-2} mol/L）
双层恒温夹套三口瓶 　　　　　　H_2SO_4 溶液（$0.5\sim1.0$ mol/L）

4　实验步骤

（1）实验装置如图 C19.4 所示。参见本书 B3-10 部分，熟悉 CHI660A 电化学综合分析仪操作系统。

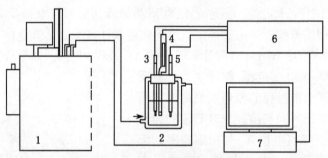

图 C19.4　实验装置示意图

1—恒温槽；2—双层三口瓶；3—研究电极；4—参比电极；5—辅助电极；6—电化学综合分析仪；7—微机

（2）调节并控制恒温槽水浴温度为（298±0.2）K，将恒温水通入三口瓶的恒温夹套中。

（3）组成循环伏安测定系统：0.4 mol/L 的 KNO_3 溶液作为支持电解质，用此溶液作为溶剂，将 $K_3Fe(CN)_6$ 标准溶液（5.0×10^{-2} mol/L）稀释，配制成 5.0×10^{-3} mol/L 的 $K_3Fe(CN)_6$ 溶液 100 mL，转入三口瓶中约 50 mL。与电化学综合分析仪接通：金电极作为研究电极与绿色夹相连，铂丝电极作为辅助电极与红色夹相连，饱和甘汞电极作为参比电极与白色夹相连。

（4）研究电极的处理：作为研究电极的金电极，反复使用多次后，继续进行循环伏安扫描时，不出现峰电流或峰电流很小，原因可能是在电极表面有沉积物或电极发生钝化，需对电极进行处理。处理方法是：将三电极用去离子水冲洗干净，在 $0.5\sim1.0$ mol/L 的 H_2SO_4 溶液中，进行循环电位扫描，调节到较大的电位范围：$-0.2\sim1.5$ V，观察到电极上有较多气泡出现。处理后的电极系统，一定要冲洗干净，才能放入研究体系。

（5）循环伏安扫描曲线测定：开启微机，进入电化学工作站软件操作系统，执行 Setup 菜单中 Technique 命令，选择 Cyclic Voltmmetry 实验技术，进入 Parameters 设置扫描参数，Init E 为 -0.2 V，High E 为 0.5 V，Low E 为 -0.2 V，Initial Scan 为 Negative，Scan Rate 为 0.05 V/s，Sweep Segments 为 2，Sample Interval 为 0.001 V，Quiet Time (sec) 为 2，Sensitivity 为 5.e-006 A/V，单击 OK 按钮确定所选定的参数，同时进入 Cyclic Voltmmetry 测量技术，显示 Potential-Current 坐标图，单击"▶"开始扫描，自动记录循环伏安曲线。根据峰电流的大小，调节 Sensitivity（A/V）的选值，最终得到好的循环伏安图。利用数据处理软件记录所选定的测试条件，并读取峰电位和峰电流的数值，将实验结果图存入 Word 文档。改变扫描速率，测定扫描速率 $v/$(mV/s) 分别为 50，100，200，250，300，400，500，600，700，800 时的循环伏安图，记录在不同扫描速率时的峰电位和峰电流的数值，将数据记录于表 C19.1 中。

5 数据记录与处理

（1）打印扫描速率 v = 50 mV/s 时的实验结果图，内容包括：循环伏安曲线、扫描参数、数据处理结果。

（2）将不同扫描速率时的循环伏安曲线测定的阴极、阳极峰电位和峰电流列表记录，计算 ΔE_p 和电流函数，并进行叠加比较。

（3）根据 ΔE_p 的数值，判断电极过程的可逆程度。讨论扫描速率是否会影响此类电极过程的 E_p 及 ΔE_p。

（4）计算表中不同扫描速率时的电流函数，以电流函数对扫描速率作图。分别讨论电极上进行的氧化-还原过程是否伴随有耦合化学反应。

（5）使用微机进行数据处理，给出线性相关程度。

表 C19.1 实验数据

$v/(V \cdot s^{-1})$	E_{pc}/V	i_{pc}/A	E_{pa}/V	i_{pa}/A	$\Delta E_p/V$	$v/(V \cdot s^{-1})^{1/2}$	$i_{pc}/v^{1/2}$	$i_{pa}/v^{1/2}$
50								
100								
200								
250								
300								
400								
500								
600								
700								
800								

6 注意事项

（1）测量过程中，构成电流处理回路的研究电极和辅助电极有较大电流通过，而参比电极不应有电流通过，因此，必须正确连接研究电极、辅助电极和参比电极，仔细检查确认后，再开始测定。

（2）不能把溶液等试剂放在电化学综合分析仪上面，以免试剂损坏仪器。

7 思考题

（1）用循环伏安法研究不同的电极过程时，如何选择和确定合适的扫描速率？扫描速率的影响与电极反应得失电子的难易程度的联系如何？

（2）电位扫描的范围，对测定结果有何影响？是否电位范围越大测定结果越好？

（3）讨论循环伏安曲线中峰值电流 i_p 的影响因素。

C20　蔗糖转化反应动力学

1　实验目的及要求

（1）测定蔗糖水溶液在酸催化作用下的反应速率常数和半衰期。
（2）了解旋光度的概念，学习旋光度的测量方法及在化学反应动力学研究中的应用。

2　实验原理

蔗糖在水溶液中的转化反应为：

$$C_{12}H_{22}O_{11}(蔗糖) + H_2O \xrightarrow{H^+} C_6H_{12}O_6(葡萄糖) + C_6H_{12}O_6(果糖)$$

此反应是一个二级反应，在纯水中反应速率极慢，通常需要在 H^+ 的催化作用下进行。当蔗糖含量不大时，反应过程中水是大量存在的，尽管有部分水分子参加了反应，仍可认为整个反应过程中水的浓度是恒定的。H^+ 是催化剂，其浓度也保持不变。则此蔗糖转化反应可以看作是准一级反应，反应速率为：

$$v = -\frac{dc_{蔗}}{dt} = \frac{dc_{葡}}{dt} = \frac{dc_{果}}{dt} = kc_{蔗} \tag{C20.1}$$

式中，k 为蔗糖转化反应速率常数；$c_{蔗}$ 为时间 t 时蔗糖的浓度。

当 $t=0$ 时，蔗糖的浓度为 $c_{0,蔗}$，对上式积分得：

$$\ln \frac{c_{0,蔗}}{c_{蔗}} = kt \tag{C20.2}$$

当 $c_{蔗} = \frac{1}{2}c_{0,蔗}$ 时，相应的时间 t 即为半衰期 $t_{1/2}$，且有：

$$t_{1/2} = \frac{\ln 2}{k} = \frac{0.6931}{k} \tag{C20.3}$$

测定不同 t 时的 $c_{蔗}$ 可求得 k。在化学反应动力学研究中，要求能实时测定某反应物或生成物的浓度，且测量过程对反应过程没有干扰，本实验通过测量旋光度来代替反应物或生成物浓度的测量。

有关旋光度及其测量方法的内容参见本书 B5 部分。旋光性物质的旋光角为：

$$\alpha = \frac{\alpha_m m}{A} \tag{C20.4}$$

式中，α_m 为旋光性物质的质量旋光本领，与温度、溶剂、偏振光波长等有关；m 为旋光性物质在截面积为 A 的线性偏振光束途径中的质量。由此式可得：

$$\alpha = \frac{\alpha_m n M l}{Al} = \alpha_m M l c \tag{C20.5}$$

式中，M 为旋光性物质的摩尔质量；l 为旋光管的长度。当温度、溶剂、偏振光波长、旋光物质与旋光管长度一定时，将上式改写为：

$$\alpha = \beta c \tag{C20.6}$$

式中，β 为常数。当旋光管中同时存在多种旋光性物质时，总的旋光角等于各旋光性物质旋光角之和。

蔗糖、葡萄糖和果糖都具有旋光性，但旋光能力不同。在 293.15 K，以钠光的 D 线为光源时，蔗糖、葡萄糖、果糖的质量旋光本领 α_m 分别为 1.16×10^{-2} rad·m²·kg⁻¹，0.92×10^{-2} rad·m²·kg⁻¹，-1.60×10^{-2} rad·m²·kg⁻¹。因此，随着反应的进行，蔗糖、葡萄糖、果糖的浓度发生变化，总旋光角也发生变化。蔗糖、葡萄糖为右旋，果糖为左旋。所以反应过程中右旋角不断减小，反应完毕时溶液呈左旋。

蔗糖水解反应过程中，不同时间 t 时，反应物、生成物浓度为：

$$C_{12}H_{22}O_{11} + H_2O \xrightarrow{H^+} C_6H_{12}O_6(葡) + C_6H_{12}O_6(果)$$

$t=0$ 时 $c_{0,蔗}$ 0   0

$t=t$ 时 $c_{蔗}$ $c_{0,蔗}-c_{蔗}$ $c_{0,蔗}-c_{蔗}$

$t=\infty$ 时   0 $c_{0,蔗}$ $c_{0,蔗}$

当 $t=0$ 时，$\alpha_0 = \beta_{蔗} c_{0,蔗}$；

当 $t=t$ 时，$\alpha_t = \beta_{蔗} c_{蔗} + \beta_{葡}(c_{0,蔗}-c_{蔗}) + \beta_{果}(c_{0,蔗}-c_{蔗})$；

当 $t=\infty$ 时，$\alpha_\infty = \beta_{葡} c_{0,蔗} + \beta_{果} c_{0,蔗}$；

因此 $\alpha_0 - \alpha_\infty = \beta_{蔗} c_{0,蔗} - \beta_{葡} c_{0,蔗} - \beta_{果} c_{0,蔗}$

    $= (\beta_{蔗} - \beta_{葡} - \beta_{果}) c_{0,蔗}$；

$\alpha_t - \alpha_\infty = \beta_{蔗} c_{蔗} + \beta_{葡}(c_{0,蔗}-c_{蔗}) + \beta_{果}(c_{0,蔗}-c_{蔗}) - \beta_{葡} c_{0,蔗} - \beta_{果} c_{0,蔗}$

    $= (\beta_{蔗} - \beta_{葡} - \beta_{果}) c_{蔗}$

可得 $c_{0,蔗} = \dfrac{\alpha_0 - \alpha_\infty}{\beta_{蔗} - \beta_{葡} - \beta_{果}}$

$c_{蔗} = \dfrac{\alpha_t - \alpha_\infty}{\beta_{蔗} - \beta_{葡} - \beta_{果}}$

由式（C20.2）得：

$$k = \frac{1}{t}\ln\frac{c_{0,蔗}}{c_{蔗}} = \frac{1}{t}\ln\frac{\alpha_0 - \alpha_\infty}{\alpha_t - \alpha_\infty}$$

$$\ln(\alpha_t - \alpha_\infty) = -kt + \ln(\alpha_0 - \alpha_\infty) \tag{C20.7}$$

以 $\ln(\alpha_t - \alpha_\infty)$ 对 t 作图，则图为一直线，由直线斜率可求得蔗糖转化反应速率常数 k。

3 仪器与试剂

旋光仪   恒温槽（恒温 25 ℃）

秒表   恒温槽（恒温 55 ℃）

磨口塞锥形瓶（250 mL）   容量瓶（50 mL）

移液管（50 mL）   烧杯（100 mL，1 000 mL）

HCl   蔗糖（A.R.）

4 实验步骤

（1）参见本书 B5 部分，了解旋光角测定原理，掌握数字式旋光仪使用方法及操作要点。

(2) 旋光管管长 200.0 mm 或 100.0 mm，均可使用。旋光管使用前，必须用去离子水进行检查，无渗漏现象，方可放入旋光仪内进行测量。

(3) 启动恒温槽（用于恒温旋光管），将设定温度调至 25 ℃。

(4) 启动恒温槽（用于快速反应），将设定温度调至 55 ℃。

(5) 在通风橱内配制 50 mL 3.0 mol·dm^{-3} HCl 溶液，装入 250 mL 磨口塞锥形瓶中。

(6) 配制 20% 蔗糖水溶液：10.0 g 蔗糖用少量水溶解，注入 50 mL 容量瓶，稀释至刻度，若溶液混浊则需过滤。

(7) 将配好的 50 mL 蔗糖溶液倒入 250 mL 磨口塞锥形瓶中。将蔗糖溶液与 HCl 溶液放入 25 ℃ 的恒温槽恒温 15 min。

(8) 将恒温后的 50 mL HCl 溶液迅速倒入 50 mL 蔗糖溶液中，同时开动秒表计时（注意秒表中间不要暂停）。两瓶应来回倒几次，使溶液倒尽，并加塞混匀。

(9) 迅速取少量混合液洗涤旋光管两次，在旋光管内装满混合液，注意管内液体中不能混有气泡。用吸水纸擦干旋光管两端玻璃片，迅速放入旋光仪样品仓内，测量第一个数据 α_1，同时记录此时时间。测定 α_1 尽在 3 min 内完成。

(10) 将旋光管从旋光仪样品仓内取出，放入 25 ℃ 的恒温槽，固定好。约 3 min 后，从恒温槽内取出旋光管，用吸水纸擦拭旋光管外壁，将旋光管放入旋光仪样品仓内，测量第二个数据，然后再放入恒温槽内。以后每隔 3 min 左右测一次，同时记录相应的时间。15 min 后可延长时间间隔，测量至旋光度为负值（左旋）。

(11) 将倒入旋光管后的剩余混合液加盖，置于 50 ℃~60 ℃ 水浴内保温 30 min，然后再放入 25 ℃ 恒温槽内恒温 30 min 后，装入旋光管，测量 α_∞。

(12) 充分洗净测试管，以防酸蚀。

5　数据记录及处理

(1) 列表记录实验条件、时间 t 及相应旋光角 α_t，绘出 α_t-t 曲线。

(2) 以 $\ln(\alpha_t-\alpha_\infty)$ 对 t 作图，根据式（C20.7）由斜率得反应速率常数 k，并计算半衰期 $t_{1/2}$。

6　注意事项

(1) 本实验用 HCl 溶液作催化剂，如果 HCl 溶液浓度改变，蔗糖转化速率也会变化。

(2) 为了获得 α_∞，将溶液置于 50 ℃~60 ℃ 水浴内恒温，注意温度不能高于 60 ℃，否则会产生副反应。

(3) 试液中有酸，旋光测定管使用后，应确保充分洗净，以防腐蚀金属部分。

7　思考题

(1) 根据蔗糖、葡萄糖、果糖的质量旋光本领数据，计算本实验中的 α_0 和 α_∞。

(2) 配制蔗糖溶液时，使用 0.1 g 精度的天平，而无须使用 0.1 mg 精度的天平，为什么？

(3) 将盐酸溶液与蔗糖溶液混合时，是将盐酸溶液加入到蔗糖溶液中，反之是否可以？

为什么?

C21 乙酸乙酯皂化反应动力学

1 实验目的及要求

（1）了解二级反应的特点。
（2）用电导法测定乙酸乙酯皂化反应的速率常数。
（3）由不同温度下的反应速率常数求反应的活化能。

2 实验原理

乙酸乙酯在碱性水溶液中的水解反应即皂化反应，其反应式为：

$$CH_3COOC_2H_5 + NaOH \rightarrow CH_3COONa + C_2H_5OH$$

$$或\ CH_3COOC_2H_5 + OH^- \rightarrow CH_3COO^- + C_2H_5OH$$

反应是二级反应，反应速率与 $CH_3COOC_2H_5$ 及 NaOH 的浓度成正比。用 a、b 分别表示乙酸乙酯和氢氧化钠的初始浓度，x 表示在时间间隔 t 内反应了的乙酸乙酯或氢氧化钠的浓度（亦为生成物浓度）。反应速率为：

$$\frac{dx}{dt} = k(a-x)(b-x) \tag{C21.1}$$

k 为反应速率常数，当 $a=b$ 时，上式为：

$$\frac{dx}{dt} = k(a-x)^2 \tag{C21.2}$$

反应开始时 $t=0$，反应物浓度为 a，积分上式得：

$$k = \frac{1}{ta}\frac{x}{(a-x)} \tag{C21.3}$$

在一定温度下，由实验测得不同 t 时的 x 值，由式（C21.3）可计算出 k 值。

改变实验温度，求得不同温度下的 k 值，根据 Arrhenius 方程的不定积分式有：

$$\ln k = -\frac{E_a}{RT} + c \tag{C21.4}$$

以 $\ln k$ 对 $1/T$ 作图，得一直线，从直线斜率可求得 E_a（活化能）。

若求得热力学温度 T_1、T_2 时的反应速率常数 k_1、k_2，也可由 Arrhenius 方程的定积分式变化为下式求得 E_a 值：

$$E_a = \left(R\ln\frac{k_1}{k_2}\right) \Big/ \left(\frac{1}{T_2} - \frac{1}{T_1}\right) \tag{C21.5}$$

本实验通过测量溶液的电导率 κ 代替测量生成物浓度 x（或反应物浓度）。乙酸乙酯、乙醇是非电解质。在稀溶液中，强电解质电导率与浓度成正比，溶液的电导率是各离子电导率之和。反应前后 Na^+ 离子浓度不变，整个反应过程电导率的变化取决于 OH^- 与 CH_3COO^- 浓度的变化，溶液中 OH^- 的导电能力约为 CH_3COO^- 的五倍，随着反应的进行，OH^- 浓度降低，CH_3COO^- 浓度升高，溶液导电能力明显下降。

一定温度下，在稀溶液中反应，κ_0、κ_t、κ_∞ 为溶液在 $t=0$，$t=t$，$t=\infty$ 时的电导率，A_1、A_2 分别是与 NaOH、CH_3COONa 电导率有关的比例常数（与温度、溶剂等有关），于是：

$t=0, \kappa_0 = A_1 a$；

$t=t, \kappa_t = A_1(a-x) + A_2 x$；

$t=\infty, \kappa_\infty = A_2 a$；

由此得 $\kappa_0 - \kappa_t = (A_1 - A_2)x \qquad x = (\kappa_0 - \kappa_t)/(A_1 - A_2)$

$\kappa_t - \kappa_\infty = (A_1 - A_2)(a - x) \qquad (a - x) = (\kappa_t - \kappa_\infty)/(A_1 - A_2)$

则式（C21.3）可写成 $k = \dfrac{1}{ta} \dfrac{\kappa_0 - \kappa_t}{\kappa_t - \kappa_\infty}$，即

$$\frac{\kappa_0 - \kappa_t}{\kappa_t - \kappa_\infty} = kat \qquad (C21.6)$$

以 $\dfrac{\kappa_0 - \kappa_t}{\kappa_t - \kappa_\infty}$ 对 t 作图，由斜率 ka 可求得 k。初始浓度 a 为实验中配制溶液时确定，通过实验可测得 κ_0、κ_t、κ_∞。

可以通过公式的形式变换避免测定 κ_∞，可改写式（C21.6）为：

$$\kappa_t = \frac{\kappa_0 - \kappa_t}{kat} + \kappa_\infty \qquad (C21.7)$$

以 κ_t 对 $\dfrac{(\kappa_0 - \kappa_t)}{t}$ 作图为一直线，斜率为 $\dfrac{1}{ka}$，由此可求出 k。

3　仪器与试剂

恒温槽	电导率仪
电导电极	叉形电导池
秒表	滴定管（碱式）
移液管（10 mL，25 mL）	容量瓶（100 mL，50 mL）
磨口塞锥形瓶（100 mL）	NaOH 溶液（约 $0.04 \text{ mol} \cdot \text{dm}^{-3}$）
乙酸乙酯（A.R.）	

4　实验步骤

（1）实验装置如图 C21.1 所示，叉形电导池如图 C21.2 所示，将叉形电导池洗净烘干，调节恒温槽至 25 ℃。

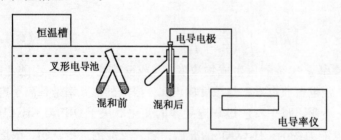

图 C21.1　实验装置

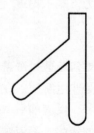

图 C21.2　叉形电导池

(2) 配制 100 mL 浓度约 0.02 mol·dm^{-3} 的乙酸乙酯水溶液：乙酸乙酯的相对分子质量为 88.12，配制 100 mL 浓度 0.02 mol·dm^{-3} 的乙酸乙酯水溶液需要乙酸乙酯 0.176 2 g。在洁净的 100 mL 容量瓶中加入少量去离子水，使用 0.000 1 g 精度的天平，通过称量加入乙酸乙酯 0.176 2 g 左右。加入去离子水至刻度，根据加入的乙酸乙酯的质量，计算乙酸乙酯溶液的精确浓度。注意在滴加乙酸乙酯之前，应在容量瓶中加入少量去离子水，以免乙酸乙酯滴加在空瓶中容易挥发，称量不准。在滴加乙酸乙酯时尽量使用细小的滴管，使加入的乙酸乙酯的质量尽量接近 0.176 2 g，但以小于 0.176 2 g 为宜。滴加乙酸乙酯时不要滴加在瓶壁上，要完全滴加到溶液中。

(3) 配制 100 mL 与上面所配乙酸乙酯溶液浓度相同的 NaOH 水溶液：根据实验室所提供的 NaOH 溶液的精确浓度，计算所需该 NaOH 溶液的体积，用滴定管将所需该 NaOH 溶液加入到洁净的 100 mL 容量瓶中，用去离子水稀释至刻度。

(4) κ_0 的测量：用移液管取与乙酸乙酯浓度相同的 NaOH 溶液 25.00 mL，加入到洁净的 50 mL 容量瓶中，用去离子水稀释至刻度，用于测量 κ_0。取此溶液一部分放入到洁净干燥的叉形电导池直支管中，用部分溶液淋洗电导电极，将电导电极放入到叉形电导池直支管中，溶液应能将铂电极完全淹没。将叉形电导池放入到恒温槽中恒温。10 min 以后，读取记录电导率值。保留此叉形电导池中的溶液（加塞），用于后面 35 ℃时测量 κ_0。

(5) κ_t 的测量：用移液管取所配制的乙酸乙酯溶液 10 mL，加入到洁净干燥的叉形电导池直支管中，取浓度相同的 NaOH 溶液 10 mL，加入到同一叉形电导池侧支管中，注意此时两种溶液不要互相污染。将洁净的电导电极放入到叉形电导池直支管中，将叉形电导池放入到恒温槽中恒温。10 min 以后，在恒温槽中将两支管中的溶液混合均匀，溶液应能将铂电极完全淹没，混合溶液的同时启动秒表开始计时，注意秒表一经启动，中间不要暂停。在第 3 min 时读取溶液电导率值，以后每隔 3 min 读取一次电导率值，测量持续 30 min。

(6) 调节恒温槽至 35 ℃。

(7) 测量 35 ℃时 κ_0：在放入电导电极到叉形电导池时，注意电导电极的洁净，可以用待测溶液淋洗电导电极。

(8) 参照步骤 (5) 测量 35 ℃时 κ_t。

(9) 测量完毕后，洗净玻璃仪器，将电极用去离子水洗净，浸入去离子水中保存。

5 数据记录及处理

(1) 将测量数据及计算值列入表 C21.1 中。

初始浓度 $a =$ _____ mol·dm^{-3}

表 C21.1 实验数据记录

t/min	25 ℃ κ_t	25 ℃ $\dfrac{\kappa_0-\kappa_t}{t}$	35 ℃ κ_t	35 ℃ $\dfrac{\kappa_0-\kappa_t}{t}$
0				
3				
6				
...				

(2) 作 κ_t-t 图。

(3) 以 κ_t 对 $\dfrac{\kappa_0-\kappa_t}{t}$ 作图，得一直线，由斜率计算该温度下的 k。

(4) 根据温度 T_1、T_2 下的 κ_1 和 κ_2，计算活化能 E_a。

6 思考题

(1) 在本实验中，使用 DDSJ-308 型电导率仪，可以不进行电极常数的校正，为什么？

(2) 为什么溶液浓度要足够小？

(3) 利用反应物、产物的某物理性质间接测量浓度进行动力学研究，应满足哪些条件？

C22 催化剂对过氧化氢分解速率的影响

1 实验目的及要求

(1) 测定过氧化氢催化分解反应的速率常数和半衰期。

(2) 了解催化剂对过氧化氢分解反应速率的影响。

2 实验原理

过氧化氢分解反应为：

$$H_2O_2 \longrightarrow H_2O + \frac{1}{2}O_2 \tag{C22.A}$$

在常温下无催化剂存在时，反应进行较慢，若加入碘离子作催化剂，则可加速反应，且反应速率与碘离子浓度成正比。1904 年 Bredig 和 Nalton 提出下面的反应机理：

$$H_2O_2 + I^- = IO^- + H_2O \text{（慢）} \tag{C22.B}$$

$$H_2O_2 + IO^- = H_2O + O_2 + I^- \text{（快）} \tag{C22.C}$$

反应（C22.C）比反应（C22.B）快很多，反应（C22.B）是决速步骤，反应速率方程可表示为：

$$-\frac{dc_{H_2O_2}}{dt} = k' c_{H_2O_2} c_{I^-} \tag{C22.1}$$

在反应过程中 I^- 通过反应（C22.C）不断再生，其浓度不变。故上式可写成：

$$-\frac{dc_{H_2O_2}}{dt} = k c_{H_2O_2} \tag{C22.2}$$

式中，$k=k'c_{I^-}$，k 与催化剂碘离子浓度成正比。当 c_{I^-} 不变时，可视为准一级反应，速率常数为 k。

用 c_0 表示 H_2O_2 的初始浓度，c 表示 t 时刻 H_2O_2 的浓度，积分上式得：

$$\ln\frac{c}{c_0} = -kt \tag{C22.3}$$

当 $c=\dfrac{1}{2}c_0$ 时，相应的时间 t 即为半衰期 $t_{1/2}$：

$$t_{1/2} = \frac{\ln 2}{k} \tag{C22.4}$$

测定不同 t 时的 c 可求得 k 及半衰期。本实验通过测定在相应时间内分解放出的氧气的体积,来测定反应过程中 H_2O_2 的浓度变化。

分解反应过程中,在一定温度、压力下,反应放出 O_2 的体积与所分解的 H_2O_2 的量成正比,设 V_t 表示 H_2O_2 在 t 时刻放出氧气的体积,V_∞ 表示 H_2O_2 全部分解放出氧气的体积,r 为比例系数,则 $c_0 = rV_\infty$,$c = r(V_\infty - V_t)$,可得:

$$\frac{c}{c_0} = \frac{V_\infty - V_t}{V_\infty} \tag{C22.5}$$

式(C22.3)可写成:

$$\ln \frac{c}{c_0} = \ln \frac{V_\infty - V_t}{V_\infty} = -kt \tag{C22.6}$$

或

$$\ln(V_\infty - V_t) = -kt + \ln V_\infty \tag{C22.7}$$

测定不同反应时间 t 对应的 O_2 的体积 V_t 和反应结束时 O_2 的体积 V_∞,以 $\ln(V_\infty - V_t)$ 对 t 作图得一直线,由直线斜率可求出反应速率常数 k,由式(C22.4)可求得半衰期 $t_{1/2}$。

用不同浓度的碘离子进行实验,根据 k 值的变化可确定催化剂(碘离子)的浓度对 H_2O_2 分解反应速率的影响。

3 仪器与试剂

H_2O_2 分解测量装置(见图 C22.1)　　秒表
移液管(5 mL,10 mL)　　温度计(0 ℃~100 ℃)
KI 溶液(0.2 mol·dm^{-3})　　NaOH 溶液(0.1 mol·dm^{-3})
H_2O_2 新配溶液(2%)

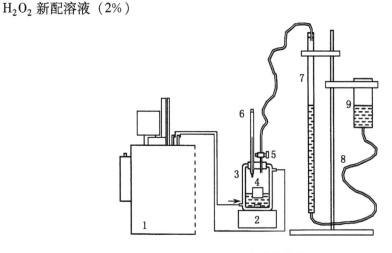

图 C22.1　实验装置图
1—恒温槽;2—电磁搅拌器;3—双层反应器;4—小塑料瓶盖;5—三通阀;
6—温度计;7—量气管;8—软管;9—水准瓶

4 实验步骤

(1) 检查装置是否漏气。调整好恒温槽温度为 20 ℃（比实验室温度高 3 ℃~5 ℃）。将另一恒温槽设定温度调至 55 ℃，备用。

(2) 用移液管取 5 mL 0.2 mol·dm^{-3} 的 KI 溶液和 5 mL 水，放入洗净、干燥带夹套的反应器中，即装入 10 mL 0.1 mol·dm^{-3} 的 KI 溶液，并在其中加两到三滴 NaOH 溶液。另在小塑料瓶（或半个乒乓球）中加入 5.00 mL 2% 的 H_2O_2 溶液，放入磁性搅拌棒，用镊子小心地将小塑料瓶立于反应器中的液面上。塞好反应器盖，再检查是否漏气。将 20 ℃ 恒温水通入反应器夹套。

(3) 调节量气管上三通，使反应瓶、量气管通大气，通恒温水 20 min 以上。

(4) 调节水准瓶使量气管液面在 "0" 刻度位置（或记录此时刻度），然后再调节三通，使反应瓶与量气管相通，但与大气隔开。

(5) 摇动反应器，使小塑料瓶（或乒乓球）翻倒，开动电磁搅拌器匀速搅拌，同时开动秒表计时，随时移动水准瓶，使其水平面始终与量气管中水平面相同（请思考为什么）。记下每放出 2.00 mL 氧气时的时间，测 10 个数据，直至放出 20 mL 氧气为止。

(6) 测定 V_∞：待放出 20 mL 氧气后，将备用恒温槽中 50 ℃~60 ℃ 的热水通入反应器夹套，加速反应，15~20 min，待放出氧气体积变化不大后，再通 20 ℃ 恒温水，当反应器内温度与实验温度相同时（20 ℃），测此时放出氧气的体积 V_∞。

(7) 重复上述步骤操作，改为直接加入 0.2 mol·dm^{-3} 的 KI 溶液 10 mL，不加水。

5 数据记录及处理

(1) 将不同浓度 KI 溶液作催化剂时，不同时刻 t 放出氧气的体积列表记录，并记录实验温度和 V_∞。

(2) 用 $\ln(V_\infty - V_t)$ 对 t 作图，由斜率求 k 值，计算半衰期 $t_{1/2}$。

(3) 由不同浓度 KI 溶液作催化剂时，所得 k 值的差别，说明本实验中催化剂浓度与反应速率的关系。

6 思考题

(1) 如何检查系统是否漏气？

(2) 反应速率常数 k 值与哪些因素有关？反应过程中为什么要匀速搅拌？搅拌快慢对结果有无影响？

C23 BZ 振荡反应

1 实验目的及要求

(1) 了解 BZ（Belousov-Zhabotinski）反应的基本原理。

(2) 观察化学振荡现象。

(3) 练习用微机处理实验数据和作图。

2 实验原理

所谓化学振荡，就是反应系统中某些物理量（如某组分的浓度）随时间做周期性的变化。BZ 体系是指由溴酸盐、有机物在酸性介质中以及在有（或无）金属离子催化剂作用下构成的体系。它是由苏联科学家 Belousov 发现，后经 Zhabotinski 发现而得名。

R. J. Fiela、E. Koros、R. Noyes 等人通过实验对 BZ 振荡反应作出了解释，称为 FKN 机理。下面以 $BrO_3^- - Ce^{4+} - CH_2(COOH)_2 - H_2SO_4$ 体系为例加以说明。该体系的总反应为：

$$2H^+ + 2BrO_3^- + 2CH_2(COOH)_2 \longrightarrow 2BrCH(COOH)_2 + 3CO_2 + 4H_2O \quad (C23.A)$$

体系中存在着下面的反应过程。

过程 A：

$$BrO_3^- + Br^- + 2H^+ \xrightarrow{K_2} HBrO_2 + HOBr \quad (C23.B)$$

$$HBrO_2 + Br^- + H^+ \xrightarrow{K_3} 2HOBr \quad (C23.C)$$

过程 B：

$$BrO_3^- + HBrO_2 + H^+ \xrightarrow{K_4} 2BrO_2 + H_2O \quad (C23.D)$$

$$BrO_2 + Ce^{3+} + H^+ \xrightarrow{K_5} HBrO_2 + Ce^{4+} \quad (C23.E)$$

$$2HBrO_2 \xrightarrow{K_6} BrO_3^- + HOBr + H^+ \quad (C23.F)$$

Br^- 的再生过程：

$$4Ce^{4+} + BrCH(COOH)_2 + H_2O + HOBr$$
$$\xrightarrow{K_7} 2Br^- + 4Ce^{3+} + 3CO_2 + 6H^+ \quad (C23.G)$$

当 $[Br^-]$ 足够高时，主要发生过程 A，其中反应（C23.B）是速率控制步骤。研究表明，当达到准定态时，有 $[HBrO_2] = \dfrac{K_2}{K_3}[BrO_3^-][H^+]$。

当 $[Br^-]$ 低时，发生过程 B，Ce^{3+} 被氧化。反应（C23.D）是速度控制步骤，反应（C23.D）、反应（C23.E）将自催化产生 $HBrO_2$，达到准定态时，有 $[HBrO_2] \approx \dfrac{K_4}{2K_6}[BrO_3^-][H^+]$。

由反应（C23.C）和反应（C23.D）可以看出：Br^- 和 BrO_3^- 是竞争 $HBrO_2$ 的。当 $K_3[Br^-] > K_4[BrO_3^-]$ 时，自催化过程（C23.D）不可能发生。自催化是 BZ 振荡反应中必不可少的步骤，否则该振荡不能发生。研究表明，Br^- 的临界浓度为：

$$[Br^-]_{crit} = \dfrac{K_4}{K_3}[BrO_3^-] = 5 \times 10^{-6}[BrO_3^-] \quad (C23.1)$$

若已知实验的初始浓度 $[BrO_3^-]$，可由式（C23.1）估算 $[Br^-]_{crit}$。

通过反应（C23.G）实现 Br^- 的再生。

体系中存在着两个受溴离子浓度控制的过程 A 和过程 B，当 $[Br^-]$ 高于临界浓度 $[Br^-]_{crit}$ 时发生过程 A，当 $[Br^-]$ 低于 $[Br^-]_{crit}$ 时发生过程 B。也就是说 $[Br^-]$ 起着开关作用，它控制着从过程 A 到过程 B，再由过程 B 到过程 A 的转变。在过程 A，由于化学反应，[Br⁻]降低，当[Br⁻]到达[Br⁻]$_{crit}$时，过程B发生。在过程B中，Br⁻再生，[Br⁻]增加，当[Br⁻]达到[Br⁻]$_{crit}$时，过程A发生，这样体系就在过程A、过程B间往复振荡。

在反应进行时，系统中[Br⁻]、[HBrO$_2$]、[Ce^{3+}]、[Ce^{4+}]都随时间做周期性的变化，实验中，可以用溴离子选择电极测定[Br⁻]，用铂丝电极测定[Ce^{4+}]、[Ce^{3+}]随时间变化的曲线。溶液的颜色在黄色和无色之间振荡，若再加入适量的FeSO$_4$邻菲咯啉溶液，溶液的颜色将在蓝色和红色之间振荡。

从加入硫酸铈铵到开始振荡的时间为$t_{诱}$，诱导期与反应速率成反比，即$\frac{1}{t_{诱}} \propto \kappa = A\exp\left(\frac{-E_{表}}{RT}\right)$，并得到：

$$\ln\left(\frac{1}{t_{诱}}\right) = \ln A - \frac{E_{表}}{RT} \tag{C23.2}$$

作图$\ln\left(\frac{1}{t_{诱}}\right) - \frac{1}{T}$，根据斜率求出表观活化能$E_{表}$。

本实验使用BZ反应数据采集接口系统，并与微型计算机相连。通过接口系统测定电极（Pt与甘汞电极）的电势信号，经通信口传送到PC，自动采集处理数据。如图C23.1所示。

BZ反应数据采集接口系统仪器的前面板上有两个输入通道，用于输入BZ振荡电压信号和温度传感器信号，以及一个通断输出控制通道，可用于控制恒温槽。温度传感器用于测温。仪器的后面板上有电源开关、保险丝座和串行口接口插座。具体接线方法：铂电极接电压输入正端（+），参比电极接电压输入负端（-）。将仪器后面板上的串行口接计算机的串行口一（必须是串行口一）。

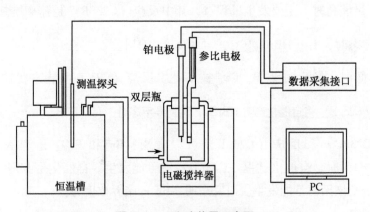

图C23.1　实验装置示意图

实验软件采用常用的视窗界面，通过菜单完成各项操作，每一步骤操作有提示。可设定反应温度，实时测量、显示系统温度，在系统温度达到设定值后提示开始反应。开始反应后，每0.3 s记录一次原始数据（时间、电位差），图示电位差随时间的变化，直观地反映诱导及振荡过程。停止实验记录后，数据自动存盘保存。可查看不同温度下的BZ振荡反应波形图，根据振荡反应波形图修订确认起波时间。可以删除某一温度下的实验数据，补做实验增加实验数据。BZ 振荡反应实验软件将实验数据与结果、拟合直线图及各个温度下的振荡图全部打印在一张 A4 纸上。

软件提供难度不同的两种数据处理方案：方案一，由 BZ 振荡反应实验软件自动处理数据，图示、打印实验数据与结果。方案二，将全部数据转换存入一个文本文件中，学生使用常用的工具软件（如 Excel、Origin）处理实验数据。学生可根据自己的能力选择不同的数据处理方案，得到不同的实验成绩。可选择其中一种方案，也可以两种方案全选，即先选择容易的方案完成实验，课后练习用难度更大的方案处理数据。

实验软件菜单及功能如表 C23.1 所示，实验软件界面如图 C23.2、图 C23.3 所示。

表 C23.1 软件菜单及其功能

一级菜单	二级菜单	功 能
文件	新建	新建数据文件，用于存储学生信息，记录所有实验数据
	打开	打开已有数据文件。实验如果出现意外而中断了实验操作，可使用 BZ 振荡反应实验软件，打开原来的文件，继续进行实验和处理数据
	退出	退出软件系统
实验	设置参数	设置实验参数：包括使用何种工作电极和参比电极，图示振荡波形时电位轴的最大值、最小值，判断起波时间的阈值。时间轴的范围不用设置，BZ 振荡反应实验软件自动设置调整
	反应记录	设定、实时测量显示反应温度。测量记录实验数据，图示 BZ 振荡反应波形，初步判断起波时间
	查看波形	查看不同温度下的 BZ 振荡反应波形图，修订起波时间，删除数据
	处理数据	提供由易到难两种数据处理方案
帮助	内容	实验原理、实验线路连接图示、BZ 振荡反应实验软件菜单功能说明、实验操作提示等
	标定	对温度测量进行标定
	关于本软件	软件作者信息

3 仪器与试剂

BZ 反应数据采集接口系统　　　　　　微型计算机
恒温槽　　　　　　　　　　　　　　　反应器
磁力搅拌器　　　　　　　　　　　　　丙二酸（0.45 mol·dm^{-3}）
溴酸钾（0.25 mol·dm^{-3}）　　　　　　硫酸（3.00 mol·dm^{-3}）
硫酸铈铵（4×10^{-3} mol·dm^{-3}）

4 实验步骤

（1）启动恒温槽，将恒温水通入反应器，将恒温槽温度设定至 25.0 ℃。

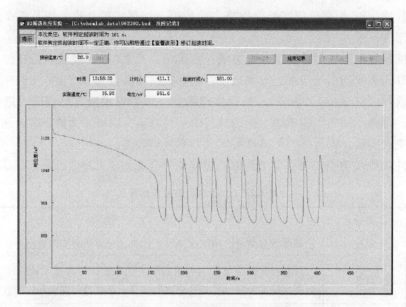

图 C23.2　BZ 振荡反应记录界面

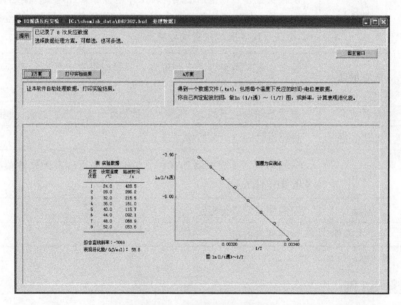

图 C23.3　实验数据处理界面

（2）按图 C23.1 所示安装实验装置，检查仪器连线。铂电极接接口装置电压输入正端（+），参比电极接接口装置电压输入负端（-）。将接口装置的温度传感器探头插入恒温槽的水浴中，并固定好。

（3）先启动微机，后接通"BZ 振荡接口装置"电源，否则会发生干扰现象。运行 BZ 振荡反应实验软件。实验操作过程中，实验界面窗口不要最小化，也不要被其他视窗覆盖。

（4）执行"文件"→"新建"命令，输入文件名，学生信息。

（5）执行"实验"→"设置参数"命令，通常使用软件默认值。

（6）执行"实验"→"反应记录"命令，等待恒温槽达到设定温度，并确认。

（7）在反应器中加入丙二酸溶液、溴酸钾溶液、硫酸溶液各 8 mL，打开电磁搅拌器，并调节好搅拌速度，实验过程中不要改变搅拌速度。取硫酸铈铵溶液 8 mL，放入一锥形瓶中，置于恒温槽水浴中恒温。

（8）恒温约 15 min 后，将硫酸铈铵溶液加入到反应器中，立即单击"开始记录"，实验软件开始记录电位随时间的变化。

（9）观察记录的电位曲线及反应器中溶液颜色变化，等待开始振荡，待振荡约 10 个周期后，结束记录。软件系统判定的起波时间很容易出错，可以稍后通过"查看波形"修订起波时间，或通过执行"处理数据"→"A 方案"修订起波时间。

（10）用去离子水淋洗电极，倒掉反应器中的溶液，注意酸性溶液有腐蚀性！用去离子水涮洗反应器。

（11）进行下一次反应，改变恒温槽温度，重复实验步骤（6）~（10）。完成 6~8 个温度下的实验，最高温度不宜超过 50 ℃。

5 数据处理

（1）执行"实验"→"查看波形"命令，修订起波时间。

（2）执行"实验"→"数据处理"命令，提供两种方案，可单选，也可全选。方案一，让本软件自动处理数据，打印实验结果。方案二，软件产生一个数据文件（.txt），包括每个温度下反应的时间-电位差数据。你自己判定起波时间，做 $\ln(1/t_{诱})$-$(1/T)$ 图，求斜率，计算表观活化能。选择不同的方案，得到不同的实验成绩。

（3）对振荡曲线进行解释。

6 注意事项

（1）所使用的反应容器一定要清洗干净，搅拌子位置及搅拌速度都应加以控制。

（2）小心使用硫酸溶液，避免对实验者和仪器设备造成腐蚀。

7 思考题

（1）什么是化学振荡现象？产生化学振荡需要什么条件？

（2）本实验中直接测定的是什么量？目的是什么？

C24 溶液表面吸附的测量

1 实验目的及要求

（1）掌握最大气泡压力法测定溶液表面张力的原理和方法。

（2）根据吉布斯（Gibbs）吸附方程式，计算溶质（乙醇）在单位溶液表面的吸附量 Γ，并作 Γ-c 图。

2 实验原理

在定温下，纯物质液体的表面层与本体（内部）组成相同，根据能量最低原理，为降低体系的表面吉布斯自由能，将尽可能地收缩液体表面。对溶液则不同，加入溶质后，溶剂表面张力发生变化，根据能量最低原理，若加入的溶质能降低溶剂表面张力时，则溶质在表面层的浓度比在溶液本体的浓度大；反之，若溶质使溶剂表面张力升高，溶质在表面层的浓度小于在溶液本体中的浓度。溶质在溶液表面层与在溶液本体中浓度不同的现象称为溶液的表面吸附，即溶液借助于表面吸附来降低表面吉布斯自由能。

溶液表面吸附溶质的量 Γ 与表面张力 σ、浓度 c 有关，其关系符合 Gibbs 吸附方程：

$$\Gamma = -\frac{c}{RT}\left(\frac{\partial \sigma}{\partial c}\right)_T \tag{C24.1}$$

式中，Γ 为吸附量；c 为溶液浓度；T 为温度；R 为气体常数；σ 为表面张力或表面吉布斯自由能。

$\left(\frac{\partial \sigma}{\partial c}\right)_T$ 表示在一定温度下，表面张力随浓度的变化率。如果溶液表面张力随浓度增加而减小，即 $\left(\frac{\partial \sigma}{\partial c}\right)_T < 0$，则 $\Gamma > 0$，此时溶液中溶质在表面层中的浓度大于在溶液本体中的浓度，称为正吸附。如果 $\left(\frac{\partial \sigma}{\partial c}\right)_T > 0$，则 $\Gamma < 0$，称为负吸附。

在一定温度下，测定不同浓度溶液的表面张力 σ，以 σ 对 c 作图，求不同浓度时的 $\left(\frac{\partial \sigma}{\partial c}\right)_T$ 值。由 Gibbs 吸附方程求各浓度下的吸附量 Γ。

求 $\left(\frac{\partial \sigma}{\partial c}\right)_T$ 值，可以通过镜面法和平行线法，在曲线上做切线。目前更好的方法是使用计算机处理数据，例如使用数据处理软件 Origin 或 Excel。详细内容参见本书绪论部分。

测定液体表面张力的方法较多，如最大气泡压力法、滴体积法、毛细管升高法、环法等。本实验采用最大气泡压力法，实验装置如图 C24.1 所示。

将待测液体装入表面张力仪中，使玻璃毛细管下端与液面相切，若液体能润湿管壁，则液体沿毛细管上升形成凹液面，其液面所受压力 p' 为大气压力 p_0 和附加压力 Δp。根据拉普拉斯（Laplace）方程：

$$\Delta p = \frac{2\sigma}{r} \tag{C24.2}$$

式中，r 为弯曲液面曲率半径；σ 为液体与气体表面（界面）张力。因是凹液面，弯曲液面的曲率半径 $r<0$，$\Delta p<0$（指向大气）。

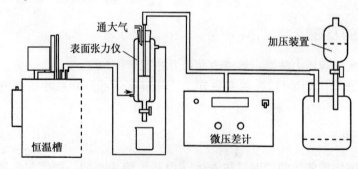

图 C24.1　实验装置示意图

当打开漏斗的活塞，让水缓慢滴入下面密封的加压瓶中时，毛细管内液面上受到比毛细管外液面上更大的压力，毛细管内液面开始下降。当此压力差在毛细管上面产生的作用稍大于毛细管口液体的表面张力所能产生的最大作用时，气泡就从毛细管口逸出，如图 C24.2 所示。气泡逸出前能承受的最大压力差为 $\Delta p_{\max}$，可以用微压差测量仪测出。根据拉普拉斯方程，毛细管内凹液面的曲率半径等于毛细管的半径 r 时，能承受的压力差最大。则有：

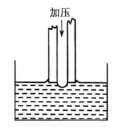

图 C24.2 毛细管口示意图

$$\Delta p_{\max} = \frac{2\sigma}{r} \tag{C24.3}$$

$$\sigma = \frac{r}{2}\Delta p_{\max} \tag{C24.4}$$

测定毛细管的半径 r 和 $\Delta p_{\max}$ 即可求得液体表面张力 σ。直接测定毛细管半径 r 容易带入较大的误差，可用同一支毛细管，在相同条件下分别测出已知表面张力为 σ_1 的参考液体的 $\Delta p_{\max,1}$ 和待测液体的 $\Delta p_{\max}$，由式（C24.3）得：

$$r = \frac{2\sigma}{\Delta p_{\max}} = \frac{2\sigma_1}{\Delta p_{\max,1}}$$

$$\sigma = \frac{\sigma_1}{\Delta p_{\max,1}}\Delta p_{\max} \tag{C24.5}$$

由式（C24.5）可求出其他液体的表面张力 σ。

3 仪器与试剂

微压差测量仪（DMPY-2C 型）　　　　表面张力测量玻璃仪器
恒温槽　　　　　　　　　　　　　　　容量瓶
烧杯、洗瓶　　　　　　　　　　　　　无水乙醇（A.R.）

4 实验步骤

（1）配制溶液：使用 0.01 g 或更高精度的电子天平称取无水乙醇，加入到容量瓶中，加水至刻度。配制浓度为 0.5~6.0 mol·dm^{-3} 的乙醇水溶液，浓度分布如表 C24.1 所示。

（2）按图 C24.1 所示检查安装仪器。将恒温水通入表面张力仪内，调节恒温槽至设定温度，设定温度应比室温高约 5 ℃，且能查到该温度下纯水的表面张力值。

（3）在洗净的表面张力仪中加入适量去离子水，通恒温水 10 min 以上。通过表面张力仪下部的活塞调节液面高低，使得放入毛细管、旋紧橡皮塞时，玻璃毛细管下端刚好与液面相切。

（4）将毛细管与乳胶管断开，将毛细管内外处理干净（用吹气法），将毛细管放入表面张力仪，缓慢旋紧橡皮塞，使毛细管下端刚好与液面相切。使微压差测量仪通大气，按一下"置零"按钮，然后轻轻将毛细管与乳胶管连接上。

（5）缓缓打开漏斗的活塞，使水慢慢滴下，毛细管上面压力逐步增大，当毛细管下端气泡稳定形成（5~10 s 出一个气泡）后，从微压差测量仪上读取压力差最大值 $\Delta p_{max,1}$。读三次，计算时取平均值。

（6）用上述方法，将表面张力仪中的去离子水换为不同浓度待测的乙醇水溶液，测得各溶液的 Δp_{max} 值。注意：每次更换溶液时，用待测溶液涮洗表面张力仪三次。将毛细管与乳胶管断开，将毛细管内外残留的上次液体去除干净。每次更换溶液后，在表面张力仪中应恒温10 min 以上。为了节省时间，可先将盛待测溶液的容器放入恒温槽内恒温，恒温后的溶液放入表面张力仪后再恒温 3 min。

（7）实验完毕后洗净玻璃容器。

5 数据记录及处理

（1）如表 C24.1 所示，记录去离子水、各浓度的乙醇-水溶液的浓度、Δp_{max}、恒温温度，并查出实验温度下水的表面张力。计算不同浓度的乙醇-水溶液的表面张力。

表 C24.1 实验数据

编号	0	1	2	3	4	5	6	7	8
预计浓度/(mol·dm^{-3})	0	0.7	1.4	2.1	2.8	3.5	4.2	4.9	5.6
乙醇质量/g									
溶液体积/mL									
浓度/(mol·dm^{-3})									
Δp_{max}/Pa 第一次									
Δp_{max}/Pa 第二次									
Δp_{max}/Pa 第三次									
Δp_{max}/Pa 平均值									
表面张力 σ/(mN·m^{-1})									
σ-c 曲线上 $\left(\frac{\partial \sigma}{\partial c}\right)_T$									
吸附量 Γ/(mol·m^{-2})									

（2）作 σ-c 曲线。

（3）在 σ-c 曲线上，求得曲线在各浓度点的斜率 $\left(\frac{\partial \sigma}{\partial c}\right)_T$。

（4）根据 Gibbs 吸附方程式，求算不同浓度溶液的吸附量 Γ 值，作 Γ-c 曲线。

（5）建议使用微机，利用数据处理软件（如 Origin、Excel）处理实验数据，特别是求曲线上各点的斜率。

6 思考题

（1）实验前为什么一定要确保表面张力仪和玻璃毛细管的洁净？

（2）为什么不直接测量毛细管的半径，而用标定的办法？

C25 溶液吸附法测量固体物质的比表面

1 实验目的及要求

(1) 了解溶液吸附法测定固体比表面的原理和方法。
(2) 用溶液吸附法测定活性炭的比表面。
(3) 掌握分光光度计的工作原理及操作方法。

2 实验原理

B.E.T法、色谱法等是目前广泛采用的测定比表面的方法。溶液吸附法测定固体物质的比表面,虽不如上述方法准确,但设备简单,操作、计算简便,是了解固体吸附剂性能的一种简便途径。

在一定温度下,固体在某些溶液中吸附溶质的情况与固体对气体的吸附很相似。可用 Langmuir 单分子层吸附方程来处理。其方程为:

$$\varGamma = \varGamma_m \frac{Kc}{1+Kc} \tag{C25.1}$$

式中,$\varGamma$ 为平衡吸附量,即单位质量吸附剂达吸附平衡时,吸附溶质的物质的量,$mol \cdot g^{-1}$;$\varGamma_m$ 为饱和吸附量,单位质量吸附剂的表面上吸满一层吸附质分子时所能吸附的最大量,$mol \cdot g^{-1}$;c 为达到吸附平衡时,吸附质在溶液本体中的平衡浓度,$mol \cdot dm^{-3}$;K 为经验常数,与溶质(吸附质)、吸附剂性质有关。

若能求得 $\varGamma_m$,则可由下式求得吸附剂比表面 $S_{比}$:

$$S_{比} = \varGamma_m L A \tag{C25.2}$$

式中,L 为阿佛伽德罗常数;A 为每个吸附质分子在吸附剂表面占据的面积。

将式(C25.1)写成:

$$\frac{c}{\varGamma} = \frac{1}{\varGamma_m}c + \frac{1}{\varGamma_m K} \tag{C25.3}$$

配制不同吸附质浓度 c_0 的样品溶液,测量达吸附平衡后吸附质的浓度 c,用下式计算各份样品中吸附剂的吸附量:

$$\varGamma = \frac{(c_0-c)V}{m} \tag{C25.4}$$

式中,c_0 为吸附前吸附质浓度,$mol \cdot dm^{-3}$;c 为达吸附平衡时吸附质浓度,$mol \cdot dm^{-3}$;V 为溶液体积,dm^3;m 为吸附剂质量,g。

根据式(C25.3),作 $\frac{c}{\varGamma}$-c 图,为直线,由直线斜率可求得 $\varGamma_m$。

研究表明,在一定浓度范围内,大多数固体对亚甲基蓝的吸附是单分子层吸附,即 Langmuir 型吸附。本实验选用活性炭为吸附剂,亚甲基蓝为吸附质,溶剂为水。如果溶液浓度过高时,可能出现多分子层吸附,实验中要选择合适的吸附剂用量及吸附质原始浓度。亚甲基蓝水溶液为蓝色,可用分光光度法在波长 665 nm 处测定其浓度。

亚甲基蓝（Methylene blue）的分子式为：$C_{16}H_{18}ClN_3S \cdot 3H_2O$。

$$(CH_3)_2NC_6H_3S[Cl]:C_6H_3[N(CH_3)_2]:N \cdot 3H_2O$$

其摩尔质量为 373.9 g·mol^{-1}。假设吸附质分子在表面是直立的，A 值（每个吸附质分子占据的面积）取为 1.52×10^{-18} m^2。

3 仪器与试剂

722 型分光光度计　　　　　　　恒温振荡器
干燥器　　　　　　　　　　　　锥形瓶（磨口，100 mL）
容量瓶（50 mL，100 mL）　　　　移液管（20 mL，25 mL，50 mL）
移液管（刻度）　　　　　　　　活性炭
滴管　　　　　　　　　　　　　亚甲基蓝水溶液（1.000×10^{-3} mol·dm^{-3}）

4 实验步骤

（1）此步应提前几天完成。用 0.0001 g 精度的天平，称取 100.0 mg 左右活性炭 6 份，分别放入 6 只 100 mL 磨口锥形瓶中，用移液管在 6 只锥形瓶中分别加入亚甲基蓝水溶液（1.000×10^{-3} mol·dm^{-3}）及去离子水，加入的量如表 C25.1 所示。将 6 只锥形瓶的瓶盖塞好，放在恒温振荡器内，在恒温下振荡 1~3 天，直到吸附平衡。

（2）预习掌握分光光度计的使用方法，参见本书 B8 部分。

（3）配制标准溶液：用 50 mL 容量瓶，配制浓度为 1×10^{-5} mol·dm^{-3} 的标准溶液。根据实验情况可以改变标准溶液的浓度。

（4）吸附平衡后溶液浓度的测定：将吸附已达平衡的溶液（取其上部清液），用 722 型分光光度计在 665 nm 处分别测其浓度。如溶液浓度过大（$A>0.8$），用去离子水稀释一定倍数后测定。

（5）实验完毕后，对比色皿和盛过亚甲基蓝溶液的玻璃器皿，先用酸洗，再用自来水清洗，最后用去离子水涮洗。

5 数据记录及处理

（1）按表 C25.1 记录各样品吸附前及达吸附平衡后的浓度、活性炭质量等。并记录实验温度。

（2）用式（C25.4）计算各份样品的吸附量。

（3）作 $\frac{c}{\Gamma}$-c 图，通过线性拟合，求得直线斜率，根据式（C25.3）由斜率求得 Γ_m。

（4）由式（C25.2）计算 $S_{比}$。

表 C25.1　实验数据

锥形瓶编号	1	2	3	4	5	6
活性炭质量/mg						
亚甲基蓝水溶液/mL	20.0	25.0	30.0	35.0	40.0	50.0

续表

锥形瓶编号	1	2	3	4	5	6
水/mL	30.0	25.0	20.0	15.0	10.0	0.0
溶液体积/mL						
吸附前溶液浓度/(mol·dm^{-3})						
吸附平衡时溶液浓度/(mol·dm^{-3})						
吸附量/(mol·g^{-1})						

6 注意事项

(1) 在测定吸附平衡后溶液的浓度时,要注意取上部澄清溶液,若有活性炭微粒将影响测定结果。

(2) 使用722型分光光度计标定标准溶液浓度和测定溶液浓度时,若吸光度值大于0.8,则需将待测液适当稀释后再进行测定。

(3) 吸附与温度有关,需在恒温振荡器中进行实验。若浓度过高,可能会有多分子层吸附。

(4) 根据采用的活性炭的规格,确定合适的用量。

7 思考题

(1) 如何确定吸附质浓度 c 是否已达吸附平衡的浓度?

(2) 本实验中,溶液浓度太浓时,为什么要稀释后再测量?

C26 电泳

1 实验目的及要求

(1) 了解溶胶电泳现象。

(2) 测定 $Fe(OH)_3$ 溶胶的 ζ 电势,掌握测定原理及技术。

2 实验原理

溶胶是一个多相体系,分散相胶粒大小在 1~100 nm 之间。由于电离或在分散相介质中选择性地吸附离子,胶粒表面具有一定量的电荷,在分散相中存在着反号离子,整个溶胶体系呈电中性。因静电引力,分散相中部分反号离子紧密吸附在胶核表面上,形成吸附层,成为胶粒的一部分。由于热运动,另一部分反号离子呈扩散状态分布于分散相中,称为扩散层。

在电场作用下胶粒向异号电极移动,称为电泳,其滑动面在吸附层与扩散层之间。滑动面与液体内部的电势差称为 ζ 电势。这种电势只有在电场中胶粒定向移动时才表现出来,它与胶粒的大小、形状及所带电荷有关,还与外加电场强度 E、胶粒运动速率 v、介质的介电常数 ε 和黏度 η 有关。

ζ电势是一个表征胶体特性的重要物理量，例如胶体的稳定性与ζ电势有直接关系，ζ电势绝对值越大，表明胶粒荷电越多，胶粒之间斥力越大，胶体越稳定。利用电泳现象可测定ζ电势。

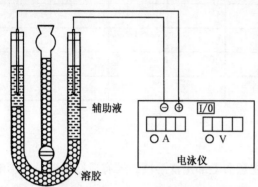

图 C26.1　电泳测定实验装置

电泳法分为两类，即宏观法和微观法。宏观法是测定胶体溶液与另一不含胶粒的无色导电溶液的界面在电场中的移动速率。微观法是直接观察单个胶粒在电场中的泳动速率。对高度分散的溶胶（如 $Fe(OH)_3$ 溶胶、As_2S_3 溶胶），或过浓的溶胶，因不易观察个别粒子的运动，用宏观法比较合适。对颜色太浅或浓度过稀的溶胶，则适宜用微观法。

本实验采用宏观法测量 $Fe(OH)_3$ 溶胶的 ζ 电势，胶粒为棒状，胶粒的 ζ 电势按下式计算：

$$\zeta = \frac{4\pi\eta v l}{\varepsilon U} \tag{C26.1}$$

式中，η 为分散介质的黏度，$Pa \cdot s$；ε 为分散介质的介电常数；v 为胶粒的电泳速率，$m \cdot s^{-1}$；U 为电泳管两端的电压，V；l 为两极间的导电距离，m。

电泳测定装置如图 C26.1 所示。

3　仪器与试剂

电泳仪	电泳测定管
电导仪	秒表
漏斗	滴管
直尺	细铜丝
稀 KCl 溶液	$Fe(OH)_3$ 胶体溶液（学生自制或实验室制备）

4　实验步骤

（1）溶胶的制备与纯化。

① 用水解法制备 $Fe(OH)_3$ 溶胶：在 250 mL 烧杯中加入 100 mL 去离子水，加热至沸。慢慢滴加 20% $FeCl_3$ 溶液 5~10 mL，并不断搅拌，加完后继续煮沸 5 min，由水解而得到红棕色 $Fe(OH)_3$ 溶胶。在溶液冷却时，反应要逆向进行，因此所得 $Fe(OH)_3$ 水溶胶必须进行渗析处理。

② 渗析半透膜的制备：选一内壁光滑的 500 mL 锥形瓶，洗净、烘干并冷却，在锥形瓶中倒入约 30 mL 6% 的火棉胶溶液（溶剂为乙醇：乙醚为 1:3 的溶液），小心转动锥形瓶，使火棉胶在锥形瓶上形成均匀薄层，倾出多余火棉胶液于回收瓶中，倒置锥形瓶于铁圈上，使剩余火棉胶液流尽，并让乙醚蒸发完，直至闻不出乙醚气味。此时用手指轻触胶膜不粘手，则可用电吹风热风吹 5 min，将瓶放正，并注满蒸馏水。约 10 min 后，让膜中剩余乙醇溶去，倒去瓶中之水，用小刀在瓶口剥开一部分膜，在膜与瓶壁间灌水至满，使膜脱离瓶

壁，倒去水，轻轻取出所成之膜袋，检查膜袋是否有漏洞，若有漏洞，擦干有洞部分，用玻棒蘸火棉胶液少许，轻触漏洞即可补好。若膜袋完好，将其中灌水、扎好而悬空，袋中之水应逐渐渗出。本实验要求水渗出速率不小于每小时 4 mL，否则不符合要求，需重新制备。

③ 用热渗析法纯化 Fe(OH)$_3$ 溶胶：将水解法制得的 Fe(OH)$_3$ 溶胶置于火棉胶半透膜袋内，用线拴住袋口，置于 800 mL 的清洁烧杯内。在烧杯内加去离子水约 300 mL，保持温度在 60 ℃~70 ℃，进行热渗析。每半小时换一次水，并取出 1 mL 水检查其中 Cl^- 及 Fe^{3+}，分别用 1% $AgNO_3$ 及 KCNS 溶液进行检验，直至不能检查出 Cl^- 和 Fe^{3+} 为止。将纯化过的 Fe(OH)$_3$ 溶胶移置于 250 mL 清洁干燥的试剂瓶中，放置一段时间进行老化，老化后的 Fe(OH)$_3$ 溶胶即可供下面的电泳实验使用。

（2）稀 KCl 溶液浓度的确定：稀 KCl 溶液作为电泳测量辅助液，其浓度须按其电导率与溶胶的电导率相等的原则调节。配制稀溶液前，先测定溶胶的电导率。然后测定稀 KCl 溶液的电导率，调节其中 KCl 的浓度直至其电导率与溶胶的电导率相等。增减其中 KCl 浓度，可采用往溶液中增加 KCl 或添加去离子水的办法。

（3）将电导率与溶胶相同的适量 KCl 溶液（辅助液）注入电泳管的 U 形管中约 10 cm 高。注入时应先将中部管的活塞打开，慢慢加入辅助液，当其液面刚高过活塞时，立即将活塞关闭，再继续加辅助液至 U 形管中约 10 cm 高，这样可防止活塞中有气泡。

（4）将待测的 Fe(OH)$_3$ 溶胶从漏斗加入电泳仪中部管，然后慢慢开启活塞，使溶胶缓慢（尽量慢）地进入 U 形管中，这时可观察到溶胶与 KCl 溶液之间有一明显界面，且上部的 KCl 溶液随溶胶缓缓进入 U 形管而升高。当 KCl 溶液浸没电极一定深度后关闭活塞，记下界面高度并作一记号。

（5）将两电极导线接在电泳仪的输出端，调节输出电压在 30~40 V，调好电压后接通电泳电源，同时开动秒表计时，并记下这一瞬间的界面高度。通电 40~50 min，断开电键，记下界面上升距离 l 及通电时间。

（6）用细铜丝测量两电极端点在 U 形管中沿 U 形管的导电距离 l，测量 4~5 次取平均值。

5 数据记录及处理

（1）记录室温（℃）、电泳时间（s）、电压（V）、两电极间距离（m）及界面移动距离（m）。

（2）由电泳时间 t 与界面移动距离 l 求电泳速率。

（3）计算 ζ 电势。

（4）由溶胶电泳时的移动方向确定溶胶所带电荷的符号。

6 思考题

（1）电泳速率与哪些因素有关？

（2）本实验中所用稀 KCl 溶液的电导为什么必须与所测溶胶的电导十分相近？

（3）Fe(OH)$_3$ 溶胶胶粒带何种符号电荷？为什么会带此种符号电荷？

（4）溶胶纯化不严格时会使界面不清晰，为什么？

C27 黏度法测量高聚物摩尔质量

1 实验目的及要求

（1）掌握用乌氏（Ubbelohde）黏度计测定高聚物溶液黏度的原理和方法。
（2）测定聚乙二醇的黏均摩尔质量。

2 实验原理

黏度是液体流动时所表现出来的内摩擦。若在两平行板间盛以某种液体，一块静止，另一块以速度 v 向 x 方向做匀速运动。如果将液体沿 y 方向分成很多薄层，则各液层沿 x 方向的流速随 y 值的不同而变化，如图 C27.1 所示，流体的这种形变称为切变。流体流动时有速度梯度 $\dfrac{\mathrm{d}v}{\mathrm{d}y}$ 存在，运动较慢的液层阻滞较快的液层的运动，因此产生流动阻力。为了维持稳定的流动，保持速度梯度不变，则要对上面的平板施加恒定的力（切力）。若板的面积是 A，则切力为：

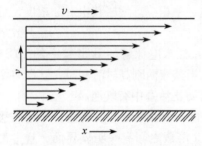

图 C27.1 两平面间的黏性流动

$$F = \eta A \frac{\mathrm{d}v}{\mathrm{d}y} \tag{C27.1}$$

式中，η 称为该液体的黏度系数（简称黏度），单位为 $\mathrm{kg \cdot m^{-1} \cdot s^{-1}}$，上式称为牛顿黏度公式。符合牛顿黏度公式的液体称为牛顿流体。

单体分子经加聚或缩聚过程便可合成高聚物。高聚物并非每个分子的大小都相同，即聚合度不一定相同，所以高聚物摩尔质量是一个统计平均值。对于聚合物研究来说，高聚物平均摩尔质量是必须测定的重要数据之一，平均摩尔质量根据平均的方法不同分为：数均摩尔质量、质均摩尔质量、Z 均摩尔质量、黏均摩尔质量。每种平均摩尔质量可通过各种相应的物理或化学方法进行测定。

高聚物稀溶液的黏度是液体流动时内摩擦力大小的反映，这种流动过程中的内摩擦主要有：溶剂分子之间的内摩擦、高聚物分子与溶剂分子之间的内摩擦、高聚物分子之间的内摩擦。高聚物溶液的特点是黏度较大，原因在于其分子链长度远大于溶剂分子，使其在流动时受到较大的内摩擦阻力。纯溶剂黏度反映了溶剂分子间的内摩擦力，记作 η_0；高聚物溶液的黏度则是高聚物分子间的内摩擦、高聚物分子与溶剂分子间的内摩擦以及溶剂分子间的内摩擦三者之和，记作 η，在相同温度下，通常 $\eta > \eta_0$。相对于溶剂，溶液黏度增加的分数称为增比黏度，记作 η_sp，即：

$$\eta_\mathrm{sp} = \frac{\eta - \eta_0}{\eta} = \frac{\eta}{\eta_0} - 1 = \eta_\mathrm{r} - 1 \tag{C27.2}$$

式中，$\eta_\mathrm{r} = \dfrac{\eta}{\eta_0}$，即溶液黏度与纯溶剂黏度的比值，称作相对黏度；$\eta_\mathrm{r}$ 反映的是溶液的黏度行为，而 η_sp 则意味着已扣除了溶液分子间的内摩擦效应，仅反映了高聚物分子与溶剂分子间和高聚物分子间的内摩擦效应。

可以认为，高聚物溶液的浓度变化，将会直接影响到 η_{sp} 的大小，浓度越大，黏度越大。因此，通常取单位浓度下呈现的黏度来进行比较，引入比浓黏度、比浓对数黏度的概念，$\dfrac{\eta_{sp}}{c}$ 为比浓黏度，$\dfrac{\ln\eta_r}{c}$ 为比浓对数黏度。为了进一步消除高聚物分子间内摩擦的作用，将溶液无限稀释，当浓度 c 趋近于零时，高聚物分子之间相隔较远，它们之间的作用可以忽略，比浓黏度和比浓对数黏度趋近于一个极限值，即：

$$\lim_{c \to 0} \dfrac{\eta_{sp}}{c} = \lim_{c \to 0} \dfrac{\ln\eta_r}{c} = [\eta] \tag{C27.3}$$

$[\eta]$ 主要反映了高聚物分子与溶剂分子之间的内摩擦作用，称之为高聚物溶液的特性黏度。由于 η_{sp} 和 η_r 均是无量纲量，所以 $[\eta]$ 的单位是浓度 c 的倒数。在文献和实验教材中 c 及 $[\eta]$ 所用单位不尽相同，本实验 c 的单位为 $kg \cdot m^{-3}$，$[\eta]$ 的单位为 $kg^{-1} \cdot m^3$，其数值可通过实验求得。在足够稀的溶液中有：

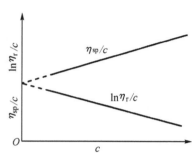

图 C27.2　外推法求 $[\eta]$ 图

$$\dfrac{\eta_{sp}}{c} = [\eta] + \kappa[\eta]^2 c \tag{C27.4}$$

$$\dfrac{\ln\eta_r}{c} = [\eta] - \beta[\eta]^2 c \tag{C27.5}$$

上面两式中 κ 和 β 分别称为 Huggins 和 Kramer 常数。这样，以 $\dfrac{\eta_{sp}}{c}$ 对 c 作图、以 $\dfrac{\ln\eta_r}{c}$ 对 c 作图可得两条直线，对于同一高聚物，这两条直线在纵坐标轴上相交于一点，如图 C27.2 所示，可求出 $[\eta]$ 数值。

由溶液的特性黏度 $[\eta]$ 还无法获得高聚物的摩尔质量数据，高聚物溶液的特性黏度 $[\eta]$ 与高聚物摩尔质量之间的关系，目前通常由半经验的麦克（H. Mark）经验方程式来求得：

$$[\eta] = K M_\eta^a \tag{C27.6}$$

式中，M_η 为黏均摩尔质量；K、α 为常数，与温度、高聚物及溶剂的性质有关，通过一些其他的实验方法（如膜渗透压法、光散射法等）确定。对于聚乙二醇的水溶液，不同温度下的 K、α 值如表 C27.1 所示。

表 C27.1　聚乙二醇不同温度时的 K、α 值（溶剂为水）

$t/℃$	$K/(10^{-6} \cdot m^3 \cdot kg^{-1})$	α	$M_\eta/10^4$
25	156	0.50	0.019~0.1
30	12.5	0.78	2~500
35	6.4	0.82	3~700
40	16.6	0.82	0.04~0.4
45	6.9	0.81	3~700

测定液体黏度的方法主要有三类：用毛细管黏度计测定液体在毛细管里的流出时间；用落球式黏度计测定圆球在液体里的下落速度；用旋转式黏度计测定液体与同心轴圆柱体相对转动的情况。

本实验采用毛细管法测定黏度，通过测定一定体积的液体流经一定长度和半径的毛细管所需时间而获得。常用的有乌氏黏度计和奥式黏度计，关于乌式黏度计与奥式黏度计的结构原理及测量方法，见本书 B6 部分，本实验使用乌式黏度计。

在测定溶剂和溶液的相对黏度时，如果溶液的浓度不大（$c<10 \text{ kg}\cdot\text{m}^{-1}$），溶液的密度与溶剂的密度可近似地看作相同，故：

$$\eta_r = \frac{\eta}{\eta_0} = \frac{t}{t_0} \tag{C27.7}$$

即只需测定溶液和溶剂在毛细管中的流出时间就可得到 η_r。

在测定过程中，经常出现一些如图 C27.3 所示的异常现象，这并非操作不严格，而是高聚物本身的结构及其在溶液中的形态所致。目前尚不能清楚地解释产生这些反常现象的原因，只能作一些近似处理。

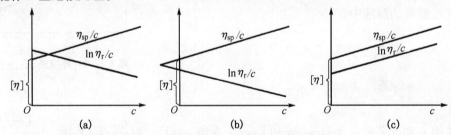

图 C27.3　黏度测定中的异常现象示意图

根据 Huggins 公式 $\dfrac{\eta_{sp}}{c} = [\eta] + \kappa[\eta]^2 c$ 和 Kramer 公式 $\dfrac{\ln\eta_r}{c} = [\eta] - \beta[\eta]^2 c$，前一式中 κ 和 $\dfrac{\eta_{sp}}{c}$ 值与高聚物结构（如高聚物的多分散性及高分子链的支化等）和形状有关，该式物理意义明确。后一式则基本上是数学运算式，含义不太明确。因此如果出现异常现象，就应以 $\dfrac{\eta_{sp}}{c}$ 与 c 的关系作为基准来求得高聚物溶液的特性黏度 $[\eta]$。图 C27.3 中的三种情况均应以 $\dfrac{\eta_{sp}}{c}$-c 线与纵坐标相交的截距求 $[\eta]$。

3　仪器与试剂

恒温槽	乌氏黏度计
有塞锥形瓶（50 mL）	洗耳球
移液管（5 mL）	移液管（10 mL）
乳胶管	弹簧夹
恒温槽夹	吊锤

容量瓶（25 mL）　　　　　　　　　　　有盖瓷盆
秒表　　　　　　　　　　　　　　　　聚乙二醇（A.R.）

4　实验步骤

（1）将恒温水槽调至（25±0.2）℃。

（2）溶液配制。称取聚乙二醇 1 g（称准至 0.001 g），在 25 mL 容量瓶中配成水溶液。配溶液时，要先加入溶剂至容量瓶的 2/3 处，待其全部溶解后恒温 10 min，再用同样温度的蒸馏水稀至刻度。

（3）洗涤黏度计。先用热洗液（经砂芯漏斗过滤）浸泡，再用自来水、蒸馏水冲洗，经常使用的黏度计则用蒸馏水浸泡，去除留在黏度计中的高聚物。黏度计的毛细管要反复用水冲洗。

（4）测定溶剂流出时间 t_0。将黏度计垂直夹在恒温槽内，用吊锤检查是否垂直。将 10 mL 纯溶剂自 A 管注入黏度计内，恒温数分钟，夹紧 C 管上连接的乳胶管，同时在连接 B 的乳胶管上慢慢抽气，待液体升至 G 球的 1/2 左右即停止抽气，打开 C 管乳胶管上夹子使毛细管内液体同 D 球中的液体分开，用秒表测定液面在 a、b 两线间移动所需的时间。重复测定 3 次，每次相差不超过 0.3 s，取平均值。

（5）测定溶液流出时间 t。取出黏度计，倒出溶剂，吹干。用移液管吸取 10 mL 已恒温的高聚物溶液，同步骤（4）测定流经时间 t。

（6）再用移液管加入 5 mL 已恒温的溶剂（改变试样浓度），用洗耳球从 C 管鼓气搅拌并将溶液慢慢地抽上流下数次使之混合均匀，再如上法测定流经时间 t。同样，再依次加入 5 mL，10 mL，15 mL 溶剂，改变试样浓度，逐一测定不同浓度溶液的流经时间。

（7）实验结束后，将溶液倒入回收瓶内，用溶剂仔细冲洗黏度计 3 次，最后用溶剂浸泡，备用。

5　数据处理

（1）由式（C27.7）和式（C27.2）计算各浓度 c 的 η_r 和 η_{sp}。

（2）为了数据处理方便，设 $c_r = \dfrac{c}{c_0}$ 为相对浓度。以 $\dfrac{\eta_{sp}}{c_r}$ 及 $\dfrac{\ln \eta_r}{c_r}$ 分别对 c_r 作图并作线性外推求得截距 A，以 A 除以起始浓度 c_0 即得 $[\eta]$。

（3）取 25 ℃时的常数 K、α 值，按式（C27.6）计算出聚乙二醇的黏均摩尔质量 M_η。

6　注意事项

（1）黏度计必须洁净，如果毛细管壁上挂有水珠，需用洗液浸泡（洗液经 2 号矿芯漏斗过滤除去微粒杂质）。

（2）高聚物在溶剂中溶解缓慢，配制溶液时必须保证其完全溶解，否则会影响溶液起始浓度，而导致结果偏低。

（3）本实验中溶液的稀释是直接在黏度计中进行的，所用溶剂必须先在与溶液所处同一恒温槽中恒温，然后用移液管准确量取并充分混合均匀方可测定。

（4）测定时黏度计要垂直放置，否则影响结果的准确性。

7 思考题

(1) 乌氏黏度计中的支管 C 的作用是什么？
(2) 高聚物溶液的 η_r、η_{sp}、η_{sp}/c、$[\eta]$ 的物理意义是什么？

C28 表面活性剂临界胶束浓度的测量

1 实验目的及要求

(1) 了解表面活性剂的结构特征及胶束形成的原理。
(2) 用电导法测量离子型表面活性剂的临界胶束浓度。

2 实验原理

表面活性剂溶入水中时，溶液的某些物理化学性质如表面张力、电导率、渗透压及去污作用等随浓度的变化关系有其特征行为。即随浓度增大到某一定值时，这些性质将发生突变，该突变发生在一个很窄的浓度范围内，如图 C28.1 所示。墨本（Mcbain）认为其主要原因与表面活性剂分子结构有关。表面活性剂分子具有双亲性，即既有亲水基团又有亲油（疏水）基团。在低浓度时，表面活性剂在水溶液中呈分子（或离子）状态，且亲水基团分散在水中，定向地吸附在溶液表面，产生溶液表面吸附现象，表面张力急剧下降，当达到某一定浓度时，溶液的表面吸附达到饱和，浓度再增大，表面活性剂分子（或离子）便会自相缔合，疏水基团相互靠拢，亲水基与水接触，即形成胶束，如图 C28.2 所示。由于胶束亲水基朝外，与水分子相互吸引，使表面活性剂能稳定地溶于水中。胶束可以是球状的，也可以是棒状或层状的。开始形成胶束的最低浓度称为临界胶束浓度（Critical Micelle Concentration），简称 CMC。也可称图 C28.1 中虚线所示这个很窄的浓度范围是 CMC。

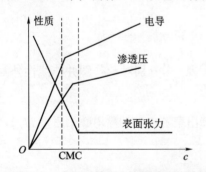

图 C28.1 表面活性剂水溶液的物化性质

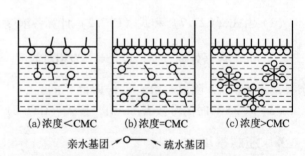

图 C28.2 胶束形成过程示意图

不同的表面活性剂具有不同的亲水、疏水基团，故 CMC 值也不同，胶体溶液的许多重要性质，如：增溶作用，只有其浓度大于 CMC 才能发生；去污作用，在浓度大于 CMC 后不再随浓度增加而增大等。因此测定表面活性剂的 CMC 值是有实用意义的。

测定 CMC 的方法很多，如表面张力法、染料吸附法、增溶法、光散射法、吸收光谱法、电导法等。本实验采用电导法测定不同浓度的十二烷基硫酸钠水溶液的电导率 κ，并作 κ-c

关系图，从图中的折点可求得临界胶束浓度 CMC。

电导（G）与电导率 κ 的关系及测量方法参见本书实验技术与仪器部分。

3　仪器与试剂

电导仪（电导率仪）　　　　　　　铂黑电极（DJS-1 型）
恒温槽　　　　　　　　　　　　　夹套通恒温水的电导瓶
容量瓶（100 mL）　　　　　　　　移液管（5 mL，10 mL）
十二烷基硫酸钠（A.R.）　　　　　电导水或重蒸馏水

4　实验步骤

（1）用电导水（或重蒸馏水）准确配制 0.01 mol·dm^{-3} 的 KCl 标准溶液。

（2）准确称取十二烷基硫酸钠（SDS）7.209 g，加水溶解后，转入 250 mL 容量瓶中，稀释至刻度，即配成浓度为 0.1000 mol·dm^{-3} 的溶液。用电导水或重蒸馏水配制，十二烷基硫酸钠需预先在 80 ℃ 烘干 3 h 备用。

（3）用移液管量取不同体积的上述 0.1000 mol·dm^{-3} 的十二烷基硫酸钠溶液，分别置于 100 mL 容量瓶中，用水稀释至刻度，配成不同浓度的 SDS 待测溶液，其浓度范围为 $1\times10^{-3} \sim 2\times10^{-2}$ mol·dm^{-3}，浓度差为 1×10^{-3} mol·dm^{-3}。

（4）设定恒温槽温度为 25.0 ℃（或 30.0 ℃），通恒温水于夹套瓶。如需要，恒温 10 min 以后用标准溶液标定电导池常数。

（5）测定各待测溶液的电导率。按浓度由低到高的顺序测定，每次换溶液时，必须用待测液洗电极及夹套瓶 3 次，再注入待测液，待溶液恒温 15 min 后再进行测定，读数 3 次，取平均值。

5　数据记录及处理

（1）列表记录实验数据。

（2）以电导率对浓度作图，绘出电导率随浓度变化的曲线，沿低浓度及高浓度的直线部分，作二直线外延，交点对应的浓度即 CMC 值。

6　注意事项

（1）测定表面活性剂 CMC 值所用的试剂必须纯净。若无 A.R. 的 SDS，可将 C.P. 级试剂用下述方法纯化：在三口烧瓶中加入无水乙醇（A.R.），在搅拌下加入 SDS（C.P.），并加热至乙醇开始回流，继续加入 SDS 至其不再溶解为止。回流 2 h 后，趁热过滤，将滤液冷至室温，放入冰盐浴中，使 SDS 尽量析出，过滤后即得第一次纯化的 SDS。将第一次纯化的 SDS 按上述方法进行第二次纯化，所得样品的表面张力-浓度曲线一般无最低点，即可使用。

（2）测定每个试样的电导率时，必须在试液恒温 5 min 后进行。

（3）测定各试样的电导率时，电极与液面距离应尽量保持一致。

7　思考题

（1）如何验证所测临界胶束浓度是否准确？

（2）非离子型表面活性剂能否用本实验方法测定 CMC 值？为什么？

C29　流体流变曲线的测绘

1　实验目的及要求

（1）测定绘制指定样品的流变曲线。
（2）了解旋转黏度计的工作原理和使用方法。

2　实验原理

流变特性是指物质的流动与变形的性质。流变曲线是用来表征流体特性的曲线。

如图 C29.1 所示，设有一立方形的物体，对其上下两面施加一切向力偶 F，上下两面的面积各为 A，则有：

$$\tau = \frac{F}{A} \tag{C29.1}$$

式中，τ（单位为 $N \cdot m^{-2}$，即 Pa）为作用在物体上的剪切应力，它使物体产生一定的形变，上表面相对于下表面的位移为 x。对于固体，只要 τ 大小不改变，形变就不随时间变化。

对于液体，在恒定 τ 的作用下，x 将继续增大，此即流动。去掉 τ 后，形变仍然存在，液体的流动属于永久变形。

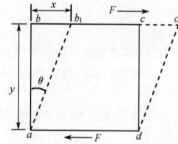

图 C29.1　切应力作用下的切应变

可以把流动的液体看作是许多相互平行移动着的液层，各层的移动速度不同。流体流动时有速度梯度存在，则有：

$$D = \frac{dv}{dy} \tag{C29.2}$$

式中，D（单位为 s^{-1}）为剪切速率。

液体流动时因为有速度梯度存在，运动较慢的液层阻滞较快液层的运动，因此产生流动阻力。剪切应力的作用就是克服流动阻力，保持一定的剪切速率，维持液体运动。剪切应力与剪切速率成正比。

$$\tau = \eta D \qquad \eta = \frac{\tau}{D} \tag{C29.3}$$

上式即为牛顿黏度定律公式，式中比例系数 η（单位为 $Pa \cdot s$）称为流体的动力黏度系数，简称黏度。

在一定温度下和较宽的剪切速率范围内，如果黏度值保持恒定，称为牛顿型流体，如水、常用溶剂、低分子溶液、某些高分子的稀溶液等。而当一种液体的黏度值随剪切应力或剪切速率的变化而变化时，则称为非牛顿流体，如涂料、油漆、糨糊等。非牛顿流体的 τ/D 值已不再保持恒定，但仍称其为表观黏度，以 η_a 表示。

实际流体中，非牛顿型的较多。在流变学中，常以剪切速率 D 为纵坐标，剪切应力 τ

为横坐标作图，在图中得到的曲线称为流变曲线，如图 C29.2 所示。一些流体的黏度随剪切速率的增加而减少，称为切稀。一些流体的黏度随剪切速率的增加而增加，称为切稠。

牛顿型流体的流变曲线是直线，且通过原点，用黏度就能表征其特性。

塑性流体的流变曲线也是一条直线，但不通过原点。直线与剪切应力轴的交点称为屈服值。

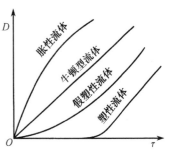

图 C29.2　流体的流变特性

假塑性流体没有屈服值，表观黏度随剪切速率的增大而变小。

胀性流体与假塑性流体相反，表观黏度随剪切速率增大而增大。

3　仪器与试剂

NXS-11A 型旋转黏度计　　流体样品（机油、牙膏等）

4　实验步骤

（1）预习了解 NXS-11A 型旋转黏度计的工作原理和使用方法，见本书 B6 部分。

（2）根据实验室提供的样品，估计其黏度，选择合适的测量系统。清洗并干燥测量系统的各部分。调节仪器处于水平位置。

（3）将外筒与恒温筒连接，将恒温槽中的恒温水通入恒温筒中，注意检查不得漏水。

（4）仪器测量头中部有一个旋钮，可以处于"工作"或"制动"位置，注意在安装调试仪器和测量结束后都必须使旋钮处于"制动"位置，只有在测量时才使旋钮处于"工作"位置。

（5）将内筒与测量头连接，注意在安装过程中避免测量头受到较大的力。

（6）将适量的样品加入到外筒中。将测量头上的内筒垂直地插入到外筒中，并固定。注意待测样品应能全部浸没转子的工作高度。

（7）设定恒温槽水浴至指定温度，等恒温槽达到并稳定在指定温度后，再通恒温水 15 min。

（8）接通仪器电源，将转速由"0"逐步增加，同时读取转速和刻度盘上的刻度。通常控制刻度盘上的读数在 20~95 格的范围内，低于 20 格的数据仅供参考。如果转速置于"15"读数仍较小（<50 格），或转速置于"1"读数仍较大（接近 100 格），都属于系统选择不当所致，应更换相应的测量系统。

（9）根据教师的要求，改变测量温度，等恒温槽达到指定温度再通恒温水 15 min 后，读取该温度下的转速与刻度盘上的刻度。

（10）更换测量样品，参照上述步骤进行测定。

5　数据记录及处理

（1）参照表 C29.1 列表记录实验数据，记录样品名称、温度、选择的测量系统、转速挡、刻度盘读数。

样品:

表 C29.1 实验数据记录

温度/℃	系统	转速挡	刻度 α/格	仪器常数 $K/[(Pa·s)·格^{-1}]$	剪切速率 D/s^{-1}	转角常数 $Z/(Pa·格^{-1})$	剪切应力 τ/Pa	黏度或表观黏度/(Pa·s)

（2）从仪器常数表中查出转角常数 Z，对应的剪切速率 D，仪器常数 K。计算剪切应力 τ，表观黏度 η_a。

$$\tau = Z\alpha$$

$$\eta = K\alpha$$

（3）作 D-τ 图，判断样品的流体类型。

6 注意事项

（1）在安装测量系统的过程中避免测量头受到较大的力，以免损坏测量头。

（2）温度对某些液体的黏度影响较大，通恒温水要有足够的时间，使测量样品完全达到设定的温度。

7 思考题

（1）牛顿型流体与非牛顿流体的主要区别是什么？

（2）本实验的主要误差来源是什么？

C30 显微成像法观察气溶胶液滴结晶过程

1 实验目的及要求

（1）观察气溶胶结晶过程，计算气溶胶的成核速率。

（2）了解显微镜的构造，掌握其调节和使用方法。

（3）掌握相对湿度概念以及相对湿度调节方法。

2 实验原理

气溶胶是指分散在空气中的液体或固体小颗粒，在地球大气层中，气溶胶可谓无处不在。气溶胶不仅直接影响人类的健康，还参与大气中的化学反应，影响降水、成云和结雾，降低能见度，影响大气辐射，导致环境温度变化。气溶胶对气候系统的影响分为直接辐射强迫和间接辐射强迫。直接辐射强迫是指颗粒物通过吸收和散射长波及短波辐射，从而改变地球-大气系统辐射平衡；大气中的颗粒物作为云凝结核或者冰核而改变云的微物理和光学特征以及降水效率，从而间接影响气候，称为间接辐射强迫。

气溶胶微粒的物理化学特性依赖于气溶胶环境的湿度变化，相对湿度的改变可以影响气溶胶的大小、浓度、相态等物理化学状态。当相对湿度达到风化湿度时，气溶胶会发生结晶过程，对该过程的观测，有助于理解气溶胶变化规律，以及对大气环境的影响。

与气溶胶有关的基本物理化学概念有：相变（涉及气、液、固三相之间的转换）、潮解点、风化点、Kelvin 效应、Henry 定律、相对湿度、晶核形成、晶体生长等。

大气中的无机盐气溶胶包括海盐气溶胶、硫酸盐气溶胶等，这些气溶胶具有很强的吸湿性能，其含水量随空气湿度的变化而发生改变。当湿度下降时，气溶胶液滴逐渐失水，在某一个相对湿度值时，气溶胶忽然发生急速而大量的失水，从而发生液滴到晶体的转变，该过程叫作风化，对应的相对湿度叫风化点。在气溶胶的结晶过程中，液滴的形貌、大小都会发生相应的改变，可以通过光学显微镜进行观察。气溶胶以液滴形式存在时，液滴中间很亮，边缘较暗。随着相对湿度缓慢降低，液滴中的水分子不断减少，通常液滴会变小。继续降低湿度，某一个时刻，某一个液滴突然明显变暗，而且此后颗粒大小不再随湿度发生变化，说明液滴已经结晶，如图 C30.1 所示。

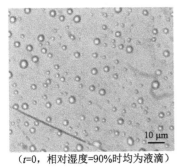
（$t=0$，相对湿度=90%时均为液滴）

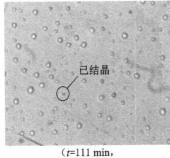
（$t=111$ min，相对湿度=46.7%时部分结晶）

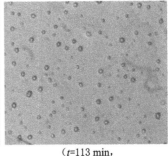
（$t=113$ min，相对湿度=40.4%时全部结晶）

图 C30.1　液滴形貌随湿度变化图片

从图 C30.1 可以看出，相对湿度为 90% 时，液滴中间很亮，边缘较暗。在 111 min 时，相对湿度降到了 46.7%，此时有一个液滴突然明显变暗（见标注），$t=113$ min 时，相对湿度降到 40.4%，颗粒大小不再随湿度发生变化，液滴全部结晶。本实验以无机盐 $NaNO_3$ 气溶胶为研究对象，用气溶胶发生器通过超声波将液体雾化成小液滴，采用光学显微镜观察气溶胶液滴的风化结晶率随湿度变化的关系，得到气溶胶的成核速率。

由于大气中气溶胶颗粒的变化是动态的且经常是快速连续的，因此我们使用高速摄像仪与光学显微镜联用系统来观察颗粒形貌的变化，并通过质量流量计精确控制干湿氮气流量来控制样品池内的相对湿度。该装置主要由高速摄像系统、光学显微镜、样品池、湿度计、质量流量计、氮气瓶和计算机构成，如图 C30.2 所示。

光学显微镜观测模式为透射模式。高速摄像机通过连接口与光学显微镜连接。样品池内设湿度传感器和石英基底，顶端用聚乙烯膜覆盖密封，并固定于光学移动台上，与湿度调节装置及质量流量计相连接。湿度调节装置由氮气瓶、水蒸气饱和管和各种管路构成。质量流量计用于控制两路氮气的流量，使它们的流量之和为 400 mL/min，一路氮气进入水蒸气饱和管，产生水蒸气饱和的氮气与另一路干燥氮气混合，得到一定湿度的气体。质量流量计可以分别控制两路氮气的流量，进而实现相对湿度的控制。

将不同时间对应的相对湿度（RH）、结晶的液滴数量统计出来，可以计算积分结晶率：

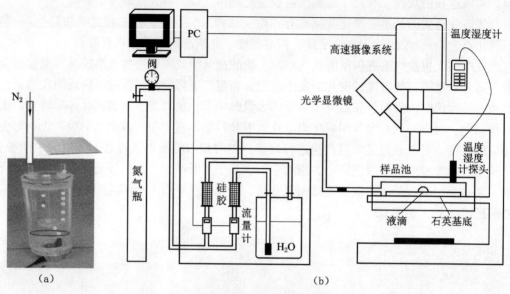

图 C30.2 实验装置
(a) 气溶胶发生器；(b) 实验装置

$$积分结晶率 = \frac{结晶的液滴数}{总的液滴数}$$

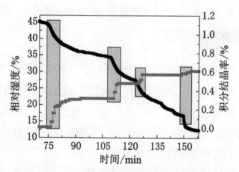

图 C30.3 光学显微镜观测到相对湿度阶跃下降时，$NaNO_3$ 气溶胶液滴的积分结晶率

作时间-积分结晶率-相对湿度之间的关系图，可以看出，液滴结晶的速率与相对湿度的变化有一定的关系，如图 C30.3 所示，相对湿度变化较快时，结晶的液滴也较多（见图中灰色的矩形框标注部分）。

结晶过程包含晶核的形成和晶核生长。晶核的形成分为均相成核和异相成核。当溶解在单一均相体系中的组分能够聚集在一起形成稳定的晶核时，称为均相成核。若体系中包含两相不相溶介质，在两相不相溶介质的界面上产生晶核时，称为异相成核。通常在疏水基底气溶胶发生均相成核，在亲水基底容易发生异相成核。图 C30.4 给出了均相成核和异相成核示意图。

图 C30.4 在不同的基底上，气溶胶的两种成核现象

液滴发生均相结晶成核的速率（J_{hom}）可根据式（C30.1）求得：

$$J_{\text{hom}} = -\frac{r}{V \times N_{\text{RH}}} \frac{\text{d}(N_{\text{RH}})}{\text{d}(\text{RH})} \tag{C30.1}$$

式中，J_{hom} 指气溶胶成核速率；N_{RH} 指液滴总数；V 指单个液滴的体积。d(RH) 表示相对湿度的变化，d(N_{RH}) 表示湿度变化 d(RH) 时结晶的液滴数目。r 表示相对湿度的改变速率。

相对湿度的改变速率 r 的定义为：

$$r = \frac{\text{d}(\text{RH})}{\text{d}t} \tag{C30.2}$$

其中 dt 表示结晶 d(RH) 所需要的时间。

联立式（C30.1）和式（C30.2）可得：

$$J_{\text{hom}} = -\frac{1}{V \times N_{\text{RH}}} \frac{\text{d}(N_{\text{RH}})}{\text{d}t} \tag{C30.3}$$

液滴发生异相结晶成核的速率（J_{het}）可根据式（C30.4）求得：

$$J_{\text{het}} = -\frac{r}{A \times N_{\text{RH}}} \frac{\text{d}(N_{\text{RH}})}{\text{d}(\text{RH})} \tag{C30.4}$$

式中，J_{het} 指气溶胶成核速率；A 指单个液滴和基底接触的平均接触面积。其他各量与均相成核计算公式中表示的意义相同。

以气溶胶成核速率 J 的自然对数 $\ln J$ 为纵坐标，相对湿度 RH% 为横坐标作图，如图 C30.5 所示。$NaNO_3$ 气溶胶液滴在疏水基底（空心圈）上均相成核速率和亲水基底（实心框）上异相成核速率随相对湿度的变化情况，在疏水基底上，RH 在 20%～15% 范围内均相成核速率按指数线性增加；在亲水基底上，RH 在 50%～42% 范围内，异相成核速率按指数线性增加。

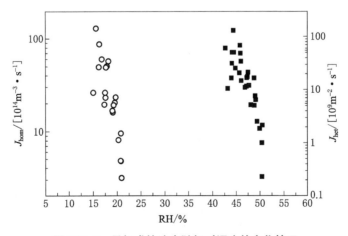

图 C30.5　异相成核速率随相对湿度的变化情况

为了更详细地了解单个液滴的结晶过程，本实验用摄像仪拍摄了单个液滴发生结晶的整个过程。根据摄像仪拍摄的某一时刻单液滴形貌，可以发现，单液滴中开始只有一小部分结晶,随着时间的推移,结晶部分增大,同时单液滴的形貌和灰度发生变化,液滴尺度变小,如图 C30.6 所示。

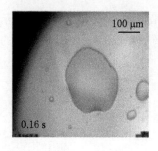 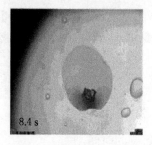 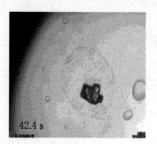

图 C30.6　单液滴的结晶过程

根据相对灰度的计算公式:

$$相对灰度 = \frac{最大灰度值 - 最小灰度值}{最大灰度值} \quad (C30.5)$$

根据相对灰度的计算公式计算出不同时刻的晶体灰度,用其表示晶体厚度,则晶体体积可以根据公式"体积=面积×厚度"进行计算,绘制晶体体积-时间的相关曲线,进行数学拟合,得到晶体在快速增长时的函数关系式,即晶体的生长速率方程。

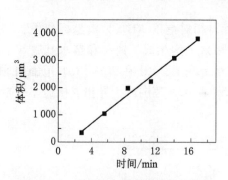

图 C30.7　晶体体积随时间的变化曲线

由图 C30.7 结果得到的函数关系式为:$y = -286.8 + 241.6x$,相关系数 R^2 为 98.5%。这就是气溶胶结晶过程的成长速率方程。

本实验使用高速摄像仪(MS55K,Mega Speed Corp),主要参数如下。传感器类型:Mega Speed 黑白 CMOS 传感器;最大分辨率:1 280×1 024;像素尺寸:12 μm×12 μm;快门速度:2 μs~30 ms,2 μs 连续可调;电源要求:6 V 直流或 220 V 交流;文件存储:AVI 或 JPG、BMP;计算机要求:Win2000 或 WinXP;2 GHz,2G RAM,1 000G 硬盘。软件:图像分析、目标跟踪、速度测量、AVI 格式编辑、注释和图像处理等。

高速摄像仪使用方法如下:

(1) 打开电源开关、打开电脑。

(2) 开启电脑桌面的 Camera Control 软件,调节帧速、曝光时间等参数。曝光时间调节:单击软件工具栏中的 Capture Settings→设置灰度值 Gain Value,一般为最大值(范围为 1~40 000);曝光时间调节:单击软件工具栏中的 Capture Settings→设置曝光时间 Exposure Time,一般为最大值(范围为 1~975),如图 C30.8 所示。

(3) 打开质量流量计和湿度计控制软件。打开质量流量计:单击电脑桌面 Flow Vision 软件,打开干(A)、湿(B)氮气流量操作控制页面。打开湿度计:打开湿度计开关,再打开电脑桌面 SE310 软件,调节记录时间为 5 s。

(4) 开启变温装置,调节到实验所需温度(若不做变温实验,该步骤可以省略)。开启循环水电源、控温装置开关→调节电压 Voltage（细调 Fine、粗调 Coarse），使温度达到实验要求。

（5）制备气溶胶颗粒，开始实验。调节光学显微镜粗细焦螺旋，找到最佳光学视野。开始进样，方法一：用注射器喷射气溶胶液滴到样品池内；方法二：用雾化器使其产生气溶胶。

（6）调节质量流量计控制 RH 变化，并拍摄记录整个实验过程。拍摄实验现象：单击 Camera Control 软件工具栏中的"Start"

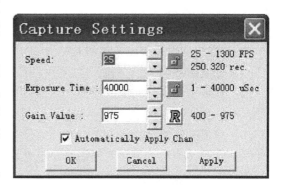

图 C30.8　参数设置

进行录像观测、"Stop"停止录像。存储图片：Windows→Save→jpg、bmp 等格式的图片。存储录像：单击工具栏中的"循环"按钮，出现存储录像对话框，分别设置好"Set Start Flame"、"Set End Flame"，单击"to hard drive as"，保存录像。

（7）实验完毕后关闭仪器、关闭电源，盖好防尘罩（做好防尘清洁工作，可以提高仪器使用寿命）。

3　仪器与试剂

高速摄像仪	气溶胶发生器（通过超声波将液体雾化成小液滴）
样品池	真空泵
质量流量计	氮气瓶
显微镜	温湿度计
三重蒸馏水	$NaNO_3$

4　实验步骤

1) 气溶胶结晶率以及成核速率的测定

（1）配置 50 mL 0.5M 的 $NaNO_3$ 溶液，通过气溶胶发生器将溶液雾化成尺度为 1~5 μm 的气溶胶，将其附着在样品池的基底上（异相成核直接用 ZnSe 基底，均相成核将 ZnSe 浸泡在十八烷基硫醇的丙酮溶液中 3 h，然后自然晾干即可），用 PE 膜封好样品池。

（2）将样品池固定于显微镜载物台上，打开光学显微镜，物镜选为 100×，目镜选为 10×。调节显微镜焦距，移动光学平台选取合适位置，以确保能清晰观察到液滴风化全过程。

（3）打开氮气瓶，调节质量流量计。先全部通湿氮气（水蒸气饱和的氮气），将样品池内湿度升到最高，保持稳定 30 min，这样可以保证里面气溶胶溶液完全是液态。观察并记录气溶胶的状态、形貌。

（4）更改干湿氮气流速比，使干氮气所占比例不断增大。样品池内相对湿度每次大约下降 10%，在每个相对湿度下停留足够长时间（30 min），使液滴与周围环境相对湿度达到平衡。阶梯式降低相对湿度直至最后全部通入干氮气。用显微镜观察多个液滴的变化，并且用计算机记录不同湿度的液滴形貌。随着相对湿度的降低会看到液滴不断蒸发失水，直至某一个相对湿度突然变暗，形貌发生明显变化，即发生了风化结晶。继续降低湿度，直至视野内的液滴都风化结晶为止。

(5) 改变相对湿度,使样品完全潮解至最初液体状态,按上述步骤重复一次实验。

2) 气溶胶晶体生长速率的测定

(1) 用注射器向 ZnSe 基底上注射尺度约 100 μm 的液滴,封好样品池。

(2) 调整干湿氮气的比例,使相对湿度阶梯式下降。用摄像仪拍摄单液滴的风化结晶过程。

(3) 重复一次实验。

(4) 实验结束后,关闭氮气瓶、质量流量计、显微成像系统和高速摄像仪。

5 数据记录及处理

(1) 统计并记录结晶前液滴的初始数目 N_{RH},根据显微镜的放大倍数,标出液滴的平均半径 r,液滴近似按照球形处理,根据公式 $V = \frac{4}{3}\pi r^3$ 计算出一个液滴的体积。

(2) 记录不同时间 t 时刻对应的湿度 RH,以及时间段 dt 内结晶的液滴数目 $d(N_{RH})$。

(3) 根据微分结晶率的计算公式,计算出不同时间的微分结晶率。

(4) 以时间为横坐标,微分结晶率和相对湿度为纵坐标得出微分结晶率、相对湿度与时间的变化关系。

(5) 根据气溶胶均相成核速率公式 $J = -\frac{1}{V \times N_{RH}} \frac{d(N_{RH})}{dt}$ 计算 $NaNO_3$ 的成核速率。

(6) 以气溶胶成核速率 J 的自然对数 $\ln J$ 为纵坐标,相对湿度 RH% 为横坐标作图。

(7) 利用 ImageJ 软件测量晶体不同时刻下的表面积和相对灰度比。以时间为横坐标,体积为纵坐标作图。用 Origin 软件对数据点进行线性拟合,得出气溶胶成长速率方程。

6 思考题

(1) 气溶胶的液滴大小受哪些因素影响?

(2) 相对湿度的变化速率不同,是否影响气溶胶的成核速率?

(3) 气溶胶的液滴大小不一样,其结晶快慢有什么不同?

C31 气溶胶潮解点的测量

1 实验目的及要求

(1) 学习气溶胶潮解机理,测量气溶胶的潮解点。

(2) 掌握红外光谱仪的使用。

2 实验原理

气溶胶是指分散在大气中的液体或固体颗粒。通常我们常说的 PM2.5 就是指颗粒直径小于 2.5 μm 的气溶胶颗粒。无机盐气溶胶具有较强的吸湿性,即当空气的相对湿度(RH)增加时,气溶胶颗粒常常表现出很强的吸水现象。

根据热力学基本原理，物质发生相转移时，总是向化学势减小的方向进行。对于气溶胶体系而言，溶液相的化学势随着相对湿度的增加逐渐减小。当溶液相的化学势减小到等于固体的化学势时，固体气溶胶颗粒发生快速而大量的吸水形成液滴，这就是气溶胶的潮解现象，对应的相对湿度称为潮解点（DRH）。图 C31.1 示出了溶液相和固体的化学势随湿度的变化曲线。

在潮解点，蒸气相中的水和气溶胶液滴中的水相互平衡：

$$H_2O(g) \rightleftharpoons H_2O(aq)$$

即：
$$\mu_{H_2O}(g) = \mu_{H_2O}(aq) \tag{C31.1}$$

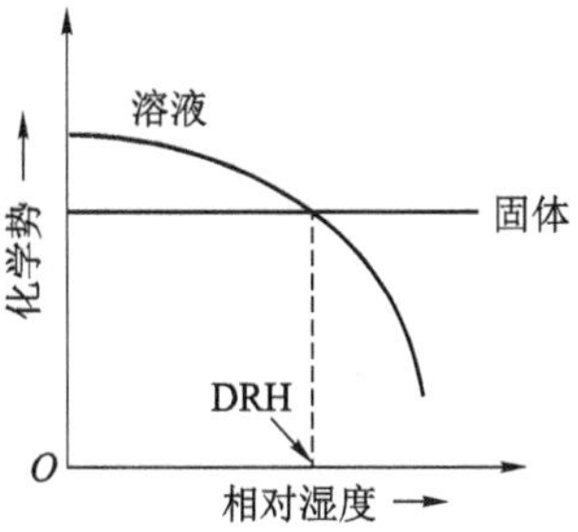

图 C31.1 溶液相和固体的化学势随湿度的变化曲线

根据液相水和气相水的化学势计算公式：

$$\mu_{H_2O}^0 + RT\ln P_w = \mu_{H_2O}^* + RT\ln a_w \tag{C31.2}$$

式中，$\mu_{H_2O}^0$ 和 $\mu_{H_2O}^*$ 分别表示气相水和液态水的标准态化学势；P_w 表示水的蒸气压；a_w 表示水的活度。对纯水，$a_w = 1$，$P_w = P_w^0$，P_w^0 表示给定温度下水的饱和蒸气压，因此：

$$\mu_{H_2O}^* - \mu_{H_2O}^0 = RT\ln P_w^0 \tag{C31.3}$$

联立式（C31.2）和式（C31.3），可以得出水的活度和相对湿度（RH）之间的关系：

$$a_w = \frac{P_w}{P_w^0} = \frac{RH}{100\%} \tag{C31.4}$$

即：$RH = \frac{P_w}{P_w^0} \times 100\%$，所以潮解点 DRH 的测定就是测定饱和溶液中水的活度，即：

$$a_{ws} = \frac{DRH}{100} \tag{C31.5}$$

要测定气溶胶的潮解点，需要一种能够精确测量气溶胶颗粒中水含量的技术手段，本实验中，运用红外光谱衰减全反射技术测定气溶胶中水的含量。液态水的 O—H 伸缩振动出现在约 3 400 cm^{-1} 处，吸收峰的位置根据气溶胶的成分不同通常会发生一些位移。当相对湿度低于潮解点时，光谱中不会出现这个吸收峰的信号。因此根据红外光谱中液态水的 O—H 伸缩振动的吸收峰强度，可以测定气溶胶的潮解点。

实验装置如图 C31.2 所示。

3　仪器与试剂

傅里叶变换红外光谱（Magna 560 FTIR）　　湿度计
质量流量计　　真空泵
氮气瓶　　气溶胶发生器
ZnSe 基片　　NaCl（分析纯）

4　实验步骤

（1）打开红外光谱仪主机和计算机开关，仪器稳定约 30 min。

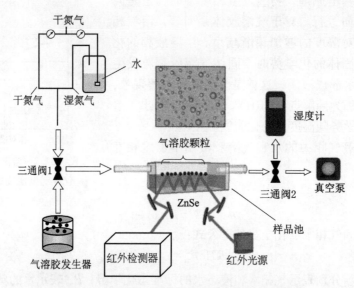

图 C31.2　用于确定气溶胶潮解点的红外光谱技术

(2) 打开 MCT 红外检测器的套管盖,加入液氮,一直到加满。
(3) 双击打开桌面计算机的 Omnic 应用程序。
(4) 设置测量参数,扫描次数设为"32",分辨率设为"4"。
(5) 稳定 1 h 后,单击工具栏中的 Collect Background,收集背景谱图。
(6) 配置 50 mL 0.5 M 的 NaCl 溶液。
(7) 将 NaCl 溶液加入到气溶胶发生器中,开启气溶胶发生器。调节三通阀 1 使得气溶胶发生器与样品池连通,与氮气系统不通;调节三通阀 2 使得样品池与真空泵连通,与湿度计不通,打开真空泵。
(8) 单击工具栏中的 Collect Sample,收集样品光谱图,当水峰的吸收强度达到约 0.5 时,关闭气溶胶发生器。
(9) 继续抽真空,直到水峰吸收强度降到 0 为止。旋转三通阀 1,使得样品池与氮气管连通,与气溶胶发生器不通;旋转三通阀 2,使得样品池与湿度计连通,与真空泵不通。关闭真空泵。
(10) 通过质量流量计调节干氮气和湿氮气的流量,通过湿度计监测,让 RH 缓慢上升,同步进行红外光谱扫描。
(11) 当 RH 达到 90% 以上时,停止实验。关闭氮气,停止红外测试,保存红外光谱数据。关闭测试窗口,退出程序,关闭仪器主机电源。清洗 ZnSe 基片。
(12) 用 U 盘拷贝光谱数据文件和湿度数据文件。关闭计算机。

5　数据处理

(1) 拷贝的数据文件用 Origin 或 Excel 软件作图。
(2) 运用积分软件对 2 800~3 600 cm^{-1} 范围的吸收峰进行积分。
(3) 记录积分值,以积分值为纵坐标,相对湿度为横坐标作图,如图 C31.3 所示,确定潮解点。

6 注意事项

(1) 调节 RH 时要小心旋转质量流量计，尽量使 RH 缓慢上升。

(2) 气溶胶的量不要太多，否则容易成膜。

7 思考题

(1) NaCl 溶液的浓度对结果是否有影响？

(2) 如果温度不一样，测定的潮解点是否一样，为什么？

(3) 实验装置中，如果将湿度计放在样品池的前面，对测定结果是否会有影响？为什么？

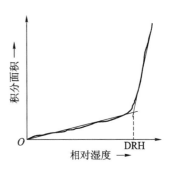

图 C31.3　O—H 伸缩振动吸收峰的积分面积随 RH 的变化关系（图中的交点对应的 RH 即是气溶胶的潮解点）

C32　胶态 $MgSO_4$ 液滴中水分子扩散系数的共焦拉曼测量

1 实验目的及要求

(1) 学习掌握拉曼光谱学基本原理和共焦拉曼的测试技能。

(2) 理解和掌握爱因斯坦扩散方程：$D=X^2/2t$。

(3) 学习掌握疏水基底上球形液滴表面和球心两次聚焦技能。

2 实验原理

1) 疏水基底上的液滴

在疏水基底上，直径在 20~50 μm 范围的液滴几乎是完美的球形，是模拟气溶胶化学物理过程的理想模型，$MgSO_4$ 液滴在相对湿度低于 40% 环境中，会形成胶态结构，水在液滴中的传质过程受阻，在恒定湿度下（如 20%），由于胶态结构先在表面形成，表面的含水量低于内部球心位置的含水量，水分子会由内部向表面扩散，扩散系数可以由爱因斯坦方程 $D=X^2/2t$ 估算。X 是液滴的半径，t 为水由球心位置扩散到表面需要的时间。如果经过时间 t 秒，球心位置的含水量和表面含水量一致，说明水分子平均自由程刚好为液滴的半径 X。就能得到扩散系数 D。

2) 激光在表面和中心位置的两次完美聚焦

如图 C32.1 所示，激光可以实现两次完美聚焦，第一次聚焦在表面，因此可以测量表面的化学组成（浓度），第二次聚焦在球心位置，可以测量球心的浓度，两次聚焦的行程就是液滴的半径。表面浓度和球心浓度，可以用 2 800~4 000 cm^{-1} 的 H_2O 拉曼峰面积与 SO_4^{2-} 对称伸缩振动峰（v_1-SO_4^{2-}）面积比求得，浓度对时间做曲线，得到图 C32.2 的结果。当表面与球心位置的浓度相等时，时间差 t 就对应水分子行程为半径 X 的扩散时间。

激光在球形液滴不同深度的聚焦情况。图 C32.1（a）为激光聚焦在球形液滴上表面，第一次完美聚焦，可提供表面化学组成信息；图 C32.1（b）为激光穿过液滴上表面聚焦在

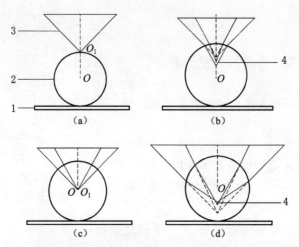

图 C32.1　激光在表面和中心位置的两次聚焦
1—疏水基底；2—球形液滴；3—激光光束；
4—深线条表示激光聚焦在液滴球心上下方时激光焦点的发散情况

液滴球心上方，由于表面折射不再聚焦，导致光斑变大；图 C32.1（c）为激光聚焦在液滴的球心处，第二次完美聚焦，能提供球心位置化学组成信息；图 C32.1（d）为激光聚集在液滴球心的下方，光斑再次变散。

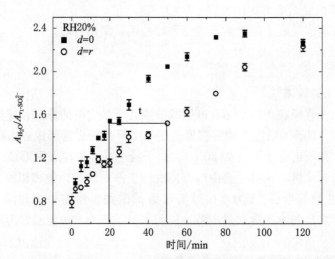

图 C32.2　$MgSO_4$ 液滴在 RH 降至 20% 时表面和球心处 $A_{H_2O}/A_{v_1\text{-}SO_4^{2-}}$ 随时间变化曲线

3）共焦拉曼光谱研究基底上气溶胶单微粒方法的建立
（1）共焦拉曼光谱成像分析。

传统的光学显微镜是整个视场同时被照明而成像的，而共焦显微镜则采用了点照明、点成像以及计算机重组成像的技术手段。照明光束经小孔照明光阑（D_1）而成为点光源。点光源的光束通过显微镜后，成像为一个具有鲜明轮廓的光斑，照射在样品上，光斑在横向（与光轴垂直的方向）以及纵向（沿光轴方向）的界限都是清晰而集中的。在透射共焦系统中,光斑产生的像(或相应的红外辐射或拉曼散射)通过透镜,成像于像平面上。像平面放置一小孔光阑(D_2),起到空间滤波的作用,即它只让照明光斑的像通过,小孔光阑后放置检测器。在反射共焦系统中,光斑产生的像反向经显微物镜偏转,到达小孔探测光阑 D_2,然后被检测。

需要强调的是,小孔探测光阑 D_2 与照明光阑 D_1 通过物平面上的光点构成一对共轭光阑。它们大大消除了来自样品聚焦区域之外的杂散光,提高了系统的空间分辨率。一方面,从横向(即样品的表面)来看,光斑很小,因此分析的分辨率较高;另一方面,从纵向来看,到达检测器的绝大部分信号均来自焦平面的极小薄层,因而共焦系统具有"光学切片"的功能,当样品做三维运动时,则可得到样品的三维空间信息。如果做通常的透射分析,得到的是样品所有深度的物质的混合信息,而用共焦分析则可得到只是某特定深度薄层上物质的信息。

由于共焦系统具有灵敏的空间分辨能力,可以检测到气溶胶颗粒表面及内部不同位置的拉曼光谱,为分析颗粒的不均匀性提供了分子水平上的结构信息。

(2) 共焦拉曼光谱研究基底上气溶胶单微粒方法的实验装置。

如前所述,尽管 EDB 技术是研究过饱和液滴的有效方法之一,但是由于悬浮的液滴呈球形,形态共振会对拉曼信号产生很大的干扰,从而限制了对其进行更深入的研究。本实验使用一套在石英基底上制备过饱和气溶胶液滴的新方法。此方法与共焦拉曼光谱仪相结合,能够获得过饱和气溶胶液滴高信噪比的拉曼光谱。同时,通过共焦拉曼系统中的高倍显微镜,能够实时观测不同湿度下气溶胶颗粒的形貌特征。实验装置包括样品池、湿度调节装置和共焦拉曼检测系统,如图 B10.2 所示。

气溶胶液滴的制备以及湿度的调节:用注射器吸取少量具有特定浓度的溶液,注射多个液滴到石英基底上。将石英基底置于样品池的底部。制样后,用透明聚乙烯(PE)膜将样品池密封。样品池的一端与湿度调节装置相连,通过调节干燥的氮气流和水蒸气饱和的氮气流的流量来获得期望的相对湿度。混合氮气流从样品池的另一端进入与之相连的温湿度检测室。温湿度检测室由一个容积约为 200 mL 的塑料容器制成,气体从气流入口流入,由气流出口排出。温湿度计的探头处于检测室内部,可以实时检测样品池内气溶胶液滴周围的温度和湿度。温湿度计的型号为 Centertek Center 310,准确度为:±2.5% RH,±0.7 ℃。

拉曼光谱测量:本实验所采用的共焦拉曼光谱仪详见本书 B10 部分。实验参数设置为:

输出功率(Output Power):20 mW;

光谱扫描范围(Spectral Range):200~4 000 cm^{-1};

分辨率(Resolution):1 cm^{-1};

曝光时间(Exposure Time):10 s;

扫描次数(Accumulation):5;

温度(Temperature):22 ℃~24 ℃。

4)共焦拉曼光谱研究基底上气溶胶单微粒方法的有效性

利用 EDB-Raman 技术研究大气气溶胶时,由于液滴悬浮于空中,避免了异相成核,所以能够达到很高的过饱和度。本实验中,由于气溶胶液滴沉积在基底上,异相成核不可避免。因而，能否得到过饱和液滴以及所能达到的过饱和程度就成为使用本装置首先需要考虑的问题。很多研究表明，对于典型尺寸的大气气溶胶液滴，即使其内部存在固体结晶核，仍可达到不同程度的过饱和，过饱和程度与固体结晶核的种类和大小密切相关。基于这些研究，将气溶胶液滴沉积到基底上，通过缓慢降低周围的相对湿度，观察其过饱和现象是完全可行的。以前所做的相关工作也证实了该方法的有效性。例如，沉积在石英基底上的 $MgSO_4$ 液滴，即使湿度为 4% 时，仍没有观察到晶体的出现，为分析其中的离子对创造了有利的条件。而对于 $NaNO_3$ 的研究，发现液滴在湿度为 29.5% 时仍没有结晶，此时液滴中水质摩尔比为 1.0，表示液滴已经达到了极度的过饱和。

以往的理论和实验发现，对于直径大于 50 nm（最好是 100 nm）的气溶胶颗粒，Kelvin 效应（曲率对蒸气压的影响）可以忽略不计。EDB 实验中测量的气溶胶颗粒直径一般都在数微米甚至数十微米之上，Kelvin 效应可以完全忽略不计；本实验中气溶胶颗粒粒径一般都在 10 μm 以上，更是无须考虑 Kelvin 效应的影响。所以，同一相对湿度下，液滴与其周围环境达到平衡之后，本实验中测量的气溶胶颗粒和 EDB 测量的气溶胶颗粒具有完全相同的化学组成。

研究发现，通过收集 CCD 检测器不同行上的信号，EDB-Raman 技术能够得到悬浮液滴在入射光方向不同位置上的信息，从而实现一定的空间分辨。例如，通过拉曼二维图像，Zhang 等人发现 $Mg(NO_3)_2$ 液滴在高浓度时存在结构上的差异，形成了核-壳结构，而在低浓度时液滴内部是均匀的。但是，EDB 对于液滴内相分离的检测是无能为力的，因为检测器收集的是整个液滴的信号。本实验中所使用的共焦拉曼光谱仪其激光光斑只有 1 μm，借助于高倍的显微装置，不但能够清楚地观察到相分离发生时液滴形态的变化，而且能够确定相分离发生后不同相态的化学组成。

另外，本实验中，气溶胶颗粒沉积在石英基底上，进行拉曼测量时，激光穿过一层 PE 膜后照射到样品上。因此，需要考虑石英基底和 PE 膜对样品拉曼光谱的干扰。由于测量时，通常选用显微镜 50× 的镜头，PE 膜紧贴镜头而不是位于其焦点处，因此，PE 膜的信号几乎观察不到。石英基底在约 790 cm^{-1} 处（图 C32.3 星号处）有比较明显的信号，但是共焦拉曼系统具有灵敏的空间分辨能力，所收集的拉曼信号主要来自于激光焦点处的物质。如图 C32.3 所示，对于高湿度下的硫酸铵气溶胶液滴及其固体颗粒，几乎观察不到石英基底

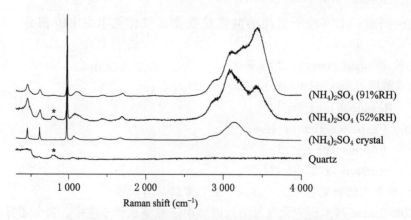

图 C32.3　石英基底在 Raman 光谱检测中的微弱干扰

的 Raman 信号。在低湿度下，由于液滴较小且比较薄，石英基底会对液滴的 Raman 光谱产生一定的干扰，但是对于硫酸盐系统而言，这种干扰基本上不会影响对样品谱带的分析。在本实验中，通常选取较大的液滴进行测量，可以得到高信噪比的 Raman 光谱，同时可以忽略石英基底和 PE 膜对气溶胶颗粒 Raman 光谱的干扰。

5) 共焦拉曼光谱研究基底上气溶胶单微粒方法的优点

(1) 沉积在石英基底上的气溶胶液滴呈半椭球形，可以消除电动态平衡技术中经常遇到的形态共振的影响，从而更准确地分辨由离子间相互作用的变化而引起的拉曼光谱的细小变化。

(2) 与 FTIR-AFT 技术相比，能够有效地避免水蒸气对光谱的干扰，得到高质量的 O—H 伸缩振动光谱，从而能够对过饱和液滴中水的结构进行详细的分析。

(3) 共焦拉曼和 Leica 显微镜相结合，使其具有高度的空间分辨能力，不仅可以清晰地观察气溶胶颗粒在潮解和风化过程中形态随相对湿度的变化，从而准确地判断相变的发生，而且还能够根据高质量的光谱确定相变发生后不同相态的组成。

3 仪器与试剂

湿度控制和测量装置　　　　　　　　共焦拉曼光谱仪
分析纯 $MgSO_4$

4 实验步骤

1) $MgSO_4$ 胶态液滴的制备和显微镜观测

用来制备 $MgSO_4$ 液滴的溶液由固体 $MgSO_4 \cdot 7H_2O$（分析纯）与三次蒸馏水配制而成，浓度为 $0.5 \text{ mol} \cdot \text{dm}^{-3}$；$MgSO_4$ 球形液滴的制备用微量注射器喷射在聚四氟乙烯基底上，利用共焦光谱仪的显微镜，采用 50× 物镜观察，寻找合适尺寸和形状的液滴，作为测量对象。

2) 两次聚焦方法测量表面和球心的拉曼光谱

共焦拉曼技术应用在深度扫描过程中，激光激发的信号强度以及空间分辨能力会随着扫描深度的不同发生明显变化。考虑到 Raman 光谱的信号质量，以及拉曼平台的步进距离（Δd_{min} 为 1 μm）等因素，在研究不同 RH 下 $MgSO_4$ 液滴胶态结构表面和内部的结构差异时，选用半径较大的球形液滴（半径为 $20\sim 50 \text{ μm}$）进行测量，同时深度扫描的范围限定在液滴上表面至球心之间的距离，调整三维平台上下移动位置，平台纵向移动步长为 2 μm，能够观测到激光在表面和球心处有两次完美聚焦的情形。如图 C32.4 所示，第一张图是光学显微镜观察到的半径为 42 μm 的液滴，其他图像为激光由表及里聚焦过程中的图像，可以看到光斑由表面聚焦、光斑发散到第二次球心聚焦的过程。

把液滴铺展到聚四氟乙烯基底上以后，通过显微镜找到合适的液滴，然后利用湿度控制装置，控制相对湿度恒定在 20%，记录时间，并测量表面和球心的拉曼光谱，利用水峰和 SO_4^{2-} 对称伸缩振动峰面积比，求得表面和球心位置水的浓度随时间变化的数据。

5 数据记录及处理

(1) 根据水峰面积和硫酸根峰面积的计算结果，求出 $MgSO_4$ 液滴表面和中心位置面积比 $A_{H_2O}/A_{SO_4^{2-}}$ 随时间的变化曲线。

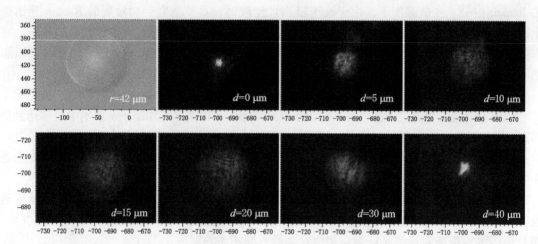

图 C32.4　半径为 42 μm 的球形液滴，激光焦点随平台移动距离 d 变化的示意图

（2）确定液滴的半径，当表面和中心位置的比值相等时，确定延迟时间。利用爱因斯坦公式确定扩散系数。

（3）分析相对湿度、液滴半径对扩散系数的影响。

（4）981 cm^{-1} 峰强对应于自由硫酸根离子的浓度，1 100 cm^{-1} 峰强对应于胶态结构的浓度，$I_{1\,100}/I_{981}$ 表示凝胶度。计算表面和中心位置凝胶度随时间的变化曲线。

6　注意事项

（1）注意激光防护。

（2）注意氮气瓶使用安全。

7　思考题

（1）液滴半径是如何影响扩散系数的？

（2）凝胶度是如何影响扩散系数的？

C33　荧光分析

1　实验目的及要求

（1）了解荧光光谱的基本原理。

（2）了解荧光光谱仪（RF-5301PC）的结构原理与使用方法。

（3）测量分析邻-羟基苯甲酸、间-羟基苯甲酸荧光光谱，测定邻-羟基苯甲酸含量。

2　实验原理

1）荧光光谱

物质的分子吸收了辐射能成为激发分子，当它由激发态再回到基态时发射光，以辐射能的形式释放能量，这种发光方式称为光致发光。分子荧光是常见的光致发光。

当分子处于基态最低振动能级时，基态分子中偶数电子成对地存在各分子轨道中，同一轨道中两电子自旋方向相反，净电子自旋为零（$S=0$），多重态 $M=1(M=2S+1)$，称为基态单重态，以 S_0 表示。当基态分子中的一个电子被激发至较高能级的激发态时，若仍是 $S=0$，这种激发态称为激发单重态。第一、第二激发单重态分别以 S_1、S_2 表示。若电子平行自旋（$S=1$），多重态 $M=3$，这种激发态称为激发三重态，以 T_1、T_2 表示。当处于分子基态单重态的一个电子被激发时，通常跃迁至第一激发单重态的能级轨道上，也可能跃迁至能级更高的单重态上。如果跃迁至第一激发三重态轨道上，则属于禁阻跃迁。

在室温下大多数分子处于基态的最低振动能级，当其吸收了和它所具有的特征频率相一致的电磁辐射后，可以跃迁至第一（或第二）激发单重态中各个不同振动能级和各个不同转动能级，产生对光的吸收。处于激发态的分子，通过无辐射去活，将多余的能量转移给其他分子，急剧降落至第一激发单重态的最低振动能级。然后再以发射辐射的形式去活，跃迁回至基态各振动能级，发射出荧光。

通常第一激发三重态的一个振动能级几乎与第一激发单重态的最低振动能级的能量相同。由第一激发重态的最低振动能级，有可能通过系间窜跃跃迁至第一激发三重态，再经过振动弛豫，转至其最低振动能级。由此激发态跃迁回至基态时，发射出磷光，如图 C33.1 所示。

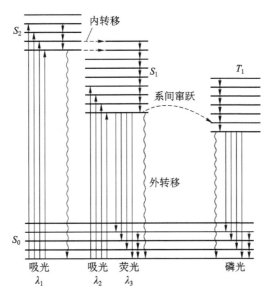

图 C33.1　荧光光谱基本原理

荧光是光致发光，必须有激发光。若固定荧光的发射光波长（通常为最大发射波长），改变激发波长，所测得的荧光强度与激发光波长的关系，称为激发光谱曲线。由激发光谱曲线可得到最大激发波长 λ_{ex}^{max}。如果固定激发光波长为最大激发波长，测定不同发射波长时的荧光强度，称为荧光发射光谱曲线，由发射光谱曲线可得最大发射波长 λ_{em}^{max}。

在溶液荧光光谱中，荧光的发射光的波长总是大于激发光的波长，说明在激发与发射之间存在一定的能量损失。

荧光是分子由第一激发单重态的最低振动能级跃迁回至基态各振动能级时产生的，而与分子被激发至哪一个能级无关，因此，荧光光谱的形状与激发光的波长无关。

荧光发射光谱与吸收光谱之间存在镜像对称关系。原因之一是，在通常情况下，荧光激发光谱是激发分子从第一激发单重态的最低振动能级辐射跃迁至基态的各个不同振动能级所产生的，所以荧光激发光谱的形状与基态中振动能级的分布（能量间隔）情况有关；吸收光谱中第一吸收带的形成是由于基态分子被激发到第一激发单重态的各个不同振动能级所产生的，基态分子通常处于最低振动能级，第一吸收带的形状与第一激发单重态中振动能级的分布有关。一般情况下，基态和第一激发单重态中振动能级的分布情况是相同的。

物质是否发射荧光、荧光强度的大小，与其分子结构和所处化学环境有关。

荧光物质在低浓度且激发光强度一定时，荧光强度与荧光物质的浓度呈线性关系。

$$I_F = Kc \tag{C33.1}$$

荧光分析法灵敏度较高。但是，在检测荧光信号时，荧光信号可能不是产生自我们所希望检测的荧光体，而是可能来自溶剂的背景荧光干扰、仪器的漏光、混浊溶液的散射光、瑞利散射和拉曼散射。另外，仪器也存在问题，例如光源输出不一致、单色器和光电转换斜率与波长有关，荧光偏振和各向异性也可影响荧光强度的测量。在进行荧光测量分析时，必须了解和控制这些因素，根据需要确定是否进行校正。

2）羟基苯甲酸的荧光光谱

邻-羟基苯甲酸（水杨酸）与间-羟基苯甲酸分子组成相同，均含有一个能发射荧光的苯环，但因其取代基的位置不同而具有不同的荧光性质。

在 pH=12 的碱性溶液中，二者在 310 nm 附近紫外光的激发下，均会发射荧光。

在 pH=5.5 的近中性溶液中，间-羟基苯甲酸不发荧光，邻-羟基苯甲酸因为分子内形成氢键，增加分子刚性而有较强荧光，且其荧光强度与 pH=12 时相同。

对-羟基苯甲酸在上述情况下均不发射荧光。

邻-羟基苯甲酸与间-羟基苯甲酸的浓度在 0~12 μg/mL 范围内均与其荧光强度有良好的线性关系。在邻、间、对-羟基苯甲酸共存时，可定量分析邻-羟基苯甲酸和间-羟基苯甲酸的含量。在 pH=5.5 时，测定混合物中邻-羟基苯甲酸的含量；另取同样量的混合物溶液，在 pH=12 时测定其荧光强度，减去 pH=5.5 时的荧光强度，求出间-羟基苯甲酸的含量。

3 仪器与试剂

RF-5301PC 荧光光谱仪（详见本书 B 实验技术与仪器部分）

邻-羟基苯甲酸	间-羟基苯甲酸
冰醋酸	醋酸钠
氢氧化钠	

4 实验步骤

（1）预习了解荧光光谱的基本原理与基本概念。

（2）预习了解 RF-5301PC 荧光光谱仪的使用方法与仪器软件操作界面。

（3）配制缓冲溶液（pH=5.5）：取 NaAc 47 g 和冰醋酸 6 g 溶于水并稀释至 1 L。

（4）配制 NaOH 溶液（0.1 mol/L）：取 NaOH 溶于水并稀释至 1 L。

（5）配制样品溶液，如表 C33.1 所示。

表 C33.1　样品溶液

编号	体积 /L	缓冲溶液 (pH=5.5)/mL	NaOH 溶液 (0.1 mol·L^{-1})/mL	邻-羟基苯甲酸 /mg	间-羟基苯甲酸 /mg
1	1		120	12	
2	1		120		12
3	1	100		12	
4	1	100			12
5（标准）	1	100		10	
6（待测）	1	100		<10	

(6) 接通荧光光谱仪主机电源，接通氙灯电源。

(7) 在微机上启动荧光光谱仪软件。

(8) 使用"光谱测量"功能，在"Acquire Mode"菜单下选择"Spectrum"。

(9) 分别使用 1~4 号样品溶液，测定每个样品溶液的激发光谱和发射光谱。

(10) 将待测样品溶液加入到样品池中（注意：石英比色皿价格较贵，小心使用），放入样品池架，关好样品仓盖。

(11) 测定激发光谱。在"Configure"菜单下选择"Parameters"，在弹出的对话框中，设置：

Spectrum Type：Excitation　　　　EM Wavelength：400 nm
EX Wavelength Range：250~350 nm　Scaning Speed：Medium
Slit Width：EX 5 nm，EM 5 nm　　Sensitivity：Low
Response Time：Auto

按"Start"按钮，观察激发光谱。扫描结束后取文件名保存数据。

(12) 测定发射光谱：在"Acquire Mode"菜单下选择"Spectrum"，在"Configure"菜单下选择"Parameters"，在弹出的对话框中，设置：

Spectrum Type：Emission　　　　EX Wavelength：λ_{ex}^{max}
EM Wavelength Range：350~500 nm　Scaning Speed：Medium
Slit Width：EX 5 nm，EM 5 nm　　Sensitivity：Low
Response Time：Auto

按"Start"按钮，观察发射光谱。扫描结束后取文件名保存数据。

(13) 4 个样品溶液测量完成后，将激发光谱和发射光谱打印输出。通过菜单"Presentation"→"Plot"设置页面格式。也可通过菜单"Manipulate"→"Data Print"将数据复制粘贴到其他软件中，绘图编辑输出。

(14) 定量分析：在"Acquire Mode"菜单下选择"Quantitative"；在"Parameters"对话框中，选择"Single Point Working Curve"，此法假设线性方程（$Y=mX+b$）通过原点（$b=0$），斜率 m 由一个标准溶液确定。设置相应参数。

(15) 放入 5 号溶液，按"Standard"按钮，按"Read"按钮。

(16）放入 6 号溶液，按"Unknown"按钮，按"Read"按钮，读取待测试样的浓度值。

5　数据处理与分析

（1）根据获得的激发光谱和荧光光谱，判断邻-羟基苯甲酸和间-羟基苯甲酸的 λ_{ex}^{max} 和 λ_{em}^{max}。

（2）计算定量分析误差，分析误差来源。

6　注意事项

（1）不要用手指触摸高压氙灯外套，以免残留的指纹油污焦化，导致氙灯失效。不要敲碰氙灯，以免爆裂。更换氙灯时戴防护眼镜和手套。在不使用光源时，随时关闭仪器主机上的氙灯电源。

（2）样品池为石英材料，小心使用。

7　思考题

本实验定量分析时，采用单个标准溶液法与多个标准溶液法，各有何特点？

C34　磁化率的测量

1　实验目的及要求

（1）掌握古埃法测量物质磁化率的原理和实验方法。
（2）测量几种络合物的磁化率，推算未成对电子数，判断各络合物分子的配键类型。
（3）了解磁天平的原理与测量方法。

2　实验原理

1）磁化率

物质在外磁场的作用下，会被磁化并感应产生附加磁场，其磁感应强度 B' 与外磁场强度 B_0 之和，即为该物质内部的磁感应强度 B：

$$B = B_0 + B' \tag{C34.1}$$

B' 与 B_0 方向相同时称为顺磁性物质，方向相反时则称为反磁性物质。还有一类物质如铁、钴、镍及其合金，B' 比 B 大得多，B'/B 高达 10^4，而且附加磁场在外磁场消失后并不立即消失，呈现出滞后现象，这类物质称为铁磁性物质。

物质被磁化的性质可用磁化强度 M 来描述，磁化强度 M 与磁感应强度 B' 间的关系为：$B' = 4\pi M$。对于非铁磁性物质，M 与外磁场强度 B 成正比，即：

$$M = \chi B \tag{C34.2}$$

式中，χ 定义为物质的单位体积磁化率，是对物质宏观磁性质的描述。在化学中常用单位质量磁化率 χ_m 和摩尔磁化率 χ_M 表示物质的磁性质，χ_m 和 χ_M 的定义是：

$$\chi_m = \chi/\rho \tag{C34.3}$$

$$\chi_M = M\chi/\rho \tag{C34.4}$$

式中，ρ 为物质的密度；M 为物质的摩尔质量；χ_m 的单位为 $m^3 \cdot kg^{-1}$；χ_M 的单位为 $m^3 \cdot mol^{-1}$。

2) 分子磁矩 μ_m 与磁化率 χ_M

物质的磁性与其分子、原子或离子内部的电子轨道运动有关。对于反磁性物质，处于分子或原子中的电子自旋均已配对，不具有永久磁矩。但是在外磁场作用下，电子的轨道运动会产生拉摩进动，感应出一个与外磁场方向相反的诱导磁矩，因而称为反磁性。其磁化强度与外磁场强度成正比，并随着外磁场作用的消失而消失。摩尔磁化率 χ_M 称为反磁化率，其值 $\chi_M < 0$。

在顺磁性物质中，分子或原子中存在自旋未配对电子，所以本身具有永久磁矩。在外磁场作用下，永久磁矩顺着外磁场方向排列，即磁化方向与外磁场相同，表现为顺磁性，且磁化强度与外磁场强度成正比；而与此同时，物质内部的电子轨道运动也会产生拉摩进动，感应出一个与外磁场方向相反的诱导磁矩。因此，顺磁性物质在外磁场存在时所具有的附加磁场是上述两种作用的总结果。其摩尔磁化率 χ_M 等于摩尔顺磁化率与摩尔反磁化率之和，即：

$$\chi_M = \chi_{顺} + \chi_{反} \tag{C34.5}$$

式中，$\chi_{顺} > 0$，$\chi_{反} < 0$，但通常由于 $\chi_{顺} \gg |\chi_{反}|$，所以这类物质总表现为顺磁性，即 $\chi_M > 0$。

其中，摩尔顺磁化率 $\chi_{顺}$ 与分子永久磁矩 μ_m 有关，在不考虑分子之间的相互作用时，以统计力学的方法推导得出的定量关系为：

$$\chi_{顺} = \frac{N_A \mu_m^2}{3kT} \tag{C34.6}$$

式中，N_A 为阿佛伽德罗（Avogadro）常数；k 为玻尔兹曼（Boltzmann）常数；T 为热力学温度；μ_m 为分子永久磁矩。其中，物质的摩尔顺磁化率与热力学温度成反比这一定量结果，首先由居里（Curie P）在实验中得出，因此，式（C34.6）也称为居里定律。而物质的摩尔反磁化率 $\chi_{反}$ 是由诱导磁矩产生，其数值与温度无关。由此可得顺磁性物质的摩尔磁化率与磁矩和温度的关系为：

$$\chi_M = \chi_{顺} = \frac{N_A \mu_m^2}{3kT} + \chi_{反} \tag{C34.7}$$

由于 $\chi_{反}$ 不随温度变化（或变化极小），所以只要测定不同温度下的 χ_M 对 $1/T$ 作图，截距即为 $\chi_{反}$，由斜率可求得永久磁矩 μ_m。由于 $\chi_{顺} \gg |\chi_{反}|$，所以在不很精确的测量中可忽略 $\chi_{反}$，作近似处理得：

$$\chi_M = \chi_{顺} = \frac{N_A \mu_m^2}{3kT} \tag{C34.8}$$

物质的顺磁性与其内部电子的自旋状态密切相关。只有在分子、原子及离子中存在未成对电子时，才能在外磁场的作用下，产生永久磁矩 μ_m，所产生的 μ_m 与未成对电子数 n 的关系为：

$$\mu_m = \mu_B \sqrt{n(n+2)} \tag{C34.9}$$

式中，μ_B 称为玻尔（Bohr）磁子，其物理意义是：单个自由电子自旋所产生的磁矩。

3) 磁化率与分子结构

式（C34.6）将物质的宏观性质摩尔磁化率 χ_M 与微观性质永久磁矩 μ_m 相联系。由实验

测定物质的 χ_M，根据式（C34.8）可求得 μ_m，进而由式（C34.9）计算未成对电子数 n。这些结果可用于研究分子、原子或离子的电子结构，判断络合物分子的配键类型。

络合物一般分为电价络合物和共价络合物。电价络合物是指在形成络合物时，络合物中心离子的电子结构不受配位体的影响，基本上保持自由离子的电子结构，靠静电库仑力与配位体结合，以电价配键形成络合物。在电价络合物中，含有较多的自旋方向平行的电子，属于高自旋配位化合物。共价络合物则以中心离子的空的价电子轨道接受配位体的孤对电子，形成共价配键。共价络合物在形成过程中，中心离子为了尽可能多地成键，往往会发生自身电子的重排，以腾出更多的空轨道来接受配位体提供的电子对，因而自旋平行的电子相对减少，属于低自旋配位化合物。例如 Co^{3+} 在自由离子状态时的外层电子结构为 $3d^6$，在络离子 $(CoF_6)^{3-}$ 中，形成的是电价配键，外层电子排布组态仍为：

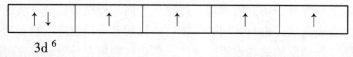

3d^6

此时，未配对电子数 $n=4$，$\mu_m = 4.9\mu_B$。即：Co^{3+} 以上面的结构与 6 个 F^- 以静电库仑力相吸引形成电价络合物。而在 $[Co(CN)_6]^{3-}$ 中以共价配键形成络合物，中心离子 Co^{3+} 的电子排布组态重排为：

| ↑↓ | ↑↓ | ↑↓ | | |

3d^6

此时，$n=0$，$\mu_m=0$。Co^{3+} 将 6 个电子重新配对集中在 3 个 3d 轨道上，腾出 2 个 3d 空轨道，与 1 个 4s 和 3 个 4p 轨道进行 d^2sp^3 杂化，形成以 Co^{3+} 为中心的指向正八面体顶角的 6 个空轨道，6 个 CN^- 中的孤对电子进入空轨道，形成配键，所以 $[Co(CN)_6]^{3-}$ 属于共价络合物。一般来说，中心离子与配位体原子的电负性相差较大时，往往趋向于形成电价配键络合物；而电负性相差较小时，则形成共价配键络合物。

4) 古埃法测定磁化率

实验采用古埃磁天平测量物质的摩尔磁化率，依据式（C34.7）或式（C34.8）计算永久磁矩；由式（C34.9）即可求得络合物中的未成对电子数，从而判断各络合物分子的配键类型。有关古埃磁天平的工作原理、测定方法及数据处理参阅本书 B14 部分。

3 仪器与试剂

古埃磁天平　　　　　　　　　　　特斯拉计
软质玻璃样品管　　　　　　　　　样品管架
直尺、角匙、玻璃棒　　　　　　　广口试剂瓶、小漏斗
莫尔氏盐$[(NH_4)_2SO_4 \cdot FeSO_4 \cdot 6H_2O]$(A.R.)　　$FeSO_4 \cdot 7H_2O$ (A.R.)
$K_3Fe(CN)_6$(A.R.)　　　　　　　$K_4Fe(CN)_6 \cdot 3H_2O$(A.R.)

4 实验步骤

(1) 仔细阅读磁天平的操作方法和注意事项，严格按照操作规程开启天平。
(2) 磁场两极中心处磁场强度的测定，用毫特斯拉计测量：按操作规程校正好毫特斯拉

计。接通励磁电源，调节电流值使毫特斯拉计 mT 表指示值为 300~400 mT，记录此时励磁电流值 I。以后每次测量都要控制在同一励磁电流，使磁场强度相同，重复测量 5 次。在关闭电源前应先将励磁电流降至零。

(3) 用已知摩尔磁化率的莫尔氏盐标定：

① 取一只洗净并干燥的空样品管小心悬挂在古埃磁天平的挂钩上，使样品管与磁极中心线平齐（注意：样品管一定不能与磁极相接触）。准确称取空样品管的质量 $m_{空管,1}(I=0)$，接通励磁稳流电源开关，从小到大调节电流至 I_1，迅速称取空样品管的质量 $m_{空管,1}(I_1)$；继续调节励磁电流值为 I_2，立即称量空样品管的质量 $m_{空管,1}(I_2)$；接着继续调节励磁电流值为 I_3，此时不称量。然后缓慢将励磁电流降低到 I_2，迅速称取空样品管的质量 $m_{空管,2}(I_2)$；接着继续降低到 I_1 时进行称量 $m_{空管,2}(I_1)$，注意同时记录励磁电流分别为 I_1 时的两次称量值和励磁电流为 I_2 时的两次称量值。此时，将励磁电流缓慢降到 0 示值，关闭电源开关，再次准确称取空样品管的质量 $m_{空管,2}(I=0)$。采取励磁电流先增后减循环称量的测定步骤，目的是消除磁场的剩磁效应。此外，测量环境的气体流动也会干扰测量，应尽量避免。

按照上述测量步骤进行一次重复测定，计算两次测量数据的平均值。

② 小心取下样品管，将已经研细的莫尔氏盐用干燥的小漏斗装入样品管，装入过程中必须将样品管不断在橡皮垫上敲击，使样品间不留空隙充分均匀填实，直至装满，用直尺准确测量样品高度 h，继续敲击至所测样品高度 h 不变。

③ 与第①步测量相同，将装好莫尔氏盐的样品管悬挂于古埃磁天平中，重复进行①的测量，记录在相应励磁电流时的称量值 $m_{空管+样品}(I)$，取励磁电流递增和递减时测量数据的平均值。测量后将莫尔氏盐倒入试剂瓶中，洗净样品管并干燥。

(4) 待测样品摩尔磁化率 χ_M 的测定：选择完全相同的样品管，按②所述测定莫尔氏盐的测量步骤，分别测定 $FeSO_4 \cdot 7H_2O$、$K_3Fe(CN)_6$ 和 $K_4Fe(CN)_6 \cdot 3H_2O$ 的 $m_{空管}(I=0)$、$m_{空管}(I)$、$m_{空管+样品}(I=0)$、$m_{空管+样品}(I)$。最好使用标定磁场强度时的同一样品管，但必须确保洗净干燥。

5 数据记录及处理

(1) 将测定数据记录于表 C34.1 中。

表 C34.1 测定数据记录

样品	高度	$m_{空管}(I=0)$ /g	$m_{空管}(I)$ /g	$\Delta m_{空管}$ /g	$m_{空管+样品}(I=0)$ /g	$m_{空管+样品}(I)$ /g	$\Delta m_{空管+样品}$ /g	$m_{样品}$ /g

(2) 根据测量温度时莫尔氏盐的磁化率和实验数据，计算各励磁电流下的磁场强度。

(3) 计算 3 个样品的摩尔磁化率 χ_M、永久磁矩 μ_m 和未成对电子数 n。

(4) 讨论各个络合物的中心离子 Fe^{2+} 最外层电子结构组态和络合物配键类型。

(5) 查阅所测络合物摩尔磁化率的文献值，计算相对误差，分析产生误差的原因。

6 注意事项

（1）样品管必须洗净、干燥。如果 $\Delta m_{空管}=m_{空管}(I)-m_{空管}(I=0)>0$ 时，表明样品管不干净，应重洗或更换。

（2）所有样品都要研细。装样时采用少量多次的原则，确认填实后再加新样，尽量使样品紧密均匀。绝不能一次加多或加满。

（3）随时检查样品管是否与磁极相接触。

7 思考题

（1）分析测定 χ_M 所作的近似处理对测定结果的影响。

（2）为什么要用莫尔氏盐来标定磁场强度？

（3）样品的填充高度和密度对测量结果有何影响？

C35 偶极矩的测量

1 实验目的及要求

（1）测量正丁醇的偶极矩，了解偶极矩与分子电性质的关系。

（2）掌握溶液法测量偶极矩的原理和方法。

2 实验原理

1）偶极矩和极化度

分子由于空间构型的不同，其正、负电荷中心可能是重合的，称为非极性分子；也可能不重合，则称为极性分子。1912 年，德拜（Debye）提出以偶极矩 μ 的概念来量度分子极性的大小，其定义为：

$$\mu = q \cdot d \tag{C35.1}$$

式中，q 为正、负电荷中心所带的电荷量；d 为正、负电荷中心间的距离。偶极矩的 SI 单位是库[仑]·米（C·m）。分子中原子间距离的数量级为 10^{-10} m，电荷的数量级为 10^{-20} C，因此，偶极矩的数量级是 10^{-30} C·m。过去通常使用的单位是德拜（D），1 D$=3.338\times10^{-30}$ C·m。

极性分子具有永久偶极矩，在没有外电场存在时，由于分子的热运动，偶极矩指向各个方向的机会相同，偶极矩的统计值等于零。若将极性分子置于均匀的外电场中，分子将沿电场方向转动，同时还会发生电子云对分子骨架的相对移动和分子骨架的变形，称为分子发生了极化。极化的程度用摩尔极化度 P 来度量。P 是转向极化度（$P_{转向}$）、电子极化度（$P_{电子}$）和原子极化度（$P_{原子}$）之和：

$$P = P_{转向} + P_{电子} + P_{原子} \tag{C35.2}$$

式中，$P_{转向}$ 与永久偶极矩的平方成正比，与热力学温度 T 成反比，关系式为：

$$P_{转向} = \frac{4}{9}\pi N_A \frac{\mu^2}{kT} \tag{C35.3}$$

式中，N_A 为阿伏伽德罗（Avogadro）常数；k 为玻尔兹曼（Boltzmann）常数；T 为热力学温度。

由于 $P_{原子}$ 在 P 中所占的比例很小，所以在不很精确的测量中可以忽略 $P_{原子}$，式（C35.2）可写成：

$$P = P_{转向} + P_{电子} \tag{C35.4}$$

极性分子在外加的交变电场中，极化程度与交变电场的频率有关。在频率小于 10^{10} s^{-1} 的低频电场或静电场中，测得 P；在频率为 10^{15} s^{-1} 的高频电场（紫外可见光）中，由于极性分子的转向和分子骨架变形跟不上电场的变化，故 $P_{转向}=0$，$P_{原子}=0$，所以测得的是 $P_{电子}$。这样由式（C35.4）可求得 $P_{转向}$，再由式（C35.3）计算 μ。

通过测定偶极矩，可以了解分子结构中电子云的分布和分子对称性，判断几何异构体和分子的立体结构。

2）溶液法测定偶极矩

在无限稀释的非极性溶剂的溶液中，极性溶质分子所处的状态与其在气相时相近，此时分子的偶极矩可按下式计算：

$$\mu = 0.042\,6 \times 10^{-30}\sqrt{(P_2^\infty - R_2^\infty)T} \;\;(\text{C}\cdot\text{m}) \tag{C35.5}$$

式中，P_2^∞ 表示无限稀释时极性分子的摩尔极化度；R_2^∞ 为无限稀释时溶质分子的摩尔折射度，表示在高频区用折射法测得的 $P_{电子}$；T 为热力学温度。

本实验是将正丁醇溶于非极性的环己烷中形成稀溶液，然后在低频电场中测量溶液的介电常数和溶液的密度以求得 P_2^∞；在可见光下测定溶液的 R_2^∞，然后由式（C35.5）计算正丁醇的偶极矩。

① 极化度的测定：无限稀释时，溶质分子的摩尔极化度 P_2^∞ 的公式为：

$$P = P_2^\infty = \lim_{x_2 \to 0} P_2 = \frac{3\varepsilon_1 \alpha}{(\varepsilon_1 + 2)^2} \cdot \frac{M_1}{\rho_1} + \frac{\varepsilon_1 - 1}{\varepsilon_1 + 2} \cdot \frac{M_2 - \beta M_1}{\rho_1} \tag{C35.6}$$

式中，ε_1、ρ_1、M_1 分别为溶剂的介电常数、密度和摩尔质量；α 和 β 为常数，可通过稀溶液的近似公式求得：

$$\varepsilon_{溶} = \varepsilon_1(1 + \alpha x_2) \tag{C35.7}$$
$$\rho_{溶} = \rho_1(1 + \beta x_2) \tag{C35.8}$$

式中，$\varepsilon_{溶}$ 和 $\rho_{溶}$ 分别为溶液的介电常数和密度；x_2 为溶质的摩尔分数。

无限稀释时，溶质的摩尔折射度 R_2^∞ 的公式为：

$$P_{电子} = R_2^\infty = \lim_{R_2 \to 0} \frac{n_1^2 - 1}{n_1^2 + 2} \cdot \frac{M_2 - \beta M_1}{\rho_1} + \frac{6n_1^2 M_1 \gamma}{(n_1^2 + 2)^2 \rho_1} \tag{C35.9}$$

式中，n_1 为溶剂的折射率；γ 为常数，可由稀溶液的近似公式求得：

$$n_{溶} = n_1(1 + \gamma x_2) \tag{C35.10}$$

式中，$n_{溶}$ 是溶液的折射率。

② 介电常数的测定：介电常数 ε 可通过测量电容来求算，本实验采用电桥法测量电容。

电容池两极间为真空的电容 C_0，充满待测液时的电容为 C，且由于空气的电容非常接近于 C_0，则所测物质的介电常数与电容的关系为：

$$\varepsilon = C/C_0 = C/C_{空} \tag{C35.11}$$

当将电容池插在电容测量仪上测量电容时，所测电容 C 实际应是电容池两极间的电容和整个测试系统中的分布电容 C_d 的并联值，即 $C=C_0+C_d$。C_d 对仪器而言是恒定值，称为仪器的本底值，测量时需求出仪器的 C_d 予以扣除。有关电容测量仪的结构、测量原理、操作方法及 C_d 值的测求见本书 B16 部分。

3 仪器与试剂

精密电容测量仪　　　　　　　　　电容池
阿贝折光仪　　　　　　　　　　　比重管（10 mL）
超级恒温槽　　　　　　　　　　　电吹风
容量瓶（50 mL）　　　　　　　　　烧杯
洗耳球　　　　　　　　　　　　　环己烷（A.R.）
正丁醇（A.R.）

4 实验步骤

（1）配制溶液：用称量法配制正丁醇的摩尔分数分别为 0.04，0.06，0.08，0.10 和 0.12 的正丁醇-环己烷溶液。操作时注意避免溶剂和溶质的挥发及吸收极性较大的水汽，配制过程及配好的溶液应迅速盖好瓶塞，并置于干燥器中。

（2）折射率的测定：在（25.0±0.1）℃条件下，用阿贝折射仪分别测定环己烷和 5 份溶液的折射率。

（3）密度的测定：在（25.0±0.1）℃条件下，查出水在测定温度时的密度，用水标定比重管，测量环己烷和 5 份溶液的密度。

（4）电容 C_d、C_0、C_x 的测定：用电吹风将电容池两极间的间隙吹干，旋好金属盖，与电容仪相连接，使电容池恒温 10 min，测量电容值，重复测量 3 次，取平均值。

用滴管将纯环己烷（约 1 mL）从金属盖的中间口加入到电容池中，使液面超过两个电极，迅速盖好塞子，以防液体挥发。恒温 10 min，测量电容值。重新装样再次测量电容值，取两次测量的平均值。作为标准物质的环己烷，介电常数与温度 t 的关系式为：

$$\varepsilon = 2.023 - 0.0016(t/\text{℃} - 20)$$

将环己烷收入回收瓶中，用冷风将样品室吹干后再测以空气为介质的电容值 $C_\text{空}$，与前面所测值差应小于 0.05 pF，否则表明仍有残留液，应继续吹干。依次加入所配溶液测量电容值，每个浓度的溶液应重复测定两次，数据差值达到小于 0.05 pF。取两次测量的平均值，减去 C_d，即为溶液的 C_x。

5 数据记录及处理

（1）根据所称量的溶剂、溶质的质量，计算 5 个溶液的实际组成，以摩尔分数 x 表示。
（2）根据所测折射率 n，根据式（C35.10）作 n-x 图，由直线斜率计算 γ。
（3）计算环己烷及各溶液的密度 ρ，根据式（C35.8）作 ρ-x 图，由直线斜率求 β。
（4）计算 C_d、C_0 和各溶液的 C_x，求出各溶液的介电常数 ε，根据式（C35.7）作 ε-x 图，由直线斜率求 α。
（5）根据式（C35.6）和式（C35.9）分别计算 P_2^∞ 和 R_2^∞。
（6）由式（C35.5）求算正丁醇的 μ。

6 注意事项

(1) 每次测定前要用冷风将电容池吹干,并重测 $C_{空}$,与原来的 $C_{空}$ 值相差应小于 0.05 pF。严禁用热风吹样品室。

(2) 测 $C_{溶}$ 时,操作应迅速,池盖要盖紧,防止样品挥发和吸收空气中极性较大的水汽。装样品的容器也要随时盖严。

7 思考题

(1) 本实验测定偶极矩时做了哪些近似处理?
(2) 准确测定溶质的摩尔极化度和摩尔折射度时,为何要外推到无限稀释?
(3) 试分析实验中误差的主要来源,如何改进?

C36 休克尔分子轨道法计算平面共轭分子的电子结构

1 实验目的及要求

(1) 掌握休克尔分子轨道法(HMO)的基本原理。
(2) 学会使用 HMO 程序。
(3) 利用计算结果讨论平面共轭化合物的性质。

2 实验原理

用量子力学的方法处理一个体系时,要求解该体系的薛定谔(Schrödinger)方程:

$$H\psi = E\psi \tag{C36.1}$$

式中,H 是体系的哈密顿算符;Ψ 是描述体系运动状态的波函数;E 为体系的能量。利用求出的 E 和 Ψ 还可以得到体系的其他性质。

对于复杂体系,其薛定谔方程一般很难求得精确解,常借助于线性变分法进行近似处理。对于满足体系边界条件的 n 个已知函数 $\varphi_1, \varphi_2, \cdots, \varphi_n$。则其线性组合为:

$$\psi = \sum_{i=1}^{n} C_i \varphi_i \tag{C36.2}$$

可作为体系的近似波函数。根据变分原理有:

$$\overline{E} = \frac{\int \psi^* H \psi \mathrm{d}\tau}{\int \psi^* \psi \mathrm{d}\tau} \geq E_0 \tag{C36.3}$$

E_0 是体系基态的真实能量。令

$$S_{ij} = \int \varphi_i^* \varphi_j \mathrm{d}\tau; \quad H_{ij} = \int \varphi_i^* H \varphi_j \mathrm{d}\tau$$

则将式(C36.2)代入式(C36.3)后可得:

$$\overline{E} = \frac{\sum_{i=1}^{n}\sum_{j=1}^{n} C_i^* C_j H_{ij}}{\sum_{i=1}^{n}\sum_{j=1}^{n} C_i^* C_j S_{ij}} \tag{C36.4}$$

为了求出 $\bar{E}$ 的极小值作为 E_0 的近似值，必要条件是：

$$\frac{\partial E}{\partial C_i}=0 \quad i=1,2,\cdots,n$$

由此可得久期方程组

$$\begin{cases} C_1(H_{11}-ES_{11})+C_2(H_{12}-ES_{12})+\cdots+C_n(H_{1n}-ES_{1n})=0 \\ C_1(H_{21}-ES_{21})+C_2(H_{22}-ES_{22})+\cdots+C_n(H_{2n}-ES_{2n})=0 \\ \cdots \\ C_1(H_{n1}-ES_{n1})+C_2(H_{n2}-ES_{n2})+\cdots+C_n(H_{nn}-ES_{nn})=0 \end{cases} \quad (C36.5)$$

该久期方程组有非零解的条件是其系数行列式为零：

$$\begin{vmatrix} H_{11}-ES_{11} & H_{12}-ES_{12} & \cdots & H_{1n}-ES_{1n} \\ H_{21}-ES_{21} & H_{22}-ES_{22} & \cdots & H_{2n}-ES_{2n} \\ \vdots & \vdots & & \vdots \\ H_{n1}-ES_{n1} & H_{n2}-ES_{n2} & \cdots & H_{nn}-ES_{nn} \end{vmatrix}=0 \quad (C36.6)$$

求解上式可得 n 个能量值，相应于体系的 n 个能级，将每个 E 值代入久期方程，就可以得到相应能级波函数的组合系数 C_1，C_2，$\cdots$，C_n。

对于平面共轭体系，由于 σ 轨道与 π 轨道的对称性不同，以及 σ 电子与 π 电子的极化性质不同，可以引进 σ-π 分离近似，单独处理 π 电子。这样，式（C36.2）中的 φ_1，φ_2，$\cdots$，φ_n 表示各原子垂直于分子平面的 p 轨道，求得的 Ψ 表示平面共轭分子体系的 π 轨道，E 表示 π 轨道的轨道能。

在 σ-π 分离近似的基础上，休克尔为了简化计算，又作了如下近似：

$$H_{ij}=\begin{cases} \alpha & \text{当 } i=j \text{ 时} \\ \beta & \text{当 } i \text{ 和 } j \text{ 键连时} \\ 0 & \text{当 } i \text{ 和 } j \text{ 不键连时} \end{cases} \qquad S_{ij}=\begin{cases} 1 & \text{当 } i=j \text{ 时} \\ 0 & \text{当 } i\neq j \text{ 时} \end{cases}$$

其中，α 称为库仑积分；β 称为共振积分。采纳休克尔近似后，则式（C36.6）可以大为简化。如对于图 C36.1 的分子，其休克尔行列式为：

$$\begin{vmatrix} \alpha-E & \beta & \beta & \beta \\ \beta & \alpha-E & 0 & 0 \\ \beta & 0 & \alpha-E & 0 \\ \beta & 0 & 0 & \alpha-E \end{vmatrix}=0 \quad (C36.7)$$

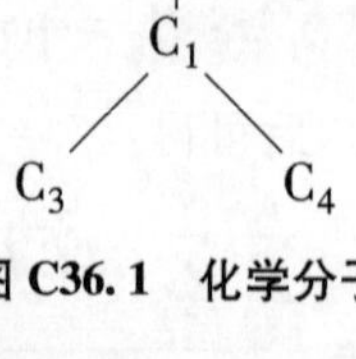

$$\begin{array}{c} C_2 \\ | \\ C_1 \\ / \quad \backslash \\ C_3 \qquad C_4 \end{array}$$

图 C36.1　化学分子

若将式（C36.7）的每一行提取公因子 β，并令 $x=(\alpha-E)/\beta$，则根据行列式的运算规则，式（C36.7）化为：

$$\begin{vmatrix} x & 1 & 1 & 1 \\ 1 & x & 0 & 0 \\ 1 & 0 & x & 0 \\ 1 & 0 & 0 & x \end{vmatrix} = 0 \qquad (C36.8)$$

求解式（C36.8），就可以得到 x_i，并得相应能级 $E_i = \alpha - x_i\beta$，将 E_i 代回久期方程，并利用波函数的归一化条件，可以求出各分子轨道的组合系数，进而求出分子的一些性质。对于其他的分子也可以做如上的处理。

当平面共轭体系中不仅有碳原子，而且有其他杂原子时，相应的库仑积分和共振积分要发生改变，可以把杂原子的库仑积分 α' 和共振积分 β' 看作对原来碳原子的 α 和 β 的修正：

$$\alpha' = \alpha + h\beta$$
$$\beta' = \eta\beta$$

于是相应于式（C36.8）的休克尔行列式中，杂原子处的对角元变为 $h+x$，与杂原子相键连处的非对角元变为 η。一些 h 和 η 的值列于表 C36.1 中。

表 C36.1　各类原子的参数取值表

键合方式	h 值	键连形式	η 值
	0		1
	0.4		1.0
	1.0		0.9
	2.0		2.0
	1.2		0.9
	2.0		1.0
	$h_N = 1.0$ $h_O = 1.0$		0.7
	3.0		0.4
	2.0		0.69

对于一个平面共轭分子，只要知道了各原子之间的键连情况，就可以写出类似式（C36.8）的休克尔行列式，求解后可以得出平面共轭分子的多种信息：

(1) 求得 x_i，进而得到相应的能级 $E_i = \alpha - x_i\beta$，$i = 1, 2, \cdots, n$。

(2) 求得相应于 E_i 的分子轨道组合系数 $C_{i1}, C_{i2}, \cdots, C_{in}$，$\varphi_i = \sum_{r=1}^{n} C_{ir}\phi_r$。

(3) 求得第 r 个原子上的 π 电子密度 q_r：$q_r = \sum_{i=1}^{n_\text{占}} n_i C_{ir}^2$，式中 $n_\text{占}$ 表示占据分子轨道的数目，n_i 表示第 i 个占据分子轨道中占据的电子数，C_{ir} 表示第 i 个分子轨道中的系数。

(4) 求得第 r 个原子与第 s 个原子之间的键级 p_{rs}

$$p_{rs} = \sum_{i=1}^{n_\text{占}} n_i C_{ir} C_{is}$$

(5) 求得第 r 个原子的自由价 F_r，

$$F_r = N_{max} - \sum_s p_{rs}$$

式中，N_{max} 表示 r 原子的最大 π 成键度，对于 C 原子为 $\sqrt{3}$，N 和 Cl 为 $\sqrt{2}$，O 和 F 原子为 1，$\sum_s p_{rs}$ 为所有与 r 原子键连的键级之和。

(6) 跃迁能：最低空轨道与最高占据轨道的能量之差，即

$$\Delta E = E_{LUMO} - E_{HOMO}$$

3 实验仪器和计算程序

各种型号的个人计算机均可作为实验仪器，用所使用计算机的 FORTRAN 语言编译系统将源程序编译产生执行文件后，即可使用。本程序以 FORTRAN 语言编写，在不同的 FORTRAN 编译方法下，只需稍加改动即可。

4 实验步骤

以丁二烯为例，说明本程序的使用方法。丁二烯的分子结构和各原子的编号为：

$$\begin{array}{c} H \quad\quad H \\ \diagdown\!\!1\quad 2\!\!\diagup \\ C\!\!=\!\!C \quad\quad H \\ \diagup\quad\quad \diagdown\!\!3\quad 4\!\!\diagup \\ H\quad\quad C\!\!=\!\!C \\ \diagup\quad\quad \diagdown \\ H \quad\quad H \end{array}$$

如前所述，可以写出该分子的休克尔行列式：

$$\begin{vmatrix} x & 1 & 0 & 0 \\ 1 & x & 1 & 0 \\ 0 & 1 & x & 1 \\ 0 & 0 & 1 & x \end{vmatrix} = 0 \tag{C36.9}$$

在利用计算机求解休克尔行列式时，实际上是求解其相应矩阵的本征值和本征函数，因此在输入该行列式时应将 x 的位置以零代替（关于求解矩阵的本征值和本征函数的方法，请参阅相应的数学书）。故求解式（C36.9）的行列式相当于求解下述矩阵的本征值和本征函数。

$$\begin{bmatrix} 0 & 1 & 0 & 0 \\ 1 & 0 & 1 & 0 \\ 0 & 1 & 0 & 1 \\ 0 & 0 & 1 & 0 \end{bmatrix} \tag{C36.10}$$

下面计算利用提供的 HMO 程序计算丁二烯分子的情况。程序启动后，在屏幕上首先显示如下信息，输入休克尔矩阵的阶数，如果输零则退出，在本例中输入 4，

Enter the matrix order (if you wants end the job, just input zero)

4

然后显示：

Do you want to change the Maximum Bonding Capacity (MBC) for any atom (Y/N)? The default is carbon atom's MBC

问是否改变原子的最大成键能力,程序中自动地把每个原子的最大成键能力设置为碳原子的成键能力,即为 1.732,当需改动某原子的最大成键能力时,输入"Y",否则输入"N",回车即可,本例中输入"N"。当输入"Y"时计算机显示:

Enter the number of atom in you molecule, enter 0 for ending the input, Please enter the atom number.

提示输入需修改原子的编号,输入"0"停止输入。假设要修改编号为 1 的原子的最大成键能力,则输入"1",此时计算机显示:

Please enter the new MBC for atom 1.

输入"1"的成键能力即可。计算机接着显示:

Please enter the atom number.

输入"0"后就停止了最大成键能力的输入。计算机接着显示:

Enter the HMO matrix by the upper triangle.

提示输入式(C36.9)的上三角,包括对角元。按行输入,每行一个回车。本例的输入次序为"0,1,0,0,0,1,0,0,1,0",每输入一个元素之前,计算机都会提示:Enter matrix element (I, J)。这里 I、J 为要输入元素的行号和列号。接着计算机显示输入的矩阵,并显示出本征值和本征函数。

The entered matrix is

0.0	1.0	0.0	0.0
1.0	0.0	1.0	0.0
0.0	1.0	0.0	1.0
0.0	0.0	1.0	0.0

i	Eigenvalue (i)	Eigenvector (i)			
1	1.618	0.312	0.602	0.602	0.372
2	0.618	-0.602	-0.372	0.372	0.602
3	-0.618	0.602	-0.372	-0.372	0.602
4	-1.618	-0.372	0.602	-0.602	0.372

第一列是分子轨道的编号,第二列是相应分子轨道的本征值,后面依次是组成该分子轨道的原子轨道的贡献系数。

然后显示:

Enter the number of Pi electrons if you want to end the job enter zero

输 π 电子数目 4,则显示

The PI Energy is: 4 Alpha 4.472 16 Beta

Bond A—B	Bond order
1-2	0.894
2-3	0.447
3-4	0.894

Atom　　　　　　PI electro-density　　　　　Free valence

1	1.000	0.838
2	1.000	0.390
3	1.000	0.390
4	1.000	0.838

分别表示 π 电子总能量、键连原子之间的键级、π 电子密度以及自由价。

5 数据处理

（1）画出分子图。
（2）判断哪些原子容易发生亲电亲核以及自由基反应。
（3）根据教师提供的 β 值计算从 HOMO 到 LUMO 跃迁的波长。

C37　理论预测双氧水的二面角

1 实验目的及要求

（1）理解统计热力学基本原理。
（2）深入理解玻尔兹曼分布的基本思想。
（3）利用量子化学和统计力学原理预测平均值的方法。

2 实验原理

根据统计力学原理，如果分子的物理性质 A 随变量 ξ 变化，则 A 的平均值可以表示为：

$$\bar{A} = \sum_i^n A(\xi_i) \cdot w_A(\xi_i) \tag{C37.1}$$

式中，$A(\xi_i)$ 是 $\xi=\xi_i$ 时 A 的取值（理论计算或测量），$w_A(\xi_i)$ 是该值出现的概率，则根据玻尔兹曼分配定律：

$$w_A(\xi_i) = \frac{1}{Q} e^{-\beta E(\xi_i)} \tag{C37.2}$$

式中，$\beta=1/(k_B T)$，其中 k_B 是玻尔兹曼常数，T 是温度；$E(\xi_i)$ 是 $\xi=\xi_i$ 时体系的能量；Q 是体系的配分函数：

$$Q = \sum_i e^{-\beta E(\xi_i)} \tag{C37.3}$$

在本实验的情况下，ξ_i 和 $A(\xi_i)$ 均为 ∠HOOH 二面角的角度。通过计算一系列角度下分子的能量值，可以通过式（C37.3）计算出温度 T 下体系的配分函数，再通过式（C37.2）计算出各角度构象出现的概率，最后通过式（C37.1）计算出二面角的平均值。

3 实验仪器

各种型号的计算机均可作为实验用机，计算机中需安装量子化学计算软件、数据处理软件（如 Excel 等）。

4 实验步骤

以下以 Gaussian09 软件为例进行说明,关于量子化学计算软件 Gaussian09 和相应的分子图形软件 GaussView 的使用请参见相应的说明书。如采用其他量子化学计算软件和分子图形软件,也请参见相应的说明书。

(1) 首先启动 Gauss View 程序,建立 H_2O_2 的分子构型如图 C37.1 所示。

(2) 保存为 Gaussian09 的可执行文件。

(3) 然后启动 Gaussian09,首先采用密度泛函 DFT 方法,取基组为 cc-pVDZ,优化 H_2O_2 的分子结构。

(4) 将 Gaussian09 的可执行文件中的分子构型修改为优化后的构型。

图 C37.1 分子构型

(5) 以间隔 5°扫描 H_2O_2 能量随∠HOOH 二面角变化的势能面,扫描范围为 0°~180°,在扫描过程中保持其他构型参数全优化。

(6) 利用上一步计算的结果和前述公式,通过 Excel 计算 298 K 时的二面角平均值。

(7) 计算 500 K、10 K 时二面角的平均值。

5 数据处理

(1) 画出各温度下势能随二面角变化的曲线。

(2) 画出各温度下各角度出现的概率随二面角变化的曲线。

(3) 画出二面角平均值随温度的变化曲线。

6 思考题

(1) 为什么只需要计算∠HOOH 二面角 0°~180°的能量值?

(2) 比较在温度为 298 K 和 10 K 时的二面角的平均值,并与实验测得的在 298 K 下 121°、在低温 113°的结果比较,解释出现这些值的原因。

C38 银纳米溶胶的制备及光谱和电化学测量

1 实验目的及要求

(1) 制备银纳米粒子溶胶并进行紫外可见光谱和电化学测量。

(2) 学习测定紫外可见吸收光谱的方法。

(3) 学习测定循环伏安图。

(4) 连续测定银纳米粒子溶胶的紫外可见吸收光谱,表征其热稳定性。

本实验课程获首届(2009 年)北京高校大学生化学新实验设计赛一等奖。在设计上综合了制备方法、表征手段和性能测试等化学课程的综合知识和实验技能,并融入最新的研究成果,内容完全不同于传统的验证性实验模式,充分调动学生的研究兴趣和自主学习能力,经过实验探索和对实验结果的分析处理,提高实验课的教学效果,全面培养学生严谨的科学思维和灵活运用理论知识开展科学实验的综合能力,进一步培养和提高本科生的综合素质。

使用的仪器 TU-1901 双光束紫外可见光谱分析仪和电化学工作站，完全由微机控制进行测定。学生通过使用这些仪器，了解化学研究领域的新思路和新方法，开阔视野，拓宽思路，活跃思维，培养和提高创新意识。

2 实验原理

银纳米粒子溶胶是指粒度为 1~100 nm 的银粒子在溶液中形成的均相分散体系。银纳米粒子溶胶具有独特的物理化学性能，具有显著的抗菌、除臭及吸收部分紫外线的功能，应用于医药、环保等领域，加入少量的银纳米粒子，可以赋予产品很强的杀菌能力。在电化学方面，银纳米粒子具有更为优异的导电性能和电催化性能，通过自组装和电化学组装制备纳米修饰电极，修饰电极具有良好的活性和稳定性。由于纳米粒子的尺寸不同，性质差异很大，目前已有的多种银纳米粒子溶胶的制备工艺中，受到关注的核心问题是溶胶的稳定性。银纳米胶体颗粒在水溶液中受到 Van der Waals 力和由于颗粒表面带电而引起的静电作用，其相对大小力产生的综合作用决定纳米银胶体的分散稳定性。因此，控制制备的条件使银纳米粒子溶胶需具有粒度分布均匀和良好稳定性，并进一步研究其热稳定性能具有重要意义。

本实验采用液相还原法制备银纳米粒子溶胶，不需要经过分离和纯化处理，直接进行紫外可见吸收光谱测定和电化学循环伏安测定，表征银纳米颗粒的粒度、电化学性质和热稳定性。

1）银纳米粒子溶胶的可控制备

以 $AgNO_3$ 溶液和 $NaBH_4$ 溶液反应制备银纳米粒子溶胶，反应温度、搅拌速率、反应时间、反应物配比对溶胶的粒度和稳定性都有不同程度的影响。本实验的反应条件为：在低温和充分搅拌下，将较低浓度的 $AgNO_3$ 溶液与 $NaBH_4$ 溶液快速混合，控制反应时间，得到亮黄色银纳米溶胶。

2）银纳米粒子溶胶紫外可见光谱表征

使用双光束紫外可见光谱分析仪，测定银纳米粒子溶胶的紫外可见吸收光谱。根据最大吸收波长 λ_{max} 确定银纳米粒子的粒径范围，如表 C38.1 所示。室温环境下保留样品进行后续测定。每间隔一定时间，连续测定紫外吸收光谱，比较最大吸光度 A 和 λ_{max} 值的变化，表征并讨论银纳米粒子溶胶的稳定性及其影响因素。

3）银纳米溶胶热稳定性测定

银纳米溶胶放入 40 ℃ 的恒温水浴中加热，每隔 5 min 测定 UV 谱，连续测定 5 次。叠加谱图并比较 λ_{max}，根据表 C38.1 所示讨论银纳米粒度的变化和热稳定性。

表 C38.1　银纳米粒子平均粒径与 λ_{max}

平均粒径/nm	λ_{max}/nm
<10	390
15	403
19	408
60	416

4）银纳米粒子溶胶循环伏安曲线测定

循环伏安法（Cyclic Voltammetry）测量体系是由工作电极、参比电极、辅助电极构成的三电极系统，工作电极和参比电极组成电位测量回路，工作电极和辅助电极组成回路测量电流。测定时根据体系的性质，选定电位扫描范围和扫描速率，从选定的起始电位开始扫描后，工作电极的电位按指定的方向和速率随时间线性变化，扫描到达终止电位后，自动以同样的扫描速率返回到起始电位。在电位进行扫描的同时，同步测量工作电极的电流响应，获得电流-电位曲线即循环伏安图。通过对循环伏安图进行定性和定量分析，可以确定电极过程的可逆程度、得失电子数、是否伴随耦合化学反应及电极过程动力学参数，拟定电极过程的机理。

在电位扫描过程中，若在某一电位值出现峰电流，表示在此电位时发生电极反应。若在正向扫描时电极反应的产物足够稳定，且能在电极表面发生电极反应，则在返回扫描时将出现与正向电流峰相对应的逆向电流峰。如果选择先进行阴极扫描过程，发生还原反应，得到上半部分的还原波，对应于阴极峰电位 E_{pc} 和阴极峰电流 i_{pc}；反向扫描对应于阳极过程，发生氧化反应，得到下半部分的氧化波，对应于阳极峰电位 E_{pa} 和阳极峰电流 i_{pa}。对于不可逆电极过程，反向扫描时不出现电流峰。循环伏安扫描图不仅与测定的氧化还原体系有关，还与工作电极、电解液中的溶剂及支持电解质密切相关，需选择合适的工作电极和电解液，才能测得理想的循环伏安曲线。

使用电化学工作站，选择金电极作为工作电极，饱和甘汞电极作为参比电极，铂片电极作为辅助电极，组成三电极双回路系统，测定银纳米粒子溶胶的循环伏安图。图中的电位值均相对于饱和甘汞电极而言。

3 仪器与试剂

双光束紫外可见光谱仪	电化学工作站
磁力搅拌器	超级恒温水浴
电子天平	多口恒温水浴
圆盘金电极	饱和甘汞电极
铂丝电极	容量瓶（500 mL，250 mL）
锥形瓶（100 mL）	烧杯（100 mL）
石英比色皿	铁架台
$AgNO_3$（A.R.）	$NaBH_4$（A.R.）

4 实验步骤

（1）配制溶液：$AgNO_3$ 溶液浓度为 1 mmol/L，$NaBH_4$ 溶液浓度为 0.01 mol/L。因为浓度较低，配制 500 mL 或 1 000 mL 溶液，多组共用。溶液需现配现用。

（2）银纳米粒子溶胶的制备：用水和冰制成冰水浴。将 100 mL 的锥形瓶洗净，放入磁搅拌子，放置于冰水浴中，固定在电磁搅拌台上，调整搅拌速率为快速搅拌条件，关搅拌。取新配制的 $NaBH_4$ 溶液 25 mL 加入锥形瓶中，取 $AgNO_3$ 溶液 7 mL，准备计时。在快速搅拌条件下加入锥形瓶，搅拌反应 16 min，准确计时，不可超时。溶液颜色变成亮黄色或酒红色后直接进行紫外吸收光谱和循环伏安表征。

（3）银纳米粒子溶胶的紫外可见吸收光谱测定：使用 TU-1901 双光束紫外可见光谱仪、石英比色皿。设置参数：波长范围为 600~300 nm，合适的吸光度量程 0.000~3 或 5.000，快速扫描。以水作参比溶液，先测定基线并保存。测定银纳米粒子溶胶的紫外可见吸收光谱，得到紫外可见吸收光谱扫描谱图。读取 UV 光谱的最大吸收波长 λ_{max}，最大吸光度 A_{bs} 的值，数据导出，保存为 Excel 表，用 Origin 软件作图，作出紫外可见吸收光谱。

（4）银纳米粒子溶胶循环伏安测定：使用 CHI604 电化学工作站，金电极为工作电极与绿色夹相连接，饱和甘汞电极为参比电极与白色夹连接，铂片电极为辅助电极与红色夹相连接。

设置参数：起始电位：-1.0 V，低电位：-1.0 V，高电位：1.0 V；电流量程：10^{-5} A。不同扫描速率 V/s：0.1；0.2；0.5，0.8；

开始扫描，得到循环伏安图，进行图谱处理，得到峰电位、峰电流，保存，导出。测定不同扫描速率时的循环伏安图，运用软件进行叠加，比较扫描速率的影响。

（5）银纳米溶胶的热稳定性测定：将银纳米溶胶放入 40 ℃恒温水浴中，每隔 5 min 测定紫外可见吸收光谱，连续测定 5 次，观察 λ_{max} 和最大吸光度 A_{bs} 值的变化。数据导出，保存为 Excel 表，用 Origin 软件作图，比较多次测定的紫外可见吸收光谱。研究银纳米的热稳定性及影响因素。

5　数据记录及处理

（1）根据银纳米粒子溶胶的紫外吸收光谱，确定银纳米粒子的粒度范围。

（2）比较不同加热时间测定银纳米粒子溶胶紫外吸收光谱最大吸光度 A 和 λ_{max} 的变化，记录于表 C38.2 中，并分析讨论。

（3）银纳米粒子溶胶的循环伏安图，写出对应的电极反应，根据标准电极电势进行银纳米电化学反应活性分析讨论。

（4）根据不同扫描速率的循环伏安图，讨论银纳米溶胶共存体系电极过程的影响。

表 C38.2　加热不同时间银纳米粒子溶胶吸收光谱数据

序号	加热时间/min	λ_{max}/nm	A_{bs}
	5		
	10		
	15		
	20		
	25		

6　注意事项

（1）制备所用玻璃仪器及搅拌子务必洗涤干净。制备完成后，立即取出搅拌子，用磁铁吸出，不可用镊子夹出，以免引入杂质。

（2）制备时，在加入硝酸银溶液之前，不应开启搅拌、长时间搅拌硼氢化钠溶液。

（3）如紫外可见吸收光谱不光滑，出现毛刺，则驱除气体后测定。

7　思考题

（1）分别指出测定紫外吸收光谱和循环伏安图时波长扫描和电位扫描的方向，波长扫描能否反向进行？为什么？如何确定循环伏安电位扫描的方向。

（2）测定银纳米粒子溶胶的紫外光谱时，以水作为基线校正是否合理？银纳米粒子溶胶是处于纯水中吗？体系中共存物质是否影响测定？

（3）根据银纳米粒子溶胶循环伏安图中出现的峰所对应的反应，分析不同扫描速率时峰型差异原因。

C39　计时电量法测量 DAFO 的扩散系数和反应速率常数

1　实验目的及要求

（1）学习掌握电化学循环伏安法和计时电量法测量原理。

（2）运用计时电量法测定 DAFO 在乙醇溶液中的扩散系数、反应速率常数和表观活化能。

（3）探讨温度对 DAFO 在乙醇溶液中的扩散系数和反应速率常数的影响。

本实验内容于 2012 年获第四届北京高校大学生化学新实验设计赛一等奖，有机融合基础性、科学性、创新性。实验设计根据本科生的知识基础和实作能力，将科研成果进行转化和适当改造，使本科生尽早了解学科研究前沿，激发学生自主探索意识和科研兴趣，科研与教学密切结合，开展研究型教学实验。课程设计具备创新思维的突破性特点，实现课程一体化、教学多层次、实施开放式的探索研究实验教学模式，在培养科研素质和创新能力方面，注重兼顾基础、能力、素质三者的关系：基础是前提，能力是核心，素质是保障。

2　实验原理

1984 年 Henderson 等为研究在多联吡啶钌配合物中配体场激发态的选择性微扰，首次合成 4，5-二氮芴-9-酮（DAFO）。DAFO 的 4 位和 5 位存在的氮原子表现出吸电子性，使羰基碳的正电性增强，易受亲电试剂的进攻，遇到汗液等中存在的氨基酸时形成 Shiff 碱，在紫外光的激发下产生荧光，可用于显现指纹。传统指纹显现方法，如粉末显现法、碘蒸气熏染法等，对人体危害较大，易造成环境污染；而 DAFO 显现指纹，用量少，荧光强，对环境友好，可以作为新型指纹显现剂应用于刑侦学。DAFO 具有 σ 给电子能力及 π 受电子能力，能和多种金属离子形成稳定的配合物，是现代配位化学中应用最为广泛的螯合配体之一，相继合成的 DAFO 与 Cu（Ⅱ）、Co（Ⅱ）的多核金属配合物，与 DNA 相互嵌入，以及 DAFO 配合物[（DAFO）$PtCl_2$]和[（DAFO）$ZnCl_2$]对癌细胞有很强的抑制作用，抗癌效果好，为实现在分子水平上研究药物与核酸的相互作用建立理论基础。

DAFO 的指纹显现剂和形成配合物的作用都与其电子转移性能密切相关，根据 DAFO 的乙醇溶液循环伏安研究结果，阴极过程为 DAFO 在非水溶剂中两步单电子还原，其中还原峰Ⅰ对应于羰基还原，还原峰Ⅱ对应于联吡啶部分的还原，示意如图 C39.1 所示。

但是，目前对 DAFO 在电极上进行电子转移过程的速率常数和在溶液中的扩散性质等动力学定量研究很少。本实验采用计时电量法测定 DAFO 在乙醇溶液中的扩散系数和反应速率常数。

计时电量法记录的是电流的积分——电量对时间的关系，积分结果对暂态电流中的随机

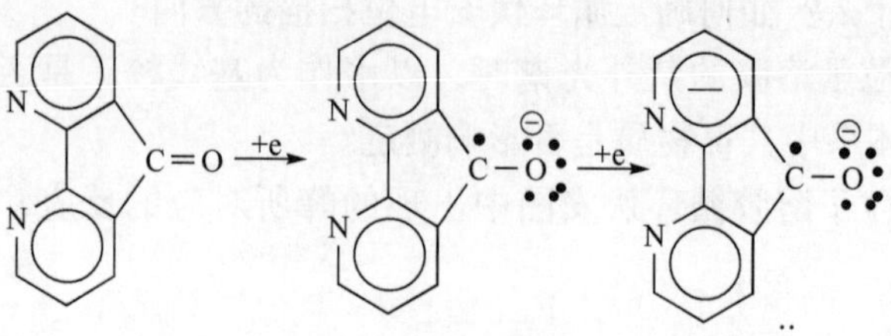

图 C39.1　DAFO 在非水溶剂中的还原

噪声有平滑作用，所以用计时电量法测得的信号比计时电流法更清晰，计时电量法有严格的数学推导和表达式，能够精确地测定电极过程的定量参数。

1) 计时电量法

计时电量法（Chronocoulometry），又称计时库仑法，属于电化学中采取阶跃方法进行测量的一种实验技术，在向工作电极施加阶跃电位后，记录电流的积分，即电量对时间的关系 Q-t。测得的电量信号 Q 随时间增长，暂态后期受阶跃瞬间非理想电位变化的影响较轻微，容易得到实验数据，信噪比更好。计时电量法能够区分双电层充电、吸附物质的电极反应和扩散反应物法拉第反应对电量的贡献，因而能精确测得扩散系数、反应速率常数和活化能。

2) 计时电量法测定扩散系数

在静止的均相溶液中有物种 O，使用平板电极，初始电位为无电解反应的电位 E_1。在 $t=0$ 时，电位阶跃到足以使 O 以极限扩散电流还原的负电位 E_2。则 O 扩散还原需要的电量为：

$$Q_d = \frac{2nFAD_O^{1/2}C_O^* t^{1/2}}{\pi^{1/2}} \tag{C39.1}$$

式中，Q_d 表示电量；n 是电子转移数；F 是法拉第常数；A 是电极面积；D_O 是反应粒子在溶液中的扩散系数，C_O^* 是反应粒子的本体浓度。

式（C39.1）中，Q_d 随时间增长，对 $t^{1/2}$ 呈线性关系。

然而，实际电量 Q 包括双层充电和还原吸附氧化态电量，Q 对 $t^{1/2}$ 的直线一般不过原点。但是，这些电量与随时间逐渐累积的扩散贡献电量不一样，它们只在瞬时出现，表现为与时间无关的两个附加项写在式（C39.2）中：

$$Q = \frac{2nFAD_O^{1/2}C_O^* t^{1/2}}{\pi^{1/2}} + Q_{dl} + nFA\Gamma_O \tag{C39.2}$$

式中，Q_{dl} 为电容电量，$nFA\Gamma_O$ 为表面吸附 O 还原的法拉第分量（Γ_O 是表面过剩浓度或表面余量）。

如果已知电极面积 A，根据 Q-$t^{1/2}$ 曲线渐近线的斜率，即可计算反应粒子在溶液中的扩散系数 D_O。标定工作电极面积 A 的常用方法是测定已知扩散系数的物质的计时电量曲线。

3) 计时电量法测定反应速率常数

采用计时电量法测定电极反应速率常数时，通过选用较小的电位阶跃幅度，使测定期间电极反应达不到极限扩散条件，处于完全或部分在界面电荷传递动力学控制过程中，响应时间足够短使电极过程受动力学控制。对于准可逆反应的计时电量响应满足式（C39.3）：

$$Q(t) = \frac{nFAk_fC_O^*}{H^2}\left[\exp(H^2t)\operatorname{erfc}(Ht^{1/2}) + \frac{2Ht^{1/2}}{\pi^{1/2}} - 1\right] \quad (C39.3)$$

式中，$H = (k_f/D_O^{1/2}) + (k_b/D_R^{1/2})$，$D_O$ 和 D_R 为氧化还原电对的扩散系数，k_f 和 k_b 为电极还原和氧化反应的速率常数。当 $Ht^{1/2} > 5$ 时，得到极限式（C39.4）：

$$Q(t) = nFAk_fC_O^*\left(\frac{2t^{1/2}}{H\pi^{1/2}} - \frac{1}{H^2}\right) \quad (C39.4)$$

通过测定的计时电量曲线作电量 Q 和时间 $t^{1/2}$ 关系曲线及渐近线，根据斜率和截距即可求得电极反应速率常数 k_f。

测定不同温度下的反应速率常数 k_f，用 k^0 表示电极表面没有超电位时的反应速率常数，根据式（C39.5）计算 k^0：

$$\ln k_f = \ln k^0 - \frac{\alpha nF}{RT}(E - E^0) \quad (C39.5)$$

式中，$E^0 = (E_{pc} + E_{pa})/2$；$\alpha$ 为与电位相关的传递系数，动力学测定的电位范围相当窄，α 值维持恒定。

由阿伦尼乌斯公式算出电子转移过程的表观活化能 E_a：

$$\ln k^0 = \ln A - \frac{E_a}{RT} \quad (C39.6)$$

3　仪器与试剂

电化学工作站　　　　　　　　　　玻碳电极（GC）
铂片电极　　　　　　　　　　　　饱和甘汞电极（SCE）
超声清洗器　　　　　　　　　　　pH 计
恒温循环水槽　　　　　　　　　　电子分析天平
恒温夹套电解瓶　　　　　　　　　容量瓶（100 mL）
移液管　　　　　　　　　　　　　吸量管（10 mL）
4，5-二氮芴-9-酮（DAFO）（A.R.）　四丁基溴化铵（TBAB，A.R.）
水乙醇（A.R.）　　　　　　　　　六氰合铁（Ⅲ）酸钾（A.R.）
硝酸钾（A.R.）　　　　　　　　　氯化钾（A.R.）
硫酸（A.R.）

4　实验步骤

1）工作电极预处理

将玻碳电极依次用 1.0 μm、0.3 μm、0.05 μm 的 α-Al_2O_3 抛光，分别在乙醇溶液及水中超声清洗 3 min 后，置于 0.5 mol·L^{-1} 硫酸溶液中进行循环伏安扫描 50 周，电位范围为 −1.2~1.2 V，直到循环伏安图稳定。

2）标定工作电极面积 A

以 1.0 mol·L^{-1} KNO_3 水溶液作为支持电解质，以此溶液配制 2.0 mmol·L^{-1} $K_3Fe(CN)_6$ 溶液进行循环伏安测定。温度为 298 K，扫描电位范围为 0.50~−0.10 V，扫描速率为 0.1 V·s^{-1}。

读出循环伏安曲线还原峰电位为 E_2，还原峰前平台电位为 E_1。

以 E_1 为阶跃初始电位，E_2 为阶跃电位，测定 2.0 mmol·L^{-1} K$_3$Fe(CN)$_6$ 溶液极限扩散条件下的计时电量曲线。

3) DAFO 循环伏安测定

以 0.1 mol·L^{-1} TBAB 乙醇溶液作为支持电解质，以此溶液配制 10 mmol·L^{-1} DAFO 溶液，扫描电位范围为 −0.40 ~ −1.60 V，扫描速率分别为 0.05 V·s^{-1}、0.10 V·s^{-1}、0.20 V·s^{-1}、0.25 V·s^{-1}、0.30 V·s^{-1}、0.40 V·s^{-1}、0.50 V·s^{-1}、0.60 V·s^{-1}、0.70 V·s^{-1}、0.80 V·s^{-1}。记录不同扫描速率时的峰电位和峰电流，确定 DAFO 在乙醇溶液中电极过程的可逆程度。

扫描电位范围为 0 ~ −2.0 V，扫描速率分别为 0.1 V·s^{-1} 和 0.01 V·s^{-1}。在扫描速率为 0.1 V·s^{-1} 的循环伏安图中，读出还原峰Ⅰ前平台电位。在扫描速率为 0.01 V·s^{-1} 的循环伏安图中，记录还原峰Ⅰ电位为 E_{pc}，相应氧化峰电位为 E_{pa}。

4) 计时电量法测定 DAFO 在乙醇溶液中的扩散系数

根据 DAFO 在乙醇溶液中扫描速率为 0.1 V·s^{-1} 时的循环伏安图，阶跃初始电位 E_1 设为平台电位，阶跃电位 E_2 为还原峰Ⅰ电位，使在 E_2 时电极过程处于极限扩散。在 E_2 保持 5 s，测定计时电量 $Q-t$ 曲线，作出 $Q-t^{1/2}$ 线及渐近线，由式（C39.1）求出扩散系数。

5) 计时电量法测定 DAFO 在乙醇溶液中的反应速率常数和活化能

根据 DAFO 在乙醇溶液中扫描速率为 0.1 V·s^{-1} 的循环伏安图，阶跃初始电位 E_1 设为平台电位，在还原峰Ⅰ电位的基础上，分别加 0.14 V、0.12 V、0.10 V、0.08 V、0.06 V、0.04 V，确定阶跃电位 E_2。在 E_2 保持 5 s，得到不同阶跃电位 E_2 计时电量 $Q-t$ 曲线，作出 $Q-t^{1/2}$ 曲线及其渐近线，根据式（C39.4）计算反应速率常数 k_f。

采用同样的方法测定温度分别为 278 K、283 K、288 K、293 K、298 K、303 K 时不同阶跃电位下的 k_f。当 $E^0 = (E_{pc} + E_{pa})/2$ 时，作 $\ln(k_f)$ 对 $(E_2 - E^0)$ 图，求出 5 个温度下的 k^0。根据式（C39.5）、式（C39.6），计算表观活化能。

6) 研究水对 DAFO 在乙醇溶液中的扩散系数和反应速率常数的影响

以 0.1 mol·L^{-1} TBAB 乙醇溶液作为支持电解质，以此溶液配制 5 份 10 mmol·L^{-1} DAFO 溶液，其中乙醇：水的体积比为 3:1、2:1、1:1、1:2、1:3。测定和计算扩散系数和反应速率常数。探讨水对 DAFO 在乙醇溶液中的扩散系数和反应速率常数的影响。

5 数据记录及处理

1) DAFO 循环伏安结果

（1）根据 298 K 时 10 mmol·L^{-1} DAFO 乙醇溶液循环伏安图，将不同扫描速率的循环伏安结果列于表 C39.1，并讨论循环伏安图中的氧化还原峰。

（2）作出还原峰电流 i_{pc} 和对应氧化峰电流 i_{pa} 与扫描速率平方根 $v^{1/2}$ 的关系图，讨论峰电流随扫描速率的变化，峰电流与 $v^{1/2}$ 是否呈线性关系？

（3）计算氧化峰和还原峰电流比 i_{pa}/i_{pc}、还原峰电位和氧化峰电位的变化、峰电位差 ΔE_p(mV)，讨论 DAFO 在乙醇溶液中的氧化还原反应热力学可逆程度。

表 C39.1　不同扫描速率时循环伏安结果

$v/(\text{mV}\cdot\text{s}^{-1})$	E_{pc}/V	$i_{\text{pc}}/\text{A}\cdot 10^{-4}$	E_{pa}/V	$i_{\text{pa}}/\text{A}\cdot 10^{-4}$	$\Delta E_{\text{p}}/\text{V}$	$v^{1/2}/(\text{mV}\cdot\text{s}^{-1})^{1/2}$	$i_{\text{pa}}/i_{\text{pc}}$
50							
100							
200							
250							
300							
400							
500							
600							
700							
800							

2) DAFO 在乙醇溶液中的扩散系数

(1) 标定工作电极面积 A。

测定 2.0 mmol·L^{-1} K$_3$Fe(CN)$_6$+1.0 mol·L^{-1} KNO$_3$ 水溶液扩散条件下的计时电量曲线，已知 K$_3$Fe(CN)$_6$ 在水中的扩散系数为 7.6×10^{-6} cm^2·s^{-1}，由 Q-$t^{1/2}$ 曲线及其渐近线和式 (C39.2) 得到电极面积 A 表达式 (C39.7)：

$$A=\frac{k_0\sqrt{\pi}}{2F\sqrt{D_0}\,c_0} \tag{C39.7}$$

式中，k_0 为 Q-$t^{1/2}$ 曲线渐近线的斜率；F 为法拉第常数；D_0 为 K$_3$Fe(CN)$_6$ 在水中的扩散系数；c_0 为 K$_3$Fe(CN)$_6$ 溶液的浓度。

(2) 测定 DAFO 在乙醇溶液中的扩散系数。

根据 DAFO 在乙醇溶液中的循环伏安图，设定初始电位 E_1 为 -0.30 V，阶跃电位 E_2 为 -1.048 V，在 E_2 保持 5 s。当设定 E_2 为 -1.068 V 时，计时电量曲线与 E_2 为 -1.048 V 的结果一致，表明测定条件属于扩散控制，符合式 (C39.2) 的适用条件。联立式 (C39.2)、式 (C39.7)，得到 DAFO 扩散系数 D 计算式 (C39.8)：

$$D=\frac{D_0 c_0^{\,2} k^2}{c^2 k_0^{\,2}} \tag{C39.8}$$

式中，k_0 为 DAFO 的 Q-$t^{1/2}$ 曲线渐近线的斜率，c_0 为 DAFO 溶液的浓度。用 Origin 软件做出 Q-$t^{1/2}$ 图及其渐近线图，拟合出渐近线方程。将数据代入式 (C39.8)，计算出 DAFO 在乙醇溶液中的扩散系数 D。

采用相同的方法，分别测定 278 K、283 K、288 K、293 K、298 K、303 K 时的计时电量曲线。计算不同温度条件下 DAFO 在乙醇溶液中的扩散系数，并列于表 C39.2 中，作出温度 T 和扩散系数 D 间的关系曲线图。

表 C39.2　不同温度时 DAFO 扩散系数

T/K	$D/$ (10^{-5} cm^2·s^{-1})
278	
283	
288	
293	
298	
303	

3）DAFO 电极反应速率常数和活化能

根据 DAFO 在乙醇溶液中的循环伏安图，设定阶跃初始电位 E_1，阶跃电位 E_2 分别设定为循环伏安图中电流上升部分，在电位 E_2 保持 5 s，得到不同阶跃电位 E_2 的计时电量曲线，作出 Q-$t^{1/2}$ 曲线及其渐近线。

根据式（C39.4），设 Q-$t^{1/2}$ 曲线渐近线方程为：

$$Q = kt^{1/2} + b \tag{C39.9}$$

式中，k 为 Q-$t^{1/2}$ 曲线渐近线方程斜率；b 为 Q-$t^{1/2}$ 曲线渐近线方程截距。联立式（C39.4）、式（C39.9），解得：

$$H = \frac{\sqrt{\pi}k}{2b} \tag{C39.10}$$

$$k_f = \frac{\sqrt{\pi D_0} k^2 c_0}{2nbk_0 c} \tag{C39.11}$$

根据式（C39.10）、式（C39.11）计算 H 和 k_f，得到 $Ht^{1/2}$ 均大于 5，表明从式（C39.3）到式（C39.4）近似合理。在 278 K 下，将不同阶跃电位 E_2 下的 k_f 列于表 C39.3 中。

表 C39.3　阶跃电位 E_2 不同时的 k_f 值（278 K）

E_2/V	$10^6 k_f/$(m·s^{-1})

采用同样方法，测定 278 K、283 K、288 K、293 K、298 K、303 K 时不同阶跃电位下的计时电量曲线，根据式（C39.10）、式（C39.11）计算 H 和 k_f。

在每个温度下作 $\ln(k_f/[k_f])$ 对 (E_2-E^0) 图。

由不同温度时 $\ln(k_f/[k_f])$ 对 (E_2-E^0) 关系图，求出没有超电位时的反应速率常数 k^0，列于表 C39.4 中。以 $\ln(k^0/[k])$ 对 $1/T$ 作图，求得表观活化能 E_a 和指前因子 A。

表 C39.4　不同温度时的 k^0

T/K	$10^6\,k^0/(\mathrm{m\cdot s^{-1}})$
278	
283	
288	
293	
298	
303	

6　注意事项

（1）所使用的工作电极均为固体电极、金电极或玻碳电极，每次使用后应进行电化学处理电极表面，在使用前也需进行活化。

（2）读取循环伏安图的峰电流和峰电位时，应使用测定软件做出基线，如不出现基线时，应使用软件的调整缝宽功能。

（3）使用 2.0 mmol·L^{-1} K$_3$Fe(CN)$_6$ 溶液标定电极面积，配制溶液的浓度应准确，使用的电极为新处理后的电极。

7　思考题

（1）溶液中的电活性物质在电极上发生电极过程包含哪些步骤？

（2）区分和讨论循环伏安图中读出的峰电位与可逆电极电位的关系和联系。

（3）当电化学测定系统有电流通过时，电极发生极化。讨论极化原因和类型，如何消除极化？

（4）溶液中电活性物质的扩散速率受哪些因素影响？实验中如何扩散速率？

D 附 录

D1 常用数据表

表 D1.1 SI 基本单位

物理量	单位名称	单位代号	
		国际	中文
长度	米 meter	m	米
质量	千克 kilogram	kg	千克
时间	秒 second	s	秒
电流	安培 Ampare	A	安
热力学温度	开尔文 Kelvin	K	开
物质的量	摩尔 mole	mol	摩
发光强度	坎德拉 candela	cd	坎

表 D1.2 SI 的辅助单位

物理量	单位名称	单位代号	
		国际	中文
平面角	弧度 rad	rad	
立体角	球面度 sr	sr	

表 D1.3 SI 的一些导出单位

物理量	名称	代号		用国际制基本单位表示的关系式
频率	赫兹	Hz	赫	s^{-1}
力	牛顿	N	牛	$m \cdot kg \cdot s^{-2}$
压力	帕斯卡	Pa	帕	$m^{-1} \cdot kg \cdot s^{-2}$
能、功、热	焦耳	J	焦	$m^2 \cdot kg \cdot s^{-2}$

续表

物理量	名称	代号		用国际制基本单位表示的关系式
功率、辐射通量	瓦特	W	瓦	$m^2 \cdot kg \cdot s^{-3}$
电量、电荷	库仑	C	库	$s \cdot A$
电位、电压、电动势	伏特	V	伏	$m^2 \cdot kg \cdot s^{-3} \cdot A^{-1}$
电容	法拉	F	法	$m^{-2} \cdot kg^{-1} \cdot s^4 \cdot A^2$
电阻	欧姆	Ω	欧	$m^2 \cdot kg \cdot s^{-3} \cdot A^{-2}$
电导	西门子	S	西	$m^{-2} \cdot kg^{-1} \cdot s^3 \cdot A^2$
磁通量	韦伯	Wb	韦	$m^2 \cdot kg \cdot s^{-2} \cdot A^{-1}$
磁感应强度	特斯拉	T	特	$kg \cdot s^{-2} \cdot A^{-1}$
电感	亨利	H	亨	$m^2 \cdot kg \cdot s^{-2} \cdot A^{-2}$
光通量	流明	lm	流	$cd \cdot sr$
光照度	光照度	lx	勒	$m^{-2} \cdot cd \cdot sr$
黏度	帕斯卡秒	$Pa \cdot s$	帕·秒	$m^{-1} \cdot kg \cdot s^{-1}$
表面张力	牛顿每米	N/m	牛/米	$kg \cdot s^{-2}$
热容量、熵	焦耳每开	J/K	焦/开	$m^2 \cdot kg \cdot s^{-2} \cdot K^{-1}$
比热	焦耳每千克每开	$J/(kg \cdot K)$	焦/(千克·开)	$m^2 \cdot s^{-2} \cdot K^{-1}$
电场强度	伏特每米	V/m	伏/米	$m \cdot kg \cdot s^{-3} \cdot A^{-1}$

表 D1.4 物理化学常数

常数名称	符号	数值	单位（SI）
真空光速	c	2.997 924 58	10^{-8} 米·秒$^{-1}$
基本电荷	e	1.602 189 2	10^{-19} 库仑
阿佛伽德罗常数	N_A	6.022 045	10^{23} 摩$^{-1}$
原子质量单位	u	1.660 565 5	10^{-27} 千克
电子静质量	me	9.109 534	10^{-31} 千克
质子静质量	mp	1.672 648 5	10^{-27} 千克
法拉第常数	F	9.648 456	10^4 库仑·摩$^{-1}$
普朗克常数	h	6.626 176	10^{-34} 焦耳·秒
气体常数	R	8.314 41	焦耳·开$^{-1}$·摩$^{-1}$
玻尔兹曼常数	k	1.380 662	10^{-23} 焦耳·度$^{-1}$
重力加速度	g	9.806 65	米·秒$^{-2}$

表 D1.5　一些液体的折射率（25 ℃）

名称	n_D	名称	n_D	名称	n_D
甲醇	1.326	乙酸乙酯	1.370	甲苯	1.494
水	1.332 50	正己烷	1.372	苯	1.498
乙醚	1.352	丁醇-1	1.397	苯乙烯	1.545
丙酮	1.357	氯仿	1.444	溴苯	1.557
乙醇	1.359	四氯化碳	1.459	苯胺	1.583
醋酸	1.370	乙苯	1.493	溴仿	1.587

摘自：Robert C. Weast,《Handbook of Chem. &Phys.》, 63th E-375 (1982—1983)。

表 D1.6　水的密度、折射率、黏度、介电常数、表面张力、饱和蒸气压

温度 $t/℃$	密度 $\rho/(g \cdot mL^{-1})$	折射率 n_D	黏度 $\eta \times 10^3 /(kg \cdot m^{-1} \cdot s^{-1})$	介电常数 ε	表面张力 $\sigma/(mN \cdot m^{-1})$	饱和蒸气压 p/kPa
0	0.999 87	1.333 95	1.770 2	87.74	75.64	0.611 29
3.985	1.000 0					
5	0.999 99	1.333 88	1.510 8	85.76	74.92	0.872 60
10	0.999 73	1.333 69	1.303 9	83.83	74.22	1.228 1
15	0.999 13	1.333 39	1.137 4	81.95	73.49	1.705 6
16					73.34	1.818 5
17					73.19	1.938 0
18	0.998 62				73.05	2.064 4
19					72.90	2.197 8
20	0.998 23	1.333 00	1.001 9	80.10	72.75	2.338 8
21		1.332 90	0.976 4	79.73	72.59	4.487 7
22		1.332 80	0.953 2	79.38	72.44	2.644 7
23		1.332 71	0.931 0	79.02	72.28	2.810 4
24		1.332 61	0.910 0	78.65	72.13	2.985 0
25	0.997 07	1.332 50	0.890 3	78.30	71.97	3.169 0
26		1.332 40	0.870 3	77.94	71.82	3.362 9
27		1.332 29	0.851 2	77.60	71.66	3.567 0
28		1.332 17	0.832 8	77.24	71.50	3.781 8
29		1.332 06	0.814 5	76.90	71.35	4.007 8
30	0.995 67	1.331 94	0.797 3	76.55	71.18	4.245 5

续表

温度 $t/℃$	密度 $\rho/(g \cdot mL^{-1})$	折射率 n_D	黏度 $\eta \times 10^3 /(kg \cdot m^{-1} \cdot s^{-1})$	介电常数 ε	表面张力 $\sigma/(mN \cdot m^{-1})$	饱和蒸气压 p/kPa
35	0.994 06	1.331 31	0.719 0	74.83	70.38	5.626 7
40	0.992 24	1.330 61	0.652 6	73.15	69.56	7.381 4
45	0.990 25	1.329 85	0.597 2	71.51	68.74	9.589 8
50	0.988 07	1.329 04	0.546 8	69.91	67.91	12.344
55	0.985 73	1.328 17	0.504 2	68.35		15.752
60	0.983 24	1.327 25	0.466 9	66.82		19.932
65	0.980 59		0.434 1	65.32		25.022
70	0.977 81		0.405 0	63.86		31.176
75	0.974 89		0.379 2	62.43		38.563
80	0.971 83		0.356 0	61.03		47.374
85	0.968 65		0.335 2	59.66		57.815
90	0.965 34		0.316 5	58.32		70.117
95	0.961 92		0.299 5	57.01		84.529
100	0.958 38		0.284 0	55.72		101.32

密度、饱和蒸气压数据摘自：Robert C. Weast,《Handbook of Chem. &Phys.》, 73th (1992—1993)。
折射率、黏度、介电常数数据摘自：John A. Dean《Lange's Handbook of Chemistry》(13th edition), 1985, 10-99。

表 D1.7　标准电极电势及其温度系数（298.15 K）

电极	电极反应	$\varphi^{\ominus}/V$	$(d\varphi^{\ominus}/dT)/(mV \cdot K^{-1})$
Li^+/Li	$Li^+ + e^- = Li$	-3.045	-0.534
Na^+/Na	$Na^+ + e^- = Na$	-2.714	-0.772
Al^{3+}/Al	$Al^{3+} + 3e^- = Al$	-1.662	0.504
Mn^{2+}/Mn	$Mn^{2+} + 2e^- = Mn$	-1.180	-0.08
OH^-/H_2, Pt	$2H_2O + 2e^- = H_2 + 2OH^-$	$-0.828\ 1$	$-0.834\ 2$
Zn^{2+}/Zn	$Zn^{2+} + 2e^- = Zn$	$-0.762\ 8$	0.091
Cr^{3+}/Cr	$Cr^{3+} + 3e^- = Cr$	-0.744	0.468
S^{2-}/S	$S + 2e^- = S^{2-}$	-0.51	
Fe^{2+}/Fe	$Fe^{2+} + 2e^- = Fe$	-0.440	0.052
Ni^{2+}/Ni	$Ni^{2+} + 2e^- = Ni$	-0.250	0.06

续表

电极	电极反应	$\varphi^{\ominus}/V$	$(d\varphi^{\ominus}/dT)$ /(mV·K^{-1})
I$^-$/AgI, Ag	AgI+e$^-$ = Ag+I$^-$	−0.152	−0.248
Sn^{2+}/Sn	Sn^{2+}+2e$^-$ = Sn	−0.136	−0.282
Pb^{2+}/Pb	Pb^{2+}+2e$^-$ = Pb	−0.126	−0.451
H$^+$/H$_2$, Pt	2H$^+$+2e$^-$ = H$_2$(g)	0.000	0.000
Sn^{4+}, Sn^{2+}/Pt	Sn^{4+}+2e$^-$ = Sn^{2+}	0.15	
Cu^{2+}, Cu$^+$/Pt	Cu^{2+}+e$^-$ = Cu$^+$	0.153	0.073
Cl$^-$/AgCl, Ag	AgCl+e$^-$ = Ag+Cl$^-$	0.222 4	−0.658
Cu^{2+}/Cu	Cu^{2+}+ 2e$^-$ = Cu	0.337	0.008
OH$^-$/O$_2$, Pt	O$_2$(g) + 2H$_2$O + 4e$^-$ = 4OH$^-$	0.401	−0.44
Cu$^+$/Cu	Cu$^+$+ e$^-$ = Cu	0.521	−0.058
I$^-$/I$_2$, Pt	I$_2$+2e$^-$ = 2I$^-$	0.535 5	−0.148
Fe^{3+}, Fe^{2+}/Pt	Fe^{3+}+e$^-$ = Fe^{2+}	0.771	1.188
Ag$^+$/Ag	Ag$^+$+e$^-$ = Ag	0.799 1	−1.000
H$^+$/O$_2$, Pt	O$_2$(g) + 4H$^+$+ 4e$^-$ = 2H$_2$O	1.229	−0.846
Cr^{3+}, Cr$_2$O$_7^{2-}$, H$^+$/Pt	Cr$_2$O$_7^{2-}$+14H$^+$+6e$^-$ = 2Cr^{3+}+7H$_2$O	1.33	−1.263
Cl$^-$/Cl$_2$, Pt	Cl$_2$+ 2e$^-$ = 2Cl$^-$	1.359 5	−1.26
Au^{3+}/Au	Au^{3+}+3e$^-$ = Au	1.498	
Ce^{4+}, Ce^{3+}/Pt	Ce^{4+}+e$^-$ = Ce^{3+}	1.61	
SO$_4^{2-}$, H$^+$/PbSO$_4$·PbO$_2$	PbO$_2$+ SO$_4^{2-}$+ 4H$^+$+ 2e$^-$ = PbSO$_4$+ 2H$_2$O	1.682	−0.326
Au$^+$/Au	Au$^+$+e$^-$ = Au	1.691	
F$^-$/F$_2$, Pt	F$_2$+ 2e$^-$ = 2F$^-$	2.87	−1.830

表 D1.8　不同温度下 0.05 mol·kg^{-1} 邻苯二甲酸氢钾标准 pH

$t/℃$	pH	$t/℃$	pH	$t/℃$	pH	$t/℃$	pH
0	4.000	25	4.005	50	4.050	75	4.137
5	3.998	30	4.011	55	4.064	80	4.159
10	3.997	35	4.018	60	4.080	85	4.183
15	3.998	40	4.027	65	4.097	90	4.21
20	4.001	45	4.038	70	4.116	95	4.24

表 D1.9　标准缓冲溶液不同温度下 pH

t/℃	溶液 1	溶液 2	t/℃	溶液 1	溶液 2
0	6.984	9.464	35	6.844	9.102
5	6.951	9.395	40	6.838	9.068
10	6.923	9.332	50	6.833	9.011
15	6.900	9.276	60	6.836	8.962
20	6.881	9.225	70	6.845	8.921
25	6.865	9.180	80	6.859	8.884
30	6.853	9.139	90	6.876	8.850

说明：溶液 1：0.025 mol·kg^{-1}Na$_2$HPO$_4$ + 0.025 mol·kg^{-1}KH$_2$PO$_4$
　　　溶液 2：0.01 mol·kg^{-1}Na$_2$B$_4$O$_7$

表 D1.10　不同温度下 KCl 水溶液的电导率 κ

t/℃	κ/(S·cm^{-1})		
	0.01 mol·dm^{-3}	0.02 mol·dm^{-3}	0.10 mol·dm^{-3}
15	0.001 147	0.002 243	0.010 48
16	0.001 173	0.002 294	0.010 72
17	0.001 199	0.002 345	0.010 95
18	0.001 225	0.002 397	0.011 19
19	0.001 251	0.002 449	0.011 43
20	0.001 278	0.002 501	0.011 67
21	0.001 305	0.002 553	0.011 91
22	0.001 332	0.002 606	0.012 15
23	0.001 359	0.002 659	0.012 39
24	0.001 386	0.002 712	0.012 64
25	0.001 413	0.002 765	0.012 88
26	0.001 441	0.002 819	0.013 13
27	0.001 468	0.002 873	0.013 37
28	0.001 496	0.002 927	0.013 62
29	0.001 524	0.002 981	0.013 87
30	0.001 552	0.003 036	0.014 12

表 D1.11　几种溶剂的凝固点降低常数

溶剂	$K_f/(K \cdot kg \cdot mol^{-1})$	溶剂	$K_f/(K \cdot kg \cdot mol^{-1})$
水	1.85	环己烷	20.0
醋酸	3.90	三溴甲烷	14.4
苯	5.12	酚	7.40

摘自：John A. Dean《Lange's Handbook of Chemistry》(12th edition), 1979。

表 D1.12　无限稀释水溶液中离子摩尔电导率 (298 K)

离子	$\lambda_m^\infty \times 10^4 /(S \cdot m^2 \cdot mol^{-1})$	离子	$\lambda_m^\infty \times 10^4 /(S \cdot m^2 \cdot mol^{-1})$	离子	$\lambda_m^\infty \times 10^4 /(S \cdot m^2 \cdot mol^{-1})$
H^+	349.65	$\frac{1}{2}Ca^{2+}$	59.47	$\frac{1}{2}SO_4^{2-}$	80.0
K^+	73.48	$\frac{1}{3}La^{3+}$	69.7	$\frac{1}{2}C_2O_4^{2-}$	74.11
Na^+	50.08	OH^-	198	$\frac{1}{3}C_6H_5O_7^{3-}$	70.2
NH_4^+	73.5	Cl^-	76.31	$\frac{1}{4}Fe(CN)^{4-}$	110.4
Ag^+	61.9	NO_3^-	71.42		
$\frac{1}{2}Ba^{2+}$	63.6	$C_2H_2O_2^{2-}$	40.9		

摘自：Robert C. Weast,《Handbook of Chem. & Phys.》, 73th (1992—1993)。

表 D1.13　一些强电解质的活度系数

	$m/(mol \cdot kg^{-1})$			
	0.01	0.1	0.5	1
$AgNO_3$	0.90	0.734	0.536	0.429
$CuSO_4$	0.40	0.150	0.062	0.0423
HCl		0.976	0.757	0.809
H_2SO_4		0.2655	0.1557	0.1316
KBr		0.772	0.657	0.617
KCl		0.770	0.649	0.604
KNO_3		0.739	0.545	0.443
NH_4Cl		0.770	0.649	0.603
NaCl	0.9032	0.778	0.681	0.657
NaOH		0.766	0.690	0.678
$ZnSO_4$	0.387	0.150	0.0630	0.0435

主要参考文献

[1] 傅献彩,沈文霞,姚天扬,侯文华.物理化学[M].第五版.北京:高等教育出版社,2006.
[2] 复旦大学,等编,庄继华,等修订.物理化学实验[M].第三版.北京:高等教育出版社,2004.
[3] 邱金恒,孙尔康,吴强.物理化学实验[M].北京:高等教育出版社,2010.
[4] 贺德华,麻英,张连庆.基础物理化学实验[M].北京:高等教育出版社,2008.
[5] 北京大学化学学院物理化学实验教学组.物理化学实验[M].第四版.北京:北京大学出版社,2002.
[6] 韩国彬,陈良坦,李海燕,袁汝明.物理化学实验[M].厦门:厦门大学出版社,2010.
[7] 臧瑾光.物理化学实验[M].北京:北京理工大学出版社,1995.
[8] G P Mattews. Experimental Physical Chemistry [M]. Clarendon Press, 1985.
[9] Carl W Garland, Joseph W Nibler, David P Shoemaker. Experiments in physical chemistry [M]. McGraw-Hill Higher Education, 2003.
[10] 郑传明,吕桂琴,王良玉.在物理化学实验教学中注重培养学生的能力[J].实验技术与管理,2008,25(1):132-134.
[11] 郑传明,王良玉,劳捷.溶解热测定实验的改进[J].实验技术与管理,2008,25(12):45-51.
[12] 郑传明.溶解热测量实验软件设计[J].大学化学,2011,26(2):52-53.
[13] 郑传明.BZ振荡反应教学实验软件设计的研究[J].实验室科学,2011,14(4):95-97.
[14] 郑传明,张韫宏,庞树峰.物理化学实验多方案激励式教学法[J].实验室研究与探索,2013,32(11):177-179.
[15] Henderson L J, Jr Fronzek F R, Cherry W R. Selective Perturbation of Ligand Field Excited States in Polypyridine Ruthenium (Ⅱ) Complexes [J]. Journal of the American Chemical Society, 1984, 106: 5876-5879.
[16] 吕桂琴,马淑贤.计时电量法测定4,5-二氮芴-9-酮的扩散系数和反应速率常数[J].北京理工大学学报,2014,34(6):650-654.
[17] Zhang R L, Zhao J S, Xi X L, et al. Characterization, Crystal Structure and Initial DNA Binding Mechanism Research of Multi-nuclear Homometallic Complexes of 4, 5 - Diazafluorene-9-one with Copper (Ⅱ) and Cobalt (Ⅱ) [J]. Chinese Journal of

Chemistry, 2008, 26: 1225-1232.
- [18] C M Welch, C E Banks, A O Simm. Silver Nanoparticle Assemblies Supported on Glassy-carbon Electrodes [J]. Anal Bioanal Chem (2005), 382: 12-21.
- [19] 姚爱丽,吕桂琴,胡长文. 银纳米修饰电极的制备及电化学行为 [J]. 无机化学学报, 2006, 22 (6) 1099-1102.